U0262028

草原管理“难缠问题”研究

——环境社会学的视角

张　倩　著

中国社会科学出版社

图书在版编目（CIP）数据

草原管理“难缠问题”研究：环境社会学的视角／张倩著．
—北京：中国社会科学出版社，2019.10
ISBN 978－7－5203－4399－2

Ⅰ．①草…　Ⅱ．①张…　Ⅲ．①草原管理—环境社会学
—研究　Ⅳ．①S812.5②X24

中国版本图书馆 CIP 数据核字（2019）第 086165 号

出 版 人　赵剑英
责任编辑　姜阿平
责任校对　胡新芳
责任印制　张雪娇

出　　版　中国社会科学出版社
社　　址　北京鼓楼西大街甲 158 号
邮　　编　100720
网　　址　http://www.csspw.cn
发 行 部　010－84083685
门 市 部　010－84029450
经　　销　新华书店及其他书店

印刷装订　环球东方（北京）印务有限公司
版　　次　2019 年 10 月第 1 版
印　　次　2019 年 10 月第 1 次印刷

开　　本　710×1000　1/16
印　　张　19
插　　页　2
字　　数　246 千字
定　　价　78.00 元

序　言

在环境问题影响不断加剧的压力下，环境社会学于上世纪六十年代在美国应运而生。在中国，随着改革开放推动的经济高速增长，中国的环境问题开始出现，发展经济与保护环境之间的关系日趋紧张，难以平衡。中国的环境问题，从一开始就不仅仅表现为工业发展对环境的危害，不仅仅表现为单位产出的资源消耗和能源消耗过高的问题，也表现为广义农业经济（亦即所谓农林牧渔业）领域在改革开放初中期普遍出现的短期行为和掠夺式经营造成的环境破坏。化肥农药使用量高速增长，规模化养殖业（包括牲畜、家禽和水产养殖）迅速发展带来各种面源污染显著加剧，草原畜牧业在草场产权改革后高速发展造成“过牧化”问题日益严峻，林木过度采伐造成森林退化和水土流失问题日益触目惊心，以致长江都有变成“黄河”之虞。中国学术界开始日益紧密地关注环境污染和生态保护问题，到上世纪九十年代，开始从国外引入环境社会学，致力于建构中国的环境社会学学科，中国环境社会学研究发展速度由慢变快。

张倩博士原本是从事自然资源管理研究的学者，她毕业于北京大学环境科学与工程学院，获得环境科学博士学位。毕业后即来到中国社会科学院社会学研究所工作，在其原有环境研究的基础上实现学科视角转换，成为从事环境社会学研究的学者，并且选择草原环境和生态问题的社会学研究作为一个阶段的研究主题，长期往返于内蒙古等地的草原牧区，结合气候变化、草原畜牧制度变迁以及牧民生计发展等重大议题，开展系统性和综合性的研究，在这一领域取得了丰富的成果。本书就是她的此项研究的重要成就之一，也是中国社会科学院社会学研究所环境社会学学科发展的一个重要的阶段性成果。

进入21世纪以来，随着生态环境问题的突出显现以及草原生态价值的提升，国家投入越来越多的人力物力来治理草原退化问题，但是，与其他环境问题治理所面临的问题相类似，草原管理也面临投入越多、问题越多的困境。值得注意的是，自从上世纪九十年代中国政府实施分税制改革之后，国家对于环境问题的治理多依托于“项目制”来实施，对于项目执行结果，要有“可观测性”和“可控制性”，从而获得清晰数据，便于形成政策调控的“抓手”。草原环境治理也遵循着同样的实践逻辑。例如，本书用扎实的经验材料表明，近些年来，国家实施的各种退化草原治理项目都是按照“过牧导致退化”的逻辑来策划的，草原退化是显而易见的，“过牧”问题也是“可观测”并且在某种程度上也是“可控制”的。因而，这些环境治理项目一直以控制在草原上放牧的牲畜数量作为抓手，减少放牧牲畜数量使其不超过所谓的草原载畜能力，就是这类治理项目要达成的目标。在各地实施的退牧还草项目、公益林保护项目和生态补偿项目中，我们都不难发现这样的管理和治理目标。但是，简单地减少牲畜数量，真的能够使退化的草原得到恢复吗？在本书的多个案例研究中，我们可以看到一连串的不同发现或者结果。例如，除牲畜数量之外，牲畜放牧的时空分布似乎对干旱半干旱草原有更重要的影响；而如果牲畜的时空分布更加重要，那么所谓过牧在一定程度上就可能是过去某些政策积累的结果；另外，如何控制外来牲畜的进入以及牧民自身增加牲畜的激励，也是一个不容易解决的问题，即便草地产权改革明确了某个草场的使用权属于某个牧民家庭，甚至几乎所有牧户都在自己的草场加上了围栏以宣示他们的权利。

越来越多的学者和决策者开始反思单一因果关系论对草原治理的不利影响，开始认识到“复杂性”是草原治理的不可逾越的客观事实。但对于草原治理的复杂性问题，不同的学者以及决策者不可避免地会有不同的看法。一个令人感到尴尬的问题是，对同一个问题的看法不同，往往会被归因为人们持有的理念不同，以致陷入无法继续相互讨论的境地。在草原治理方面，类似的理念问题有：草原的价值究竟是什么？如何看待人与草原的关系？如何看待经济发展与生态保护的关系？如何看待现代化带来的后果？如何看待主流文化与少数民族文化的冲突与共存？如此等等，不一而足。关注和讨论这些问题，并不能简单地认为是思想上的空谈而无法付诸实践，理念上的冲突确实需要通过沟通和讨论加以解决，但如果我们的讨论一直停留在这个层次，那么目前草原治理中的种种矛盾就无法得到实践上的解决。

本书引入了“难缠问题”这一概念来诠释类似草原管理这样的事情的复杂性及其特点，正如书中所述，难缠问题没有清晰直接的解释，也不可能用简单或一劳永逸的办法来解决。在草原管理中，研究者和决策者一直就几个相关问题不断地争论，包括生态系统的特点是平衡还是非平衡，牧民应该定居还是游牧，畜牧业的发展方式应该是集约化还是放牧为主，草场产权应该是私有还是共有，等等，这些问题的存在决定着草原管理问题没有一个限定性的阐述方式，也没有一个停止规则。草原管理本身就是一个需要管理的过程。更重要的是，近二十年来，每个草原管理项目的实施对于草原牧区的牧业和牧民产生的影响，无不一一证明，“每个尝试都是算数的”。本书运用在阿拉善盟调研中获得的丰富材料充分解释了，对于难缠问题，项目制试图通过项目来解决问题，难以实现其目标，更具体地说，用自上而下地解决“温顺”问题的办法来解决“难缠”问题，可能不仅解决不好旧的问题，还会产生新的问题。而这正是二十多年来草原管理的真实写照。

草原治理中的问题的这种“难缠性”的本质，其实还在于，过牧化不仅仅是经济问题，草原退化也不仅仅是环境问题，归根结底它们更是社会问题。因此，旨在阻止草原继续退化进而恢复退化草原的草原治理行为，需要社会系统与生态系统的耦合。本书基于多个案例的探讨很好地说明了，草原社会系统与草原生态系统的不耦合性就是各种草原管理问题产生的根源，只有基于新环境范式开展草原管理，才可能实现草原的可持续发展。所谓草原管理的新环境范式，也就是草原社会系统与草原生态系统的高度耦合，并由此形成草原社会生态系统观，运用于草原管理研究和实践。

形成所谓的新环境范式并不能立即就使得草原环境管理中的诸多问题迎刃而解。实际上，即使从这样的范式出发，我们仍然会看到，环境问题解决实践依旧困难重重，仍然需要以这样的范式为基础研究开发具体的分析方法和问题解决方式。本书基于生态系统管理这一难缠问题，针对五种这样的方法，对内蒙古牧区的多个案例分别进行了深入探讨。例如，本书尝试用商品化悲剧理论来解释公地悲剧产生的原因和草原生态补偿政策难以发挥有效作用的机制，提出旨在实现草原生态保护的生态系统服务的商品化可能会造成牲畜数量增加这一完全相反的效果。在此基础上，本书最大的贡献就是，基于对难缠问题的理解，认为环境问题多数具有无明确定义和无解决尽头的特点，提出环境社会学对于理解和管理环境问题不仅要遵循新环境范式，还要遵循过程原则。草原管理应从原来的问题－原因－对策的环境问题治理模式过渡到问题－反馈－调适的过程模式。这些研究成果对于草原管理甚至更大范围的自然资源管理都有重要的解释意义，对改进相关政策决策和管理实践也具有重要参考价值。有鉴于此，我认为，本书提出的草原管理这个难缠问题没有解决的尽头、是一个不断反馈调适的过程的思想，可以说为环境社会学研究提供了一个新的学术范式。值得那些对草原管理、环境社会学和草原案例研究有兴趣的学者一读。我并且期待，张倩博士基于这一范式的研究能够继续延展下去，从而为中国特色环境社会学的学科体系、学术体系和话语体系建设做出更大的贡献。

张倩博士本书成稿出版在即，嘱我为序。虽然环境社会学非我所长，但我对中国环境变局及其风险也常心有戚戚，故勉力为之，不到不妥不当之处自是难免。我且把作序当作一个学习环境社会学的机会吧。

陈光金

2019 年 4 月 10 日

目　　录

第四部分 结论

解　题

第一章

草原管理：一个难缠问题

草原[1]占中国国土面积的41%，是我国重要的生态屏障。这一生态系统支撑着1700万牧民的生计，也承担着保护十多个少数民族文化传统的功能。中国的草原牧区正在经历巨大变化，如生态系统退化、市场力量的渗透、草原破碎化和产权制度改革。这些变化给草原保护和牧民收入提高带来了诸多挑战。应对这些新挑战的现有方式还停留在“现代化”畜牧业的单一模式中，其前提是承包到单户的草场产权制度、围栏边界、饲草料投入，以及指定的载畜率。在那些被认为是最严重的生态退化区，采用了移民搬迁等模式。但是，这些模式的实施已经在这些牧区引发了一定程度的社会经济问题和有争议的生态影响[2]。

研究草原问题的众多学者和决策者都将“复杂性”看作是草原管理的首要特征，这意味着在解决一个问题的同时经常会揭示或引发出其他问题[3]。例如内蒙古草原2000年开始的干旱和由此导致的

---

① 本书使用“草原”强调草原作为一种生态系统，使用“草场”是强调草场作为一种生产资料。

② 王晓毅：《环境压力下的草原社区：内蒙古六个嘎查村的调查》，社会科学文献出版社2009年版。

③ 达林太、郑易生：《牧区与市场：牧民经济学》，社会科学文献出版社2010年版；刘加文：《努力使退牧还草工程真正成为生态富民工程》，2010年，http://www.grassland.gov.cn/Grassland-new/Item/2394.aspx。

沙尘暴，连续灾害的影响时间之长和范围之大，都是以前没有的。在这样的背景下，草原退化问题成为中央政府和媒体重点关注的焦点[①]。当时，我们都认为草原退化的主要原因是过度放牧[②]。基于这一判断，如果能减少牲畜数量，就能使退化草原得以恢复。但是，许多通过减少牲畜数量和发展集约化畜牧业来恢复退化草原的项目在实践中都失败了[③]。在内蒙古进行实地调研之后，我们发现这里的植被—牲畜动态远比简单线性关系复杂得多。这一研究结果促使我们进一步对草场产权制度和草原生态学展开研究，包括对中国牧区畜草双承包责任制改革效果的评估，定居定牧对草原生态系统和当地社会的影响，新草原生态学及其对草原管理的意义以及社会脆弱性和气候变化。这些研究揭示了草原管理涉及的诸多社会问题，如贫困、资源分配的不公平性、地方社区的破碎化和地方知识的丢失等。在草原上展开更多的实地调研，就会发现有更多的问题需要再研究。

所有这些问题及其解决方案汇总在一起，使得草原管理成为一个“难缠问题”。这个难缠问题的定义和解决方案常常有很多种，甚至有时不同解决方案间彼此冲突，它涉及多个行动方，在多个层级上相互作用，而决策过程也是多层级的。这种问题具有涉及范围广和持续时间长的特点[④]。面对这样一个难缠问题，迫切需要抓住重点信息，充分理解重点概念和找到真正的问题。对于中国的草原管理来说，有一些建构的环境问题导致了政策的误判。例如，山羊

---

① 刘仲龄、王炜、郝敦元等：《内蒙古草原退化与恢复演替机理的探讨》，《干旱区资源与环境》2002 年第 1 期。

② 张倩、李文军：《锡林郭勒生物圈保护区内草地畜牧业经济现状分析》，转引自韩念勇等编《锡林郭勒生物圈保护区退化生态系统管理》，清华大学出版社 2002 年版，第 22 页。

③ 李文军、张倩：《解读草原困境：对于干旱半干旱草原利用和管理若干问题的认识》，经济科学出版社 2009 年版。

④ Rittle, Horst W. J. and Melvin M. Webber, “Dilemmas in a General Theory of Planning”, *Policy Sciences*, No. 4, 1973.

被指责为破坏草场的动物，因为有一些照片拍到山羊正在吃草根。在这种舆论的压力下，一些地方政府采取措施禁止牧民饲养山羊。但是，这种对草场退化原因的判断过于简单化了，它完全忽视了不同畜种之间、畜与草之间以及畜与人之间千百年来形成的相互依赖关系。因此，要想理解草原管理这一难缠问题的复杂性，需要从整体的角度去探讨引发环境问题的社会因素、这些问题产生的社会影响以及寻找解决问题的方案。环境社会学作为一个研究环境—社会相互作用关系的新兴学科，可以帮助我们从一个新的视角去思考草原管理问题。

第一节　草原管理研究的发展

21 世纪初多次席卷中国南北的沙尘暴，使内蒙古草原牧区成为研究者的热点问题，对比不同时期草原研究的主要内容及观点，有助于我们反观草原管理的实际问题，更重要的是，有助于促使我们思考环境社会学可能在草原管理中发挥什么样的独特作用，同时，草原管理又在哪些方面能给环境社会学理论的发展提供经验支持。

一　草原管理研究的国内发展

对于草原管理的研究，涉及了牧区、牧业和牧民的方方面面，包括牧区的产权制度、畜牧业生产组织方式、协作方式、分配制度、风险防范、社会化服务体系、传统文化传承、草原管理政策和草原恢复项目的评价等[①]。近 20 年来，草原研究的主题根据实践问

[①] 韩念勇、蒋高明、李文军：《锡林郭勒生物圈保护区：退化生态系统管理》，清华大学出版社 2002 年版；任继周：《草地畜牧业是现代畜牧业的必要组分》，《中国畜牧杂志》2005 年第 4 期；达林太、郑易生：《牧区与市场：牧民经济学》，社会科学文献出版社 2010 年版。

题的发展一步步扩展，从最初开始讨论草原退化原因，包括草原开垦、移民迁入以及越载过牧等[①]；引出草场承包给牧区带来的影响，从而开始讨论围栏问题、定居和移动式放牧等[②]；随着气候变化的研究升温，干旱半干旱区更是需要展开研究的地方，这些地区所具有的脆弱性和弹性又成为各种评估研究的热点，尤其是气候变化对于牧区的影响以及牧民和牧区的适应行为[③]；针对牧区的市场化，一些学者探讨市场方式演化历史过程，分析当前畜牧业遭遇的困难[④]；还有学者从草原牧民的视角，通过系列的微观调研案例对草原畜牧业的过去、现在和将来提出草原牧民的发展困境[⑤]；在这些问题的基础上，有学者提出草原社会生态理论，强调两大系统要实现尺度上的耦合，才能实现资源的可持续利用[⑥]；一些社会学家和农业发展学家从制度变迁、市场化影响的角度揭示内蒙古草原生态功能退化与草原牧区所面临的问题[⑦]。

20 世纪 80 年代初实施的草场承包给草场产权制度带来重大变化，草原生态与社会经济随之变化，尤其是 2001 年以来，中央政府特别重视草原退化问题，投入大量人力物力，实施了一系列的保

---

① 朱震达：《中国土地荒漠化的概念、成因与防治》，《第四纪研究》1998 年第 2 期；恩和：《草原荒漠化的历史反思：发展的文化纬度》，《内蒙古大学学报》（人文社会科学版）2003 年第 2 期。

② 张新时、唐海萍、董孝斌等：《中国草原的困境及其转型》，《科学通报》2016 年第 2 期。

③ 王晓毅、张倩、荀丽丽：《气候变化与社会适应：基于内蒙古草原牧区的研究》，社会科学文献出版社 2014 年版；李西良、侯向阳、Leonid Ubugunov 等：《气候变化对家庭牧场复合系统的影响及其牧民适应》，《草业学报》2013 年第 1 期。

④ 达林太、郑易生：《牧区与市场：牧民经济学》，社会科学文献出版社 2010 年版。

⑤ 韩念勇：《草原的逻辑——草原生态与牧民生计调研报告》，民族出版社 2018 年版；韩念勇：《草原生态补偿的变异——国家与牧民的视角差异是怎样加大的》，转引自韩念勇主编《草原的逻辑——国家生态项目有赖于牧民内生动力》，北京科学技术出版社 2011 年版。

⑥ 李艳波：《内蒙古草场载畜量管理机制改进的研究》，博士学位论文，北京大学，2014 年。

⑦ 王晓毅：《制度变迁背景下的草原干旱——牧民定居、草原碎片与牧区市场化的影响》，《中国农业大学学报》（社会科学版）2013 年第 1 期；周立、姜智强：《竞争性牧业、草原生态与牧民生计维系》，《中国农业大学学报》（社会科学版）2011 年第 2 期。

护工程和项目，给当地牧区、牧民和牧业带来了根本的变化，学者们也投入很大精力对其效果和影响展开深入的研究。根据 Gongbuzeren 等[①]的综合分析，他们选择了三大草原政策项目：畜草双承包责任制、草原生态建设项目和游牧民定居项目作为评估对象，筛选 20 世纪 80 年代到 2012 年针对这三个政策项目的中文研究文章，分析总结了这些研究的发展变化特征。首先，有关草场承包的论文在 1989 年到 2012 年共筛选 68 篇文章，1989 年到 2001 年这一阶段中，88% 的文章将草场承包后出现的问题归因于政策执行不彻底，但自 2008 年到 2012 年，认为政策本身就不合适的研究占到多数。其次，对于草原生态建设项目的研究，共筛选 103 篇，从其对生态系统的影响来看，72% 的研究认为草原生态建设项目有正面效果；从其对畜牧业的影响来看，47% 的研究认为有正面效果；但从其对牧民生计的影响来看，60% 的研究认为导致收入下降；从其对牧业社会的影响来看，76% 的研究认为这些生态保护工程给牧业社会带来明显的负面影响。多数研究都认为是政策执行问题，不是政策本身出了问题。最后，对于游牧民定居政策的研究，从 1986 年到 2012 年共筛选 72 篇文章，1986 年到 2002 年的 7 篇文章中，正面评价居多，尤其提出对于牧民生计好；2003 年到 2010 年的 45 篇文章中，分析其负面影响的文章比例开始增加；2011 年到 2012 年有 20 篇文章，认为游牧民定居政策有负面影响的文章比例更高，尤其是对牧业社会（57%）和生态系统（38%）不好。

从以上对于国内草原管理的研究，尤其是草原管理的社会科学研究的综述来看，目前这些研究基本都是草原环境问题的社会学，而将草原作为影响牧民行为的一个因素，并且反过来牧民行为也受草原影响的环境社会学分析还很少，即使有，也多是利用草原生态

① Gongbuzeren, Yanbo Li, Wenjun Li, "China's Rangeland Management Policy Debates: What Have We Learned?", *Rangland Ecology & Management*, Vol. 68, 2015.

系统与草原社会系统的耦合框架来说明，鲜有文章利用环境社会学相关理论分析背后的耦合原因。此外，基于对草原管理研究的总体性把握，我们看到学者对于草原管理政策的研究已经很多，提出正是由于草原管理政策把草原社会生态系统中的三个要素人、草和畜分割开来，才导致了这些政策难以实现最初设定的目标。如果扩大思考的范围，我们可以看到，这里不仅是人、草和畜这一层面的分割，更是决策者在政策实施过程中没有建立反馈和调试机制，决策者与牧民、与研究者，甚至与地方的政策执行者都是分割的，由此导致一些研究成果早已形成，但只能自说自话，对于政策改进毫无用武之地。需要强调的是，在建立这种反馈—调试机制之前，我们必须努力形成共同的理念来指导行动，在这里，环境社会学对于这些理念的形成，就发挥着不可替代的作用。

二　草原管理研究的国际发展

本节以美国为例来介绍，因为美国也经历过严重的草原退化和牧区衰落，最有名的就是 20 世纪 30 年代的尘暴（dust bowl）（虽然有干旱的自然原因，但管理不当还是主要原因），迫使美国开始反思草原管理实践和重视草原管理理论的发展。从 19 世纪 80 年代到 90 年代初，由于产权制度安排的缺失、信贷的泛滥以及众多外来人口的进入，导致了美国著名的“牧牛盛世”（Cattle Boom）开始走向衰落。为了充分利用干旱和偏远地区的草场，采用开发人工水源和增加人工饲料等措施，以提高这些草场的载畜率。这些管理方法忽视了草原生态系统干旱少雨且变率极大的特点，为草原退化埋下了隐患①。

---

① Sayre, N. F. and Fernandez-Gimenez, M.,“The Genesis of Range Science, with Implications for Current Development Policies”, In: Allsopp, N., Palmer, A. R., Milton, S. J., Kirkman, K. P., Kerley, G. I. H., Hunt, C. R. and Brown, C. J. (eds), *Proceedings of the VIIth Inernational Rangelands Congress*, 26th July - 1st August 2003, Durban, South Africa, ISBN Number: 0 - 958 - 45348 - 9, 2003.

基于对失败经验的认识，美国近几十年来在草原管理理论方面有很大的发展，为中国解决目前草原退化问题提供了宝贵经验。这些发展主要体现在三个方面，一是草原生态系统理论的发展，即新草原生态学的产生；二是自然资源产权制度的演进；三是草原管理方法的发展。

首先是草原生态理论。美国的草原科学建立于19世纪90年代，到1950年基本成型，基于克莱门茨植物生态学的草原科学已经开始成为主流的理论和研究范式。基于对范围较小的、相对湿润的案例研究，克莱门茨演替模型提出“每个地点的植被都有其唯一的、固定的顶级状态”。但是自20世纪80年代以来的很多研究表明，尤其是在非洲和澳大利亚等干旱半干旱地区的研究，已经开始证实克莱门茨演替模型并不适用于所有草原类型①。事实上，1950年以后在美国西南部的牧场上所采用的管理思路（强调轮牧、间歇使用草场以及高度灵活的载畜率），是与克莱门茨理论完全不同的②。因此，从80年代逐渐发展出新草原生态学（New Rangeland Ecology），基于对非洲草原生态系统多年的观察，这一理论认为在干旱半干旱草原，决定生态系统的因素并非传统的平衡理论所认为的来自放牧的因素，而是更多地受非生物因素（如降水等）的影响③。根据这一理论，合理的草原管理策略不是控制载畜

① Illius, A. W. and O'Connor, T. G., “On the Relevance of Nonequilibrium Concepts to Arid and Semiarid Grazing Systems”, *Ecological Applications*, Vol. 9, No. 3, 1999; Westoby, M., Walker, B. H. and Noy-Meir, I. “Opportunistic Management for Rangelands not at Equilibrium”, *Journal of Range Management*, Vol. 42, 1989.

② Sayre, N. F. and Fernandez-Gimenez, M., “The Genesis of Range Science, with Implications for Current Development Policies”, In: Allsopp, N., Palmer, A. R., Milton, S. J., Kirkman, K. P., Kerley, G. I. H., Hunt, C. R. and Brown, C. J. (eds), *Proceedings of the VIIth Inernational Rangelands Congress*, 26th July – 1st August 2003, Durban, South Africa, ISBN Number: 0 – 958 – 45348 – 9, 2003.

③ Ellis, J. E. and Swift, D. M., “Stability of Africa Pastoral Ecosystems Alternate Paradigms and Implications for Development”, *Journal of Range Management*, Vol. 41, No. 6, 1988.

率，而是适应多变的外部条件，采取移动和有弹性的草场管理政策。

其次是草场资源产权制度理论。自20世纪60年代以来，由于哈丁[①]的“公地悲剧”模型为众多决策者所接受，自然资源开始了大规模的私有化或国有化进程。然而，这两种简单化的方法不但没有阻止原有的资源退化问题，反而进一步推动了自然资源的过度利用，国有化管理的反应滞后和缺乏弹性，以及私有化策略对资源使用者自利行为的强化，都是主要原因[②]。奥斯特罗姆基于在世界各地进行的大量成功的共有地管理案例的研究，提出对于那些具有非排他性但有竞争性的自然资源，共有产权可能实现可持续的资源管理，前提是满足8个条件，包括资源使用者的边界清晰、适合当地条件的规则制度，以及解决冲突的机制等。这些原则有一个共同的特点，就是它们都产生于当地，符合当地的多样化条件，并被当地人所接受[③]。

最后是草场资源管理方法的发展。基于对草原生态系统不断加深的认识，美国的草原管理方法也向着越来越综合的方向不断发展。与过去只考虑单一问题、单一物种或单一生态系统服务功能的管理办法不同，基于生态系统的管理（Ecosystem-based management）是在充分认识到生态系统内部各种因素（包括人）相互作用复杂性的基础上发展起来的一种自然资源管理方法[④]。而基于社区

---

① Hardin, G., “The Tragedy of the Commons”, *Science*, Vol. 162, No. 3859, 1968.

② ［美］奥斯特罗姆：《公共事物的治理之道》，余逊达、陈旭东译，上海三联书店2000年版；Lee, M. P., *Community-Based Natural Resource Management: A Bird's Eye View*, http://idl-bnc, idrc, ca/dspace/handle/10625/30024, 2002。

③ ［美］奥斯特罗姆：《公共事物治理之道》，余逊达、陈旭东译，上海三联书店2000年版。

④ Christensen, N. L., A. Bartuska, J. H. Brown, S. Carpenter, C. D'Antonio, R. Francis, J. F. Franklin, J. A. MacMahon, R. F. Noss, D. J. Parsons, C. H. Peterson, M. G. Turner, and R. G. Moodmansee, “The report of the Ecological Society of America Committee on the Scientific Basis for Ecosystem Management”, *Ecological Applications*, Vol. 6, 1996.

的自然资源管理（Community-based Natural Resource Management）给草原管理提供了新的途径，能将保护目标与当地社区的经济利益综合考虑。因为它基于三个假设：当地人是最好的自然资源保护者；只有保护收益大于保护成本时，人们才会保护资源；只有在资源保护与当地人的生活水平直接挂钩时，人们才会保护资源[①]。而从2000年以后发展起来的社会生态系统方法，则强调人处于自然之中的综合概念，强调对社会系统和生态系统的描述是人为的和主观的，社会生态系统方法提出社会和生态系统间通过反馈机制联系，呈现弹性的复杂性[②]。

三　对草原管理问题的不同认识源于不同的生态观

针对不同的草原管理问题，不同的学者有不同的观点，甚至有些是完全相反的，这些问题主要包括草原退化原因是过牧还是不适当的制度，生活方式是定居还是游牧，畜牧业发展依靠集约化还是放牧，草原管理依据固定承载力还是弹性管理，草场产权是私有还是公有[③]。综合来看，造成对以上各种问题完全不同认识的根本是两种不同的生态观。

一些学者认为草原退化原因是过牧、草场私有更有利于草原保护、草原管理要依靠固定承载力标准、畜牧业发展要走集约化和现代化的路子以及牧民定居才能实现以上目标。他们不仅忽视了草原生态系统干旱易变的基本特征，试图利用平衡生态系统理论管理草原生态系统，即通过将牲畜数量控制在合理载畜量范围内实现草场

① Thakadu, O. T., "Success Factors in Community Based Natural Resources Management in Northern Botswana: Lessons from Practice", *Natural Resources Forum*, Vol. 29, No. 3, 2005.

② Berkes, F., Colding, J., and Folke, C., *Navigating Social-ecological Systems: Building Resilience for Complexity and Change*, Cambridge: Cambridge University Press, 2003.

③ 李文军、张倩：《解读草原困境：对于干旱半干旱草原利用和管理若干问题的认识》，经济科学出版社2009年版，第314页。

的合理利用；更重要的是，草原在他们眼中，只是畜牧业发展的资源，就与平肖（Gifford Pinchot）所定义的"树的农业管理"[1] 类似，草的农业管理也是他们追求的目标。树的农业管理是指这样一种管理方式和理念，管理人员将重新在伐光的土地上栽种树木，而不是保护原有的林地，就如同一个农场主每年重新种庄稼一样，林业就是管理树木，以便使一次收获接着一次收获。林业的目的就是让森林最大可能地产出，无论何种将是最有用的产品或服务，并且在一代接一代的人和树的延续过程中不断地生产它们。多年过后，一个管理良好的农场产出会越来越丰盛，一片管理良好的森林也一样。基于这一模式，草场改良、发展人工草场等，试图为畜牧业提供稳定持久的饲料，也成为这些人所追求的草原发展的目标。

与以上观点相反，一些学者则认为草原退化恰恰是由于不符合草原生态系统特征的定居和草场私有造成的，移动性才是畜牧业最重要的原则，而固定的承载力管理和集约化畜牧业由于放牧资源时空分布的异质性而不可能实现。在这些学者看来，今天的科学家存在着一些危险性，他们忽视自然的复杂性和整体性，他们忽视那些可以令物理学家和化学家们的分析相形见绌的有机内在联系的质量，把自然分解成它在原子论上的各个部分并不能达到对这个整体的真正理解[2]。在这背后，这些学者抱有一种不同的生态学的道德观，即认为人类行为受到生态环境条件的限制，因为人类本身就是自然的一部分。也就是说，这两组学者对其本身所在自然中的位置的看法不同，即田园诗式生态观和帝国式生态观。

根据沃斯特的历史考究，"田园诗式"和"帝国式"生态思想在人类思想史上一直保持着对峙的状态，前者是一种天人合一的、阿卡迪亚式的、侧重于系统论和整体论的生态学；后者是科技理性

---

① 唐纳德·沃斯特：《自然的经济体系：生态思想史》，商务印书馆 1999 年版。

② 同上。

的、强力征服的、侧重于理性分析和经济利益的生态学。事实上，前者的生态思想就是美国环境社会学的重要创始人 Catton 和 Dunlap[①] 所定义的新环境范式，它包含以下假设：（1）人类只是许多与生物群落内部相互依存的物种中的一个；（2）生物群落由自然的错综复杂的网络组成，有着复杂的因果关系；（3）世界本身是有限的，社会和经济发展有自然的（物理和生物的）限制。在他们看来，所有社会学中有竞争力的视角，如功能主义、符号互动论、民族方法学、冲突理论、马克思主义等，虽然多样，但从根本上来看，是人类中心说或人类本位说，主要假设包括：（1）在地球各类生物中，人类本身的存在是独特的；（2）文化进化远比生物进化快得多；（3）多数人类特征是基于文化形成的，因此也是可以由社会改变的；（4）文化积累过程意味着人类过程可以积累且是无限的。这一范式导致一种对人类过程的总体乐观的信心，忽略了对生态稀缺性的认识，也忽略了基本的生物规律，例如能量法则[②]。事实上，这种乐观的情绪不仅表现在人类社会与生态系统之间的关系上，也表现在人类社会内部问题解决方案的过度简化上，规划就是一个很好的例子。

第二节　什么是“难缠问题”？

越来越多的研究发现社会政策总是难以实现其预定目标，不是因为政策本身有问题，而是政策所针对解决的问题具有不同的特点，导致原来依赖于技术或工程手段的政策设计与规划常常产生尴尬的结果，不仅原有想要解决的问题没有得到解决，反而又产生了新的问题。究其原因，这些问题是难缠问题，需要不同的理解和解

---

① Catton, W. R. and R. E. Dunlap, “Environmental Sociology: a new Paradigm”, *The American Sociologist*, Vol. 13, 1978.

② Foster, J. B., “Marx's Theory of Metabolic Rift: Classical Foundations for Environmental Sociology”, *American Journal of Sociology*, Vol. 105, No. 2, 1999.

决方案。

一 难缠问题提出的背景

一个理想的规划体系，我们通常假设其按照以下步骤发挥作用：(1) 规划体系是一个正在进行的、治理的控制过程；(2) 建立系统程序以持续找到目标；(3) 确认问题；(4) 预测不可控的背景条件变化；(5) 植入备选策略、对策和时间顺序的行动；(6) 模拟替代的和貌似有理的行动方案及其结果；(7) 评估预测结果；(8) 数据监测；(9) 反馈信息给模拟和决策渠道以更正错误。这就是现代经典的规划模型，但在实践过程中，我们看到这样的规划过程是不存在的，甚至是否需要这样的规划都是需要质疑的①。原有的科学和工程职业分工体系并不适合我们去应对内容广泛的社会问题，有很多障碍导致我们无法实现规划或治理目标，因为我们的理论不足以实现完美预测，我们对问题的理解也不足以保证完成目标，如果再加上多元目标和复杂的政治背景条件，就使得追寻单一目标都不可能实现②。

面对各种规划和社会政策的复杂性与挑战，设计理论家 Horst Rittel 和 Melvin Webber 于 1973 年提出难缠问题这一概念，来定义那些没有清晰定义，也没有明确技术解决方案的复杂问题。之后，Heifetz③ 按难缠性的程度将问题分为三类，第一类问题在本质上是技术问题，能够清晰定义，也有机械的直接解决方案，这一类问题通常被称为"温顺的"问题（tame problems）；第二类问题是能清晰定义，但没有清晰的解决办法，其解决办法只能是一些建议，而这些建议必须基于结果来检验和调整；第三类问题是既没有清晰定义，

---

① Rittle, Horst W. J., and Melvin M. Webber, "Dilemmas in a General Theory of Planning", *Policy Sciences*, No. 4, 1973.

② Ibid..

③ Heifetz, R. A., *Leadership Without Easy Answers*, Vol. 465, Harvard University Press, 1994.

也没有技术解决方案，是最难缠的，需要持续的学习来形成问题，而问题的解决办法也需要适应性的努力。第一类温顺问题，最常见的举例就是完成一个工程建筑，通过技术解决方案就确定可以解决。第二类问题可以想到的例子是中医治疗疾病，问题明确但药方要通过一次次复诊调整，最终把病治好。第三类问题在许多学科中被提出，包括公共健康、政治学、商业管理、城市与区域规划以及自然资源管理①，这些问题没有清晰直接的解释，也不可能用简单或一劳永逸的办法来解决。很明显，如果用第一类问题的应对办法来解决第三类问题，即用自上而下、专家驱动的技术和工程解决方案来应对公共政策中的热点难点问题，不仅原有问题不能得到解决，还会引发新的问题②。

二　难缠问题的特征、起源和解决思路

难缠问题具有十个重要特征：（1）没有一个限定性的阐述方式；（2）没有一个“停止规则”，也就是说，这些问题没有一种内生逻辑来标明它们已经被解决了；（3）其解决办法没有是非，只有好坏；（4）没有办法去测试难缠问题的解决方案；（5）不能通过试错法来研究，其解决方案是不可逆的，“每个尝试都算数”；（6）难缠问题的解决方案或办法的数量是无止境的；（7）所有难缠问题在本质上都是独特的；（8）难缠问题总是被描述为其他问题的症状；（9）如何描述难缠问题决定了其可能的解决办法；（10）那些为这些问题寻找解决办法的规划者无权做错，与数学不同，“规划者对于他们所提出的解决方案是有责任的，因为这些解决方案会给目标

① Defries, Ruth and Harini Nagendra, “Ecosystem Management as a Wicked Problem”, *Science*, Vol. 356, 2017.

② Head, B. W., “Wicked Problems in Public Policy”, Public Policy, Vol. 3, No. 2, 2008.

人群带来很大的影响”[①]。Carley 和 Christie[②] 则将难缠问题的特点总结为四个方面：（1）不确定性；（2）需求、偏好和价值观的不一致性；（3）不可能弄清所有的结果和/或集体行动的积累影响；（4）在问题定义和解决中是流动的、异质性的和多元的参与。

难缠问题产生的原因可能源于一种或多种维度：复杂性和组分间的相互依赖性，对管理干预产生反馈和非线性的反应；风险和意料外结果的不确定性；价值观的分歧和多利益相关者决策权力的分歧；生态和管理过程的时空尺度不匹配[③]。作为一个社会或文化问题，难缠问题很难或不可能被解决，这主要包括以下原因：信息不完整或互相矛盾的知识，涉及太多的人和观点，经济成本高，这些问题又与其他问题有着内在连接的本质，如贫困与教育、营养与贫困、经济与营养关联[④]。进入 21 世纪以后，难缠问题更加难缠，这主要源于四个方面的原因[⑤]。首先，人类社会继续着不同方面的进步，例如帮助很多人脱离贫困，但这些方法经常缺少内在的能保证自我调节的回路系统。其次，资源生产与消费的空间分离，与当地所受影响相分离的决策也减少了自我调节的可能性。再次，Ostrom[⑥] 建立的公共资源管理的八大原则有很多都被打破了，例如社区不再有机会将治理公共资源的规则与当地需求和条件相匹配，也不能确保外部权威尊重社区规则制定权利和解决争端的方式。最后，保护地的建立使得那些依靠当地生态系统资源的维生型社区受到负

---

① Rittle, Horst W. J. and Melvin M. Webber, “Dilemmas in a General Theory of Planning”, *Policy Sciences*, No. 4, 1973.

② Carley, M., Christie, I., *Managing Sustainable Development*, London: Earthscan, 2000, p. 156.

③ Head, B. W., “Wicked Problems in Public Policy”, *Public Policy*, Vol. 3, No. 2, 2008.

④ Kolko Jon., *Wicked Problems: Problems Worth Solving*, https://ssir.org/articles/entry/wicked_problems_problems_worth_solving, 2012.

⑤ Defries, Ruth and Harini Nagendra, “Ecosystem Management as a Wicked Problem”, *Science*, Vol. 356, 2017.

⑥ Ostrom, E., *Governing the Commons*, Cambridge: Cambridge University Press, 1990, p. 90.

面影响，引发了资源使用的公平问题。总之，不同利益相关者原来不同的态度、观点、目标、权力及其影响更加分化和难以调和。

面对难缠问题，Defries 和 Nagendra 提出我们要避免两个错误极端。一是简单化问题，并且认为技术能够解决难缠问题。例如粮食安全问题，基于 20 世纪化肥、灌溉和种子培育技术的大发展，粮食产量确实增加，其生产成本也在降低，减轻了全球的饥饿问题。但是，这一过程也引发了一系列新的问题，包括肥胖问题、农产品本身营养成分降低以及粮食获得的不公平问题和各种环境问题，包括土壤退化、面源污染、温室气体排放。二是把问题想得太复杂，而无从下手。因此，位于两个极端中间的增量解决办法可以避免这两个极端，考虑不同利益相关者、分析可能发生的意料之外的结果，可以帮助避免第一个极端；而尝试性的实验性干预，配之以持续的监测和再评估，可以帮助避免第二个极端（图 1—1）。因此，针对生态系统管理的难缠问题，他们提出基于经验研究的分析、确认可能的增量解决办法和适应当时条件的可度量的评估进程，都是应对难缠问题必不可少的条件。

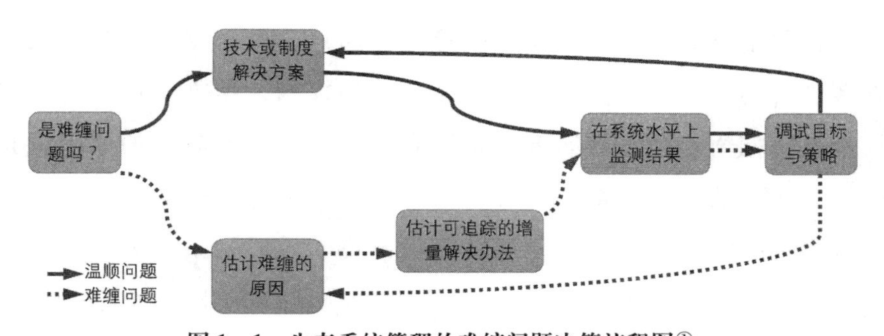

图 1—1　生态系统管理的难缠问题决策流程图①

① Defries, Ruth and Harini Nagendra, "Ecosystem Management as a Wicked Problem", *Science*, Vol. 356, 2017.

第三节 草原管理是难缠问题

从第一章第一节有关草原的研究综述中可以看到，所有草原管理所面临的问题及其解决方案汇总在一起，草原生态系统本身的复杂性，再加上人类活动内部也有高度的复杂性，使得草原管理成为一个“难缠问题”。我们也了解到，这种难缠问题的定义和解决方案常常有很多种，甚至有时不同解决方案间彼此冲突，它涉及多个行动方，在多个层级上相互作用，而决策过程也是多层级的。面对这样的难缠问题，我们迫切需要建立如图1—1所示的问题解决的动态回路，以包容的态度去理解和抓住重点信息，不断扩充我们对于问题的理解范围，寻找和储备可追踪的增量解决办法，基于在不同尺度水平上的系统监测，建立必要的反馈机制以不断调试政策目标与策略，再回到难缠问题的原因分析上，继续寻找和储备增量解决办法，如此循环往复，以保持草原管理能够健康运行。因为草原管理作为难缠问题，它不是一个能够解决的问题，而是一个治理的过程。[①]

在包括草原管理的生态系统管理方面，已有研究者明确提出了许多种类的难缠问题，例如传染性疾病的控制，传染性疾病何时何地暴发？如何传播？控制方法是否有效？成为难缠问题的原因就是病菌和宿主的非线性增长动态，以及疾病发生与人类行为之间的反馈机制不明晰。还有生物多样性保护，我们需要划出多大面积的保护地以控制开矿？在哪里划？如何保护那些保护地之外的保护物种？如何减少当地社区失去资源使用的不公平性？这一难缠问题主

① Heesterbeek, H, et al., “Modeling Infectious Disease Dynamics in the Complex Landscape of Global Health”, *Science*, Vol. 347, No. 6227, 2015.

要源于不同的价值观[①]，生态和行政管理尺度不匹配[②]以及不同利益相关者有不同的目标[③]。

Defries 和 Nagendra 在 2017 年发表在《科学》杂志上的文章中，提出五种应对生态系统管理这一难缠问题的方法，包括多部门决策、跨行政边界的决策、适应性管理、将自然资本和生态系统服务市场化以及平衡不同利益相关者的各种意识形态与政治现实，如表 1—1 所示。从表中可以看到，各种方法都针对不同特点的问题，也有各自不同的障碍。事实上，这些方法在我国草原管理中也都有应用，本书通过对中国草原管理所面临的草原退化、草原恢复工程项目实施对牧区和牧民带来的影响、市场化和气候变化给草原带来的影响、生态补偿等问题的分析，提出表 1—1 中的障碍事实上对于草原社会系统中的复杂性的考虑还远远不足，社会系统的一些内在机制，有可能使这些生态系统管理方法的效果大打折扣。

表 1—1　　　　应对生态系统管理难缠问题的方法

方法	应对问题	实施举例	障碍
多部门决策	多功能的土地与海洋提供的服务不是一个决策部门能够管理的	国家水平的空间规划，多层级治理	行政部门的条块分割
跨行政边界的决策	需要跨越行政边界的生态过程	流域管理，大尺度廊道规划	管理者没有激励和权力去考虑其他行政区域

① Nagendra, H., E. Ostrom, "Polycentric Governance of Multifunctional Forested Landscapes", *International Journal of Commons*, Vol. 6, No. 2, 2012.

② Chester, C. C., "Yellowstone to Yukon: Transborder Conservation across a Vast International Landscape", *Environmental Science & Policy*, Vol. 49, 2015.

③ Defries, R., "The Tangled Web of People, Landscapes, and Protected Areas", In *Science, Conservation, and National Parks*, S. Bessinger, D. Ackerly, H. Doremus, G. Machlis, Eds, University. of Chicago Press, 2017, pp. 227 - 246.

续表

方法	应对问题	实施举例	障碍
适应性管理	因为复杂系统动态导致决策结果不确定，所以要边学边做	生态系统恢复，渔业管理	官僚体制缺乏弹性，缺乏监测
将自然资本和生态系统服务市场化	经济核算体系中没有考虑外部性	生态补偿，认证，财富核算体系	难以决定非市场的生态系统服务的价值
平衡不同利益相关者的不同意识形态与政治现实	政治和对生态系统管理的不同预期导致决策陷入僵局	协同规划	意识形态和价值观的不同，政治现实

在草原管理方面，有几个经典的问题一直以来是学者、决策者、社会组织工作者和牧民着重讨论的，包括生态系统是平衡还是非平衡生态系统？草原退化原因是牲畜还是气候？牧民应该定居还是游牧？畜牧业是应该集约化还是保持放牧畜牧业？草场产权制度应该是私有还是共有？草原管理应该依据固定承载力吗？但是经过多年，对于这些问题的讨论仍在继续，各方还是没有形成较为一致的认识。正如一位草原保护组织的工作人员所说，有关草原管理的学术会议讨论，追本溯源之后发现主题“仍然是”十年前的主题。基于以上对难缠问题的讲解，这个“仍然是”是很正常的，因为草原问题没有一个限定性的阐述方式，也没有一个停止规则，它本身就是一个管理过程。但是，我们看到近20年的草原治理，“每个尝试都算数”是很明显的，各种治理措施、工程项目给牧区和牧民带来的影响也是巨大的。进一步说，即使假设这些问题可以讨论清楚，草原管理政策应该如何改进，如何形成对目前草原问题实质性的改变，才能有利于推动牧区、牧民和牧业的可持续发展？这也是本书试图解答的问题。因此，哪些措施或者原则是符合当地社会生态系统特点的增量解决方案，必须结合环境社会学的综合分析视角，尤其是对草原社会系统的深入分析。

第二章

环境社会学：草原问题研究的重要视角

环境社会学作为一门研究环境—社会相互作用关系的新兴学科，可以帮助我们从一个新的视角去思考草原管理问题。鉴于环境社会学最早起源于美国，本章首先介绍美国环境社会学的发展，主要分为两个部分：理论的发展和学科体系的建立。然后介绍中国环境社会学的引入与发展，以及学科体系的建立过程。最后提出利用环境社会学视角来分析草原管理问题的必要性，草原管理问题的研究本身对于环境社会学的发展可能有哪些贡献，并且对全书的框架做一个简要介绍。

第一节　美国环境社会学的发展

一　理论发展

随着20世纪60年代人们开始意识到欧美工业化和城市化导致了各种生态系统退化和物种消失的问题，环境社会学在美国应运而生，其标志是新环境范式（New Environmental Paradigm，NEP）的提出，这是基于对早期生态保护倡导者如奥尔多·利奥波德（Aldo Leopold）、约翰·缪尔（John Muir）、吉福德·平肖（Gifford Pinchot）、蕾切尔·卡逊（Rachel Carson）等人的研究，提出社会生活是受到自然环境影响和限制的，人类只是许多相互依赖的物种中的一员，人类作为一个系统必须减少其需求和对自然的影响[①]。新环境范式强调了生物圈的脆弱性，人类社会通过物质提取和工业污染对生物圈造成的损害，这也是美国环境运动的主流观点。

最初，Dunlap 和 Catton[②] 强调了在开展环境社会学研究中，使用生物物理变量的重要性，这与针对环境问题研究的常规社会科学不同，由此区分了“环境问题的社会学”和“环境社会学”，前者是从社会学视角来思考环境议题；后者是强调“环境作为影响人类行为的一个因素，而人类行为也影响着环境”。因此，在环境社会学的早期发展阶段，社会学家中形成一个“有活力的团体精神”，努力寻找资源与支持，对生态极限和社会与其环境间的互动方面投入很多研究[③]。这些研究逐渐形成环境社会学的五个主要领域：新人类生态学、环境态度与价值和行为、环境运动、技术风险和风险评估以及环境与环境政治的政治经济学[④]。

在考虑环境社会学与经典社会学理论传统的关系时，早期的研究者认为马克思、涂尔干和韦伯三位社会学家是在人类中心主义的认识论框架内展开他们的研究，他们拒绝承认自然与生态系统会决定人类社会[⑤]。但是通过对经典社会学理论的再研究，研究者发现三位社会学家的基础著作比我们之前的认识有更多的跨学科内容，

---

① Catton, W. R. and R. E. Dunlap, “Environmental Sociology: a New Paradigm”, *The American Sociologist*, Vol. 13, 1978.

② Dunlap, R. E. and W. R. Catton, “Environmental Sociology”, *Annual Review of Sociology*, Vol. 5, No. 1, 1979.

③ Scott, Lauren N. and Erik W. Johnson, “From Fringe to Core? The Integration of Environmental Sociology”, *Environmental Sociology*, DOI: 10, 1080/23251042, 2016, 1238027.

④ Buttel, F. H., “New Directions in Environmental Sociology”, *Annual Review of Sociology*, Vol. 13, No. 1, 1987.

⑤ Buttel, Frederick H. and Craig R. Humphrey, “Sociological Theory and the Natural Environment”, pp. 33 - 69, In *Handbook of Environmental Sociology* edited by Riley E. Dunlap and William Michelson, Westport, CT: Greenwood Press, 2002.

而且对人类/非人类互动也有更多考虑[①]。尤其是福斯特等学者近年来的研究重新赋予了经典社会学理论的生态基础，从而使人们认识到社会学准则中有更多的生态学内容，增强了环境社会学本身对社会学的继承性，最有代表性的理论就是有关代谢断裂的讨论[②]，马克思与韦伯深切关注现代性的负面影响，以及资本家文化与制度对于边缘化的人群、生态系统和民主的未来影响[③]。

除了针对环境社会学与主流对接的研究以外，环境社会学还有另一个研究方向，就是与不同学科的融合，即跨学科的研究，社会学家和不同学科的研究者合作，包括气候科学家、地理学家、湖沼学家、经济学家、政治学家、城市规划者、历史学家、法律学者、人类学家、心理学家和生物学家，从而产出了更多有关社会—生态现实的强有力的分析判断。

根据 Pellow 和 Brehm 在 2013 年的总结，目前环境社会学的主要理论包括以下几个方面。第一个理论是环境社会学中的政治经济学视角，主要研究资本主义和现代性对社会生态福利的影响。其中两个主要理论就是生态现代化（Ecological Modernization）和苦役踏车（Treadmill of Production）理论。还有一个理论是代谢理论，这是生态马克思主义学者在马克思理论的基础上提出的。代谢这一概念直接将当代环境社会学与经典社会学连接起来，它是指人类社会与非人类自然间交换的总的关系。代谢或生态断裂是指生态系统过

---

① Rosa E. and Richter L.，"Durkheim on the Environment：Ex Libris or ex Cathedra? Introduction to Inaugural Lecture to a Course in Social Science，1887 – 1888"，*Organization & Environment*，Vol. 21，No. 2，2008.

② Foster，J. B.，"Marx's Theory of Metabolic Rift：Classical Foundations for Environmental Sociology"，*American Journal of Sociology*，Vol. 105，No. 2，1999；Foster J. B.，Holleman H.，"Weber and the Environment：Classical Foundations for a Post Exemptionalist Sociology"，*American Journal of Sociology*，Vol. 117，No. 6，2012.

③ Pellow，D. N.，Brehm，H. N.，"An Environmental Sociology for the Twenty-First Century"，*The Annual Review of Sociology*，Vol. 39，2013.

程被扰乱，人类总体特别是资本主义对环境产生的损害①。这也是社会生态不平等性的直接后果，正如 Foster 等②所说，“生态断裂从根本上说是一种社会断裂：人类对于人类的控制。其背后的驱动力是一个基于阶层、不平等性和无尽索取的社会……”第二个理论就是世界体系理论和世界政治理论。利用全球化的方法，世界体系理论家认为核心（富裕）国家的历史经济发展是以生态退化、社会动乱和世界边缘国家经济不发展为代价的，相关的有生态足迹的概念，讨论人类对于自然的影响。第三个理论是环境公平，这一理论根本的观点是所有人和群落都有权利享受环境健康和环境健康规则下公平的保护，这一理论被用于研究很多种族问题和不公平性，提出环境问题从根本上是社会问题。20 世纪 70 年代和 80 年代学者认识到环境灾害对于贫困社区和边缘化人口有更大的影响，尤其是有害废弃物的国际贸易和气候变化方面的研究。第四个理论是有关风险、灾害和灾难，强调灾害是有社会原因的。针对现代性形成两种态度，一种是认为技术和科学可以解决环境问题，另一种是认为技术给人类和其他物种带来更多的风险。此外还有一些其他的相关研究，包括深层生态学和社会生态学、生态女性主义、环境犯罪学和社会运动等。

二 学科体系的形成

在理论发展的同时，学科体系的建设也非常重要，环境社会学的发展从对各种环境问题进行社会学研究开始，就类似于一种社会运动的发展，逐渐形成自己的理论、学科以及机构支持。Scott 和

---

① Foster J. B., Clark B., York R., *The Ecological Rift*: *Capitalism's War on the Earth*, New York Monthly Review Press, 2010.

② Ibid..

Johnson[①] 基于对四种美国权威社会学期刊在 1970 年到 2014 年有关环境社会学研究的统计数据，讲述了环境社会学在美国的形成过程。在 20 世纪 70 年代，地球日开始让公众更多地关注环境问题，也促进了一批环保组织的诞生。同时，各种分散的利用社会学理论研究环境问题的论文出版，但这时美国最好的社会学期刊上的相关研究只是凤毛麟角。

环境社会学的创始人之一 Riley Dunlup 一直非常重视学科建设，他与同事 Bill Catton 和 Bill Freudenberg、Eugene Rosa 首先在华盛顿州立大学建立了一个热点研究小组，成为美国环境社会学的起源地。在 1973 年社会问题研究学会（the Soceity for the Study of Social Problems，SSSP）建立"环境问题分部"三年后，美国社会学学会（American Sociology Association，ASA）在 1976 年成立了环境社会学部（现在是环境与技术分部）。环境与技术分部的成员数量在 1990 年约 300 人，2000 年增加到 431 人，近些年来约 500 人。社会问题研究学会的期刊《社会问题》（*Social Problems*）以及美国社会学学会的期刊《美国社会学评论》（*American Sociological Review*）都成为环境问题研究的早期支持性的期刊。之后，威斯康星大学、密歇根州立大学和耶鲁大学林学院成立了一个研究网络，前两者都是赠地大学（land-grant university）。由于赠地大学有社区发展功能，与社区紧密合作，尤其是在农村社会学方面，农业、林业和矿产都是与资源和环境密切相关的产业，而这些大学的学者正是做这些方面的研究，因此，农村社会学为环境社会学的研究提供了制度和机构上的支持。芝加哥学派一直重视城市问题，成为 20 世纪 70 年代早期美国社会学的主流，并且之后在城市环境问题和环境运动研究方面一直发挥着重要作用。

---

① Scott，Lauren N. and Erik W. Johnson，"From Fringe to Core? The Integration of Environmental sociology"，*Environmental Sociology*，DOI：10，1080/23251042，2016，1238027.

随着环境运动的发展，环境社会学的发展受到政治环境的重要影响。例如20世纪80年代国家的政治话语中有很多对环境主义的批评，因此，这段时间有关文章的发表也很少[①]。进入90年代，随着对国际和跨国环境问题的关注度提高，公众、决策者和学者的研究也有了新的发展。例如1988年政府间气候变化专门委员会（IPCC）成立，开始对全球变暖问题广泛关注，1992年联合国环境与发展大会地球峰会提出里约宣言，二十一世纪章程提出可持续发展，环境方面的文章又开始增加，2000年以后快速增加，这时环境社会学研究开始定期出现在社会学权威期刊上。研究越来越多地用生物物理环境作为解释人群行为的一个重要变量，这样就形成了一种不同的知识和角度来定义环境社会学[②]，同时也有越来越多的研究与种族、阶层和性别不平等联系起来[③]。

第二节　环境社会学在中国的发展

中国环境社会学的发展最早可以追溯到20世纪80年代初，但此后直到90年代中期以后，环境社会学的发展才开始有明确的学科意识[④]。国内学者从三个方向对中国环境社会学的发展作出努力，一是对国外环境社会学理论的介绍；二是在此基础上进行反思，为中国环境社会学学科建设和理论构建指明方向；三是来自经验研究

---

① Dunlap, R. E., and Catton, W. R., “Struggling with Human Exemptionalism: The Rise, Decline and Revitalization of Environmental Sociology”, *The American Sociologist*, Vol. 25, No. 1, 1994.

② Buttel, Frederick H. and Craig R. Humphrey, “Sociological Theory and the Natural Environment”, pp. 33 – 69, In *Handbook of Environmental Sociology*, edited by Riley E, Dunlap and William Michelson, Westport, CT: Greenwood Press, 2002; Pellow, D. N., Brehm, H. N., “An Environmental Sociology for the Twenty-First Century”, *The Annual Review of Sociology*, Vol. 39, 2013.

③ Ibid..

④ 洪大用：《理论自觉与中国环境社会学的发展》，《吉林大学社会科学学报》2010年第3期。

的贡献，许多学者进行了大量翔实的经验研究，研究议题主要集中在环境问题产生的原因、环境抗争和环境政策。

一 理论引入

国内最早开始系统梳理国外环境社会学理论的研究是洪大用[①]论述了美国环境社会学发展与时代背景之间的关系，介绍了环境社会学分为“环境学的环境社会学”和“社会学的环境社会学”，详细阐述了两者内部各理论之间的承继和发展。之后国内一些学者陆续翻译引进了有关环境社会学的专著，包括约翰·汉尼根（John Hannigan）的《环境社会学》、迈克尔·贝尔（Michael Bell）与迈克尔·卡罗兰（Michael Carolan）的《环境社会学的邀请》和鸟越皓之的《环境社会学——站在生活者的角度思考》，成为国内这一学科学生和学者入门的必读书籍。

同时，来自不同背景的研究者对环境社会学理论开始进行梳理，为了加深对于这些理论的理解，还展开一些对比研究。这类研究主要包括基于实在论和建构论的讨论指出环境问题既是自然现象也是社会问题[②]，梳理和评析生态学范式、系统论范式、建构主义范式、社会转型范式、整合性范式等不同的研究范式[③]，也有学者提出未来环境社会学需要超越文化—自然二元论和实在论与建构论之争[④]。环境社会学中的整合性范式将个体、社会、环境纳入生物物理子系统、宏观社会子系统、微观社会子系统的整合性视野对环

---

① 洪大用：《西方环境社会学研究》，《社会学研究》1999 年第 2 期。

② 李友梅、刘春燕：《环境问题的社会学探索》，《上海大学学报》（社会科学版）2003 年第 1 期。

③ 江莹：《环境社会学研究范式评析》，《郑州大学学报》（哲学社会科学版）2005 年第 5 期。

④ 赵万里、蔡萍：《建构论视角下的环境与社会——西方环境社会学的发展走向评析》，《山西大学学报》（哲学社会科学版）2009 年第 1 期。

境社会学研究来说十分重要[①]。洪大用与龚文娟[②]结合西方公正研究史，梳理了环境公正研究的理论模型和研究方法，指出环境公正研究是一个跨学科研究领域，环境公正是一个由不同行动者在社会结构和历史过程中互动、建构出来的。

随着一些学者对于马克思研究的重新发现，新马克思主义对于环境社会学的发展也发挥了重要作用，从一个新的角度来分析环境问题产生的原因和思考其解决办法。这主要集中在马克思关于“代谢断裂”（metabolic rift）的分析，提出马克思为环境社会学提供了多层次、多价值的基础[③]。事实上，代谢断裂这一概念的提出，不仅是马克思对资本主义双重批判的重要内容[④]，更是重新反思人与自然关系的基础[⑤]。

二 学科建设

随着对国外环境社会学理论研究的深入，以及中国环境问题的凸显，出于实际需要，许多学者对中国自身学科建设和理论构建提出了许多有益的思考。在研究对象上，马戎[⑥]认为环境社会学的研究对象是人对自然环境的影响，因此研究内容包括传统文化习俗、社区行为规范对环境的影响；生产力水平的提高、生产规模的扩大、生产组织形式和生活方式的改变对环境的影响；社会体制变

---

① 江莹、秦亚勋：《整合性研究：环境社会学最新范式》，《江海学刊》2005年第3期。

② 洪大用、龚文娟：《环境公正研究的理论与方法述评》，《中国人民大学学报》2008年第6期。

③ 李友梅、翁定军：《马克思关于“代谢断层”的理论——环境社会学的经典基础》，《思想战线》2001年第2期。

④ 刘顺、胡涵锦：《生态代谢断裂与社会代谢断裂——福斯特对资本积累的双重批判》，《当代经济研究》2015年第4期。

⑤ 苏百义、林美卿：《马克思的新陈代谢断裂理论——人与自然关系的反思》，《教学与研究》2017年第6期。

⑥ 马戎：《必须重视环境社会学——谈社会学在环境科学中的应用》，《北京大学学报》（哲学社会科学版）1998年第4期。

迁、政府政策和法规对环境的影响。洪大用①认为环境社会学的研究对象是环境问题的产生及其社会影响，后来将其归纳为可以观察到社会影响和反应的环境事实和具有环境影响的社会事实。崔凤和唐国建②认为环境社会学的研究对象应该是人们的环境行为，从社会学的角度对人们环境行为进行阐释，探究环境行为的不同类型、社会根源和社会影响等。

在学科地位上，不同学者更是有完全不同的看法，吕涛③认为环境社会学是社会学的分支学科而非交叉学科，环境社会学的研究对象是环境与社会关系的某些方面而不是全部，环境社会学的方法论基础是社会学的方法论基础，方法论不能脱离本体论而分离存在。左玉辉④认为环境社会学是环境科学和社会科学之间的交叉学科，它从社会科学的角度研究人与环境的相互作用，探求其中的规律性，寻求调控人类环境行为、解决环境问题的社会手段和途径。林兵⑤认为学科间关系理论上避免宏大的多学科视野的解释模型，突出社会学自身的理论逻辑。拓宽解释变量，审慎借鉴“环境学的环境社会学”。洪大用⑥比较了经济学的视角、政治经济学的视角和生态现代化理论，从单一的经济变量到政治和经济双变量再到更加丰富的生态现代化理论，继而提出进一步扩大社会学的想象力纳入时空因素，在全球视野下看待环境问题。

① 洪大用：《西方环境社会学研究》，《社会学研究》1999 年第 2 期。

② 崔凤、唐国建：《环境社会学：关于环境行为的社会学阐释》，《社会科学辑刊》2010 年第 3 期。

③ 吕涛：《环境社会学研究综述——对环境社会学学科定位问题的讨论》，《社会学研究》2004 年第 4 期。

④ 左玉辉：《环境社会学》，高等教育出版社 2003 年版。

⑤ 林兵：《中国环境社会学的理论建设——借鉴与反思》，《江海学刊》2008 年第 2 期。

⑥ 洪大用：《环境社会学：事实、理论与价值》，《思想战线》2017 年第 1 期。

三 经验研究

国内有关环境社会学的经验研究最集中的著作要数连续四辑的《中国环境社会学》，自2014年出版第一辑开始到2018年出版第四辑，基于六届环境社会学年会的研讨，收集了国内针对各种环境问题的经验研究成果，从理论到方法，从国外到国内，从问题到政策，反映了中国学者在环境社会学领域的研究现状，标志着中国环境社会学的学科建构已经发展到一个新的水平。书中涉及了环境社会学理论的历史和前沿，我国环境污染的现状、社会成因和治理污染的对策，环境保护工作的成绩和问题，环境价值观，等等，具有较高的理论价值和应用价值。

总体来看，经验研究关于环境问题原因分析的研究最多，也产生了许多不同的解释路径。洪大用[①]从社会转型的角度提出了社会转型范式，认为中国的环境问题与社会转型之间紧密相关，以工业化、城市化和区域分化为主要特征的社会结构转型，以建立市场经济体制、放权让利改革和控制体系变化为主要特征的体制转轨，以道德滑坡、消费主义兴起、行为短期化和社会流动加速为主要特征的价值观念变化，带来了中国环境状况的恶化。此后的许多研究大都可以看作在这一范式下进行的研究，只是在具体研究中各有不同的侧重点。从经济体制转型来看，中国在实行家庭承包责任制这一市场化农业制度的很长一段时间里，由于其所特有的小农式农作方式在解决外部性生态环境问题上的缺陷，特别是由于这一制度本身的不完善及与这一制度相配套的其他制度的缺乏，造成了农业中的生态环境问题的恶化[②]。从农村社会生活变化来看，农民传统的生

① 洪大用：《当代中国社会转型与环境问题——一个初步的分析框架》，《东南学术》2000年第5期。

② 王跃生：《家庭责任制、农户行为与农业中的环境生态问题》，《北京大学学报》（哲学社会科学版）1999年第3期。

产、生活规范有利于形成生态平衡村落的社会规范，村民的道德意识也有效约束了村民的水污染行动，但20世纪90年代以来利益主体力量的失衡、农村基层组织的行政化与村民自组织的消亡以及农村社区传统伦理规范的丧失造成了太湖流域的污染日益严重[①]。从现代消费主义的发展来看，消费主义的大众化，及其带来的生产与消费关系的逆转，使得消费成为环境危机加速升级的催化剂[②]。

但是我们也注意到，环境问题的社会学研究大都聚焦在改革开放后的环境问题上，对改革开放前的环境问题缺乏认识，这种忽视带来解释机制上的某种缺陷。正如包智明和陈占江[③]所言，已有的研究几乎都预设了中国的环境问题是改革开放以来的产物，环境问题与迅猛的城市化、工业化、市场化密切相关，将改革开放前30年与后30年割裂、对立起来，进而指出中国的环境问题有其更为特殊和复杂的政治、经济和社会原因，一方面是中央和地方优先发展经济，另一方面是社会参与的长期弱化，造成市场和政府逻辑取代了社会逻辑，从而将改革开放后的环境问题与改革开放前的经验联系起来。张雯[④]认为现代国家权力和市场力量通过各种制度和市场机制加大对自然的控制、管理、利用和增殖，造成自然相对于系统的客体化地位，使得自然环境不断恶化。

对环境政策的研究多从政府、市场和社会三个方面进行研究，冉冉[⑤]从中央政府和地方政府关系出发，发现以指标和考核为核心

---

① 陈阿江：《水域污染的社会学解释——东村个案研究》，《南京师范大学学报》（社会科学版）2000年第1期。

② 侯玲、张玉林：《消费主义视角下的环境危机》，《改革与战略》2007年第9期。

③ 包智明、陈占江：《中国经验的环境之维：向度及其限度——对中国环境社会学研究的回顾与反思》，《社会学研究》2011年第6期。

④ 张雯：《草原沙漠化问题的一项环境人类学研究：以毛乌素沙地北部边缘的B嘎查为例》，《社会》2008年第4期。

⑤ 冉冉：《“压力型体制”下的政治激励与地方环境治理》，《经济社会体制比较》2013年第3期。

的“压力型”政治激励模式，由于其在指标设置、测量、监督等方面存在制度性缺陷，未能对地方的政策执行者起到有效的政治激励作用。随后进一步的研究发现中国环境政治中的集权—分权悖论，即党在环境政治系统决策过程中的绝对权威地位，以及环境行政过程中权力与职能的碎片化，认为克服环境政治地方分权的困境需要改革生态管理体制、建立生态文明制度需要克服集权—分权悖论[①]。杨妍和孙涛[②]通过横向的跨区域环境治理的研究发现，环境污染所具有的外部性使得某一地方政府无法独立而有效地解决，需要建立跨地域、跨流域治理的有效机制，而地方政府合作机制是解决跨区域环境问题的重要途径。邹伟进和胡畔[③]从博弈论的角度，建立政府环境监管与企业污染治理的博弈模型，推动这一博弈向最优均衡发展，必须有公众的参与和监督，形成一个良好的全社会生态文明氛围，政府要明确和改善职能定位，变惩罚为主的思路为服务为主的思路，企业要增强社会责任感，培育有社会责任意识的企业文化，促进环保科技的发展，降低企业环境治理的成本。中国的环境治理逐渐由政府的主导模式逐渐引入环境公民要素，才能促进环境体制发展，公民环境参与和环境非政府组织的参与机制，对环境治理起到了不同的促进作用[④]。

也有学者将国家、市场和社会作为分析框架，对环境治理进行研究，周晓虹[⑤]从国家—市场—社会关系角度探讨了秦淮河污染治

① 冉冉：《“压力型体制”下的政治激励与地方环境治理》，《经济社会体制比较》2013年第3期。

② 杨妍、孙涛：《跨区域环境治理与地方政府合作机制研究》，《中国行政管理》2009年第1期。

③ 邹伟进、胡畔：《政府和企业环境行为：博弈及博弈均衡的改善》，《理论月刊》2009年第6期。

④ 杨妍：《环境公民社会与环境治理体制的发展》，《新视野》2009年第4期。

⑤ 周晓虹：《国家、市场与社会：秦淮河污染治理的多维动因》，《社会学研究》2008年第1期。

理，发现国家仍然处在掌控的地位，国家或地方政府的主导作用不仅体现在对治理的规划、资金的筹措、人力的募集以及具体的实施等方面，而且表现在对包括污染在内的社会问题议题形成的控制、对原本自由和开放的市场力量的调控，甚至包括污染治理的直接动因上。国家激活市场、弥补市场缺陷。相比而言，在国家—社会关系方面，我们已经看到，国家或地方政府的主导作用并没有直接带动包括社区和市民在内的社会力量积极参与秦淮河污染的治理。

通过对以往研究的梳理我们可以发现经验与理论之间开始对话，一边是梳理国外理论，分析在建构理论方面我们应该避免的问题和需要借鉴的经验；另一边是对具体环境问题的分析，往往是提供了一个分析框架。来自经验层面的研究往往不足以回应理论问题，来自国外的理论对中国经验的解释力有限，理论建构的建议也往往不能和经验研究结合起来。反观以上讨论，我们发现有两个宏观层面的分析，一方面潜在地涉及了东西方的对话，另一方面中国的经验研究对环境社会学的理论也起到了某种程度的补充。所以，可能最需要的还是基于经验研究的理论提升来促进东与西的对话，促进经验和理论的对话。

与其他国家遇到的问题相似，环境社会学在中国发展也有两方面的障碍，一是缺少能将不同研究范式系统整合以应对中国情况的研究；二是缺少经验研究支持和发展中国的环境社会学理论。作为一个包括生态、经济、社会维度的难缠问题，草原管理可能成为一个突破口来梳理环境社会学理论，并用以解释中国的环境问题。同时，从以上对草原管理理论的介绍来看，其管理方法也越来越趋向综合，因此结合草原管理理论的发展，并将其放在环境社会学发展的视野下，将会进一步推动这两方面的发展。

第三节 草原问题研究需要环境社会学的视角

基于以上对环境社会学的介绍，可以看到从环境社会学的视角来理解草原管理这个难缠问题是非常必要的。分析中国草原管理所面临的各种问题，无疑也能对难缠问题的研究提供更加丰富的经验基础，为环境社会学的理论研究与经验研究提供一个鲜活的案例，从而激发学界对于这一类难缠问题的讨论与研究，也是为中国环境社会学的发展做出一些贡献。最后，本节对全书的框架做一个简要介绍。

一 环境社会学对草原管理研究的支持

作为一门新兴学科，环境社会学有三个特点使其能从一个综合的视角去理解环境问题。首先，环境社会学不仅关注环境与社会在一般意义上的相互作用关系，而且还通过调查环境与社会间的相互影响和作用机制，研究那些决定人类资源利用行为的文化、信仰和态度。社会学家应该考虑导致人类社会和自然环境间冲突或协调的因素是什么[①]。其次，环境社会学有多个理论范式：人类生态学、政治经济学、社会建构论、批判实在论、生态现代化、风险社会、环境正义、行动者网络和政治生态学[②]。所有这些范式基于不同学科都被用来从不同维度解释环境问题，这也凸显了环境问题的复杂性。环境社会学最重要的发展之一就是人类豁免范式（Human Exemptionalism Paradigm）和新环境范式（New Environmental Paradigm）的争

① Buttel, F. H. and C. R. Humphrey, “Sociological Theory and the Natural Environment”, In *Handbook of Environmental Sociology*, edited by Riley E. Dunlap and William Michelson, Westport, CT: Greenwood Press, 2002.

② Dunlap, R. E. and W. Michelson eds., *Handbook of Environmental Sociology*, Westport, CT: Greenwood Press, 2002.

论，因为它定义了人类—环境关系的类型学[①]。以草原管理为例，有关这两个范式的讨论具有极大的启发性，因为它从根本上解释了为何不同的利益相关者对文化价值、有关草原的信仰和态度方面存在巨大的差异性。最后，多种范式的差异可以归结为实在论和建构论两大阵营之间的争论，主要集中在是以科学主义还是以人文主义为视角来建构关于环境议题的社会理论：环境建构论坚持人文取向的解释学和建构论的信念；环境实在论则走科学主义路线，坚持科学的客观性、合理性等原则，而这两种研究路向，用库恩的话说是有“不可通约性”，因此二者的争论仍将继续[②]。如果不对两种范式做深入了解，这种争论可能向极端化发展。目前一些学者开始对实在论和建构论进行整合，将自然与社会在环境社会学中更紧密地连接起来。

以上提到的环境社会学的三个特点使得环境社会学成为一门需要广泛知识背景的学科。因此，本研究试图基于对草原管理理论和经验的学习，以及环境社会学理论的学习，加强中国解决草原问题的理论基础，并推动环境社会学在中国的发展。一方面，为了理解草原管理这个难缠问题，急需引入新的综合视角来分析其复杂过程和多层级的问题。另一方面，为了完善中国环境社会学的学科体系，需要推动环境社会学理论在草原管理方面的应用以解释和解决现实问题。

二　草原管理对于环境社会学发展可能的贡献

如前所述，草原管理是一个难缠问题，那么，利用环境社会学

---

① Dunlap, R. E. and Catton, W. R., “Struggling with Human Exemptionalism: The Rise, Decline and Revitalization of Environmental Sociology”, *The American Sociologist*, Vol. 25, No. 1, 1994; Catton, W. R. and R. E. Dunlap, “Environmental Sociology: a New Paradigm”, *The American Sociologist*, Vol. 13, 1978.

② 赵万里、蔡萍：《建构论视角下的环境与社会——西方环境社会学的发展走向评析》，《山西大学学报》（哲学社会科学版）2009 年第 1 期。

理论来理解草原管理又会对环境社会学本身的发展有哪些贡献呢?总体来看，主要体现在以下几个方面。

首先，帮助我们理解环境社会学多元范式产生的原因。我们看到目前环境社会学并没有一个统一的理论框架，如前文介绍的几方面理论，包括政治经济学视角、世界体系理论、环境公平和风险理论等，彼此间都是分散的、没有逻辑关系。事实上，这正是源于难缠问题的第一个特性，即这些问题没有一个限定性的阐述方式，可以从多个角度来阐释，例如就当地的草场使用实践来看，草原退化是放牧方式不合理的结果；从更大的尺度来看，草原退化是大量的饲草和畜产品流出草原系统之外，却没有相应的物质流入补充的结果；再从全球尺度来看，气候变化改变了草原的气温和降水模式，形成更多的极端气候事件如干旱，进一步加大了草原退化的风险。相应地，社会生态系统分析框架、代谢断裂和世界体系理论都可以用来分析草原退化问题。基于对难缠问题的理解，我们就能明白为何环境社会学发展至今仍然能保持多元的理论视角或者是研究范式，同时可以在这一学科中看清自己研究的定位和贡献。

其次，加深对新环境范式的理解与应用。新环境范式的提出是环境社会学产生的标志，是与原有的人类豁免范式完全不同的范式。两者最关键的区别就是人类豁免范式将人类看作是独立于自然的，可以利用和管理自然中其他资源的独特生物；而新环境范式提出我们的社会生活是受到自然环境影响和限制的，人类只是许多相互依赖的物种中的一员，人类作为一个系统必须减少其需求和对自然的影响。虽然新环境范式在20世纪70年代就已提出，但从之前的国内外环境社会学的文献综述中也可以看到，新环境范式更像是一面旗帜将环境社会学的学者召集起来对环境问题进行研究，而直接使用新环境范式这一概念进行案例研究并不多见。本研究试图基于草原社会生态系统框架，来阐述新环境范式在自然资源管理中的重要意义，对这些问题追本溯源，同时思考实践原则。

再次，可以利用多个理论完成一个环境问题的纵向追踪研究。难缠问题的两个特点，即没有一个“停止规则”和“每个解决问题的尝试都算数”，不仅决定了一个环境问题不可能找到一劳永逸的方法把它解决掉，而且也决定了对于这个环境问题的研究无止境。如图1—1所示，从问题本身到解决问题方案的产生，再到方案实施过程，对受众的影响及其反馈，又返回到问题的重新定义，这一循环往复过程的每一个环节，都是环境社会学的研究对象和内容，因此，问题无止境，研究也无止境。例如草原退化问题到退化原因分析，再到一系列草原恢复工程项目的实施及其对牧民、牧区和牧业的影响，借此又反思草原退化问题，就是一个完整的发展过程来促进环境社会学理论在环境问题纵向追踪研究上的应用。

最后，提供一个机会再次反思人与自然的关系以及环境问题的治理方式。有关环境的最初理解是人的环境是社会，即他所生活的地方；人类社会的环境就是外部自然。在这里，环境与社会被看作是二元对立的，社会学是一种看待和理解这种二元对立关系的方式[①]。在环境研究中，我们总是把社会对于自然的足迹作为各种问题产生的原因，债务导致毁林，新自由主义项目导致经济作物的单一化培养，工业导致二氧化碳排放，这些都是因果式的陈述[②]。但事实上，就像我们常说的，人类是环境问题的受害者，同时也是污染者，两者已经无法区分开来。因此，治理环境问题的努力不再是一个外部变量，而是一个内部变量。如前所述，对于环境问题的纵向追踪研究中，我们看到找到环境问题的原因只是解决问题这一复杂过程的第一小步，要从环境问题—原因—对策的环境问题治理模

① Harvey, D., “The Nature of Environment: The Dialectics of Social and Environmental Change”, *The Sociologist Register*, Vol. 29, 1993.

② Moore, Jason W., “Transcending the Metabolic Rift: A Theory of Crises in the Capitalist World-ecology”, *The Journal of Peasant Studies*, Vol. 38, No. 1, 2011.

式转变为环境问题—反馈—调试螺旋式前进的治理模式。基于这一模式，我们就能理解为何草原管理问题层出不穷，管理要兼顾不同的时空尺度，因为人与自然是一个整体，也是一个互动过程。

三 研究目标及内容

以上两个小节的内容也正是本书想要达到的研究目标，一方面，本书是草原管理问题的环境社会学研究，即用环境社会学的一些理论概念来思考草原管理议题，例如代谢断裂和苦役踏车等。尤其是表1—1中列出的五种应对生态系统管理这一难缠问题的方法，包括多部门决策、跨行政边界的决策、适应性管理、将自然资本和生态系统服务市场化以及平衡不同利益相关者的各种意识形态与政治现实，每种方法都针对不同特点的问题，也有各自的实施障碍。本书基于对草原管理相关问题的研究，从环境社会学的角度详细探讨这些方法的实施障碍是如何导致这些生态系统管理方法的效果大打折扣的。另一方面，本书试图基于草原管理这一研究议题，推动环境社会学的理论探讨，即在之前环境与社会的二元讨论基础上，强调草原与人类行为的整体性，以及草原环境问题治理的过程性。

基于以上目标，本书主要由四个部分构成，第一部分解题，主要包括第一章和第二章，利用草原管理这一现实议题，将难缠问题与环境社会学联结起来，难缠问题需要从环境社会学综合的视角去研究，而环境社会学的发展也需要难缠问题这一概念的充实，同时环境议题的解决也需要各方利益相关者对难缠问题有充分的认识。第二部分利用环境社会学理论解释草原管理问题，包括第三章到第六章，第三章以内蒙古阿拉善盟为例，具体讲解草原管理这一难缠问题如何难缠，说明单一目标的解决方案，如退牧还草项目和公益林保护项目，如何产生更多造成长期损失的问题，包括地下水资源过度使用、工业污染等。第四章和第五章利用草原社会生态系统框架，分析草场承包与草原退化的关系。第六章探讨草原生态系统各种要素被市场化后形成的整个系统的代谢断裂，从不同空间层级上分析代谢断裂在草原退化方面做出的贡献。第三部分是难缠问题的对策讨论，包括第七章到第九章，表 1—1 中提到生态系统管理这一难缠问题的五种应对办法，第七章讨论适应性管理策略，第八章讨论生态补偿的效果及其影响，第九章讨论将不同利益相关者汇聚在一起的合作社发展。通过这些讨论，我们可以看到这些对策的必要性与合理性，更重要的是，可以看到实施这些对策不仅是表 1—1 中列出的障碍，还有更多具体的来自社会经济系统的挑战。第四部分就是本书的结论，总结环境社会学之于草原管理研究的指导意义，以及草原管理对于环境社会学发展的可能贡献，从而思考这种双向辅助对于草原管理实践有何借鉴。

草原管理问题的环境社会学分析

第三章

草原问题的建构及其影响：阿拉善盟的案例

随着中国经济的快速发展，诸多环境问题开始显现，空气、水和土壤污染、土地退化、垃圾问题等已经给中国社会带来很大影响，也成为中国经济进一步发展急需解决的问题，经济发展与环境保护的种种冲突使这一问题的解决不容乐观。“九五”期间，党中央、国务院高度重视环境保护，把环境保护作为影响经济和社会发展全局的重大问题之一，全国实行污染防治与生态保护并重方针。“九五”期间全国环境保护累计投资3600亿元，达到国民生产总值的0.93%，高于“八五”期间0.73%的水平。《2004中国绿色国民经济核算研究报告》[①]指出，中国2004年全年环境污染造成的经济损失占全年GDP的3.05%，治理成本占GDP的1.80%，如果在现有的治理技术水平下全部处理2004年排放到环境中的污染物，需要一次性直接投资约为10800亿元，占当年GDP的6.8%左右。同时每年还需另外花费治理运行成本2874亿元（虚拟治理成本），占当年GDP的1.80%。这一资金要求与我们现有的投入数额存在着相当大的差距。

---

① 国家环境保护总局、国家统计局：《2004中国绿色国民经济核算研究报告》，《环境保护》2006年第18期。

自2001年以来，中央政府就将实现“生态文明”作为发展战略的核心，十八大以来，以习近平总书记为核心的党中央把生态文明建设作为统筹推进“五位一体”总体布局和协调推进“四个全面”战略布局的重要内容，提出创新、协调、绿色、开放、共享的新发展理念；已经制修订相关法律十多部，包括大气污染防治法、野生动物保护法、环境影响评价法、环境保护税法等。《中国共产党章程（修正案）》中增加了“增强绿水青山就是金山银山的意识”。2018年3月，生态文明正式被写入《中华人民共和国宪法修正案》。在这样的背景下，为了改变之前分权治理环境问题力量不足的状况，从2001年开始，国家依赖于自上而下的政治动员投入大量资金实施了多个环境保护项目。这种中央集中的环境治理模式被认为是环境威权主义（Environmental Authoritarianism）的一种治理模式，一些学者和决策者提出为了更好地应对主权国家内和全球的环境危机，威权主义可能比以利益集团政治为核心的民主政治系统更有效[1]。因为国家可以利用其权威地位制定更有效的环境政策[2]。

正是在这样的背景下，针对草原退化问题，内蒙古草原牧区实施了一系列的草原恢复和保护项目，包括退牧还草项目、京津风沙源治理项目、游牧民定居项目、公益林保护项目和草原生态补助奖励机制等。本章以内蒙古阿拉善盟为例，详细解读草原环境问题的建构过程、应对措施及其效果。通过本章的讨论，我们可以看到，草原管理作为一个难缠问题，其复杂性主要包括两层，一是生态系统各因素间的相互依赖性，二是社会经济系统中不同利益相关者的不同偏好。因此，难缠问题是不能缩减的，也就是说，任何试图解

① 冉冉：《中国地方环境政治：政策与执行之间的距离》，中央编译出版社2015年版。

② Gilley, B., “Authoritarian Environmentalism and China's Response to Climate Change”, *Environmental Politics*, Vol. 21, No. 2, 2012.

决难缠问题的努力，如果是要压缩其成为单目标问题，幼稚地将用于温顺问题的最优解决方案（例如限定型最优方法）用于难缠问题的解决上，其结果在短期可能有效，但必定造成长期损失①。

第一节　生态危机的话语

据第三次全国草场资源调查，内蒙古自治区中度以上退化沙化的草场面积约3867万公顷，占可利用草场面积的56.9%，天然草场的产草量普遍下降了30%到70%②。尤其是内蒙古西部的阿拉善盟，沙尘暴频繁发生，曾一度被认为是内地沙尘暴的策源地之一。内蒙古自治区从2001年开始实施退牧还草，以阿拉善盟为例，从2002年起开始实施退牧还草工程，先后启动了2002年、2004年、2005年、2006年（第一批）和2006年（第二批）五期退牧还草工程，全盟禁牧1800万亩，占可利用草场资源的12%；划区轮牧50万亩；休牧30万亩，总投资近7.9亿元③。

一　苍天般的阿拉善

阿拉善，地处内蒙古自治区的最西端，北纬37°24′—42°47′，东经97°10′—106°53′之间。西南相连甘肃省，东南毗邻宁夏回族自治区，东北接壤巴彦淖尔市、乌海市，北交界蒙古人民共和国。东西长831公里，南北宽598公里。总面积268461平方公里，占内蒙古自治区总面积的22.8%，是全区面积最大的盟。东部绵延的贺兰

① Pahl-Wostl, C., "The Implications of Complexity for Integrated Resources Management", *Environmental Modeling and Software*, Vol. 22, 2007.

② 草原生态研究联合考察课题组：《治沙止漠刻不容缓，绿色屏障势在必建——关于内蒙古自治区草原生态与治理问题的调查》，《调研世界》2003年第3期。

③ 阿拉善盟政务网站：《阿拉善盟退牧还草工程实施情况》，2008年，http://www.als.gov.cn。

山（贺兰山的蒙语即为阿拉善），中部与东南部的三大沙漠，北部和西部低山丘陵和戈壁高平原，镶嵌着平原绿洲，构成了广袤富饶的阿拉善，这不仅为畜牧业提供了得天独厚的基础，而且也是野生动物的宝贵家园。

根据《阿拉善盟志》① 的介绍，阿拉善盟地势南高北低，地形大致分为三部分：东部的贺兰山与阴山余脉相交；中部与东南部分相隔巴丹吉林、腾格里、乌兰布和三大沙漠，统称阿拉善沙漠，面积 7.8 万平方公里，居国内第 2 位，世界第 4 位；北部和西部是低山残丘及戈壁高平原，内有额济纳河平原绿洲，海拔最高 3556.1 米、最低 740 米，一般在 900—1400 米之间。阿拉善盟地处亚洲大陆腹地，东距最近的海岸线 2300 公里，南距最近的海岸线 4300 公里，属中温带干旱荒漠区，四季分明，平均年降水量 33.9—208.5 毫米。在三大沙漠区，由于沙漠接受降水的性能良好，渗透通畅，因而聚集形成沙漠中的湖泊和时令湖盆，分布 415 处湖泊，面积 6777 平方公里。

阿拉善的气候特点是干旱少雨、夏热冬寒、日照充足、蒸发强烈、风大、无霜冻期短。降水变化率最高达 36%。自然灾害以干旱和沙尘暴为主。阿拉善盟可利用草场面积 12.7 万多平方公里，占总面积的 47.1%。阿拉善畜牧业生产具有悠久的历史，单是蒙古族卫拉特部和土尔扈特部在这块土地上从事游牧至今就有 300 年历史。阿拉善畜种以阿拉善双峰驼和白绒山羊最为著名。阿拉善的骆驼总数约占全区的 3/5，全国的 1/3，世界的 1/4。阿拉善因此被誉为“骆驼之乡”。阿拉善的驼毛年产量占全国总产量的一半以上。阿拉善白绒山羊以绒质优良著称于世，被列为国家珍稀畜种，所产羊绒被外商誉为“纤维宝石”，是毛纺工业的高档原料，产量占全

① 阿拉善盟地方志编纂室：《阿拉善盟志》，内蒙古文化出版社 2012 年版。

国的1/10。

阿拉善盟包括三个旗，阿拉善左旗、阿拉善右旗和额济纳旗，其中阿拉善左旗也是盟政府所在地。阿拉善左旗地势东南高、西北低，平均海拔800—1500米，最高海拔3556米。全旗南北长495公里，东西宽214公里，面积8.04万平方公里。可利用草场4.6万平方公里，主要为荒漠、半荒漠草原。沙漠面积3.4万平方公里，占全旗总面积的42.4%，主要是腾格里和乌兰布和两大沙漠。阿拉善左旗属温带荒漠干旱区，为典型的大陆型气候，以风沙大、干旱少雨、日照充足、蒸发强烈为主要特点。年降水量80—220毫米，年蒸发量2900—3300毫米。日照时间3316小时，年平均气温7.2℃，无霜期120—180天。植被类型是荒漠和草原化荒漠，以旱生、超旱生、沙生、盐生的灌木、半灌木为主，还有禾本科、菊科草本植被。

阿拉善左旗是一个以蒙古族为主体，以汉族为多数的13个民族聚居的边境旗。全旗辖区23个苏木镇，138个嘎查，总人口14.71万人，其中农牧业人口4.05万人，占总人口的27.5%。以畜牧业为主体经济，截至2002年6月底共饲养各种牲畜127.9万头（只）。2002年全旗国内生产总值11.0万元，比2001年增长17%，其中农牧业产值4.6万元，占国内生产总值的42%。财政收入达13090万元，农牧民人均收入2464元，分别比2001年增长11.9%和6%。全旗23个苏木镇基本实现通路、通电、通信、通邮。

二　沙尘暴的策源地

自1999年起频繁发生的大范围沙尘暴引起中央和地方政府以及相关领域学者的高度关注，沙尘暴的起因、扩散过程以及影响成为研究热点。据统计，阿拉善盟从1961年至1986年这25年可称为沙尘暴发生的高值期。进入20世纪90年代沙尘暴的发生有一定的递减趋势，但强度大，持续时间长，危害大，从1993年到1999年连续6年发生的沙尘暴，震惊中外，损失惨重。2002年3月到5月，阿拉善地区就连续19次发生沙尘暴（浮尘暴），空气含尘浓度最高达74.89毫克/立方米（标），是国家三级标准的250倍；最低浓度达13.55毫克/立方米（标），是国家三级标准的45倍[①]。

频发的沙尘暴不仅对阿拉善本地产生很大的影响，而且也危及周边地区，因此阿拉善被科学权威机构定义为沙尘暴的策源地。2001年中国科学院寒区旱区环境与工程研究所等单位的学者经过考察，根据沙尘暴发生频率、强度、沙尘物质组成与分布、生态现状、土壤水分含量、水土利用方式和强度，结合区域环境背景将中国北方划分出四个主要沙尘暴中心和源区：（1）甘肃河西走廊及内蒙古阿拉善盟；（2）新疆塔克拉玛干沙漠周边地区；（3）内蒙古阴山北坡及浑善达克沙地毗邻地区；（4）蒙陕宁长城沿线。上述沙尘暴多发地区的沙尘也常随西风和西北气流输移到华北及长江中下游，形成沙尘天气[②]。根据王锦贵等人[③]所编著的中国沙尘气候图集，我国沙尘天气的分布有两个极值区，一个位于南疆和西藏接壤处的沙漠和高山区，一个位于阿拉善高原，由于阿拉善高原地处华北和西北东部地区的上风向，这里形成的沙尘暴向东不仅横扫我国华北和部分华东地区的城市和乡村，甚至远征数千公里至一万公里以上，沉降于远离其来源的北太平洋[④]。日益恶化的自然环境不仅制约着阿拉善盟的经济社会发展，加重农牧民的贫困化程度，还威胁着境内东风航天基地的安全。同时还直接影响到毗邻地区以及华

① 周建秀、杨梅等：《阿拉善地区沙尘暴的统计分析和发生规律及防治对策》，《内蒙古环境保护》2002年第1期。

② 姚正毅、王涛、杨经培等：《阿拉善高原频发沙尘暴因素分析》，《干旱区资源与环境》2008年第9期。

③ 王锦贵、任国玉：《中国沙尘气候图集》，气象出版社2003年版。

④ 庄国顺、郭敬华、袁蕙等：《2000年我国沙尘暴的组成、来源、粒径分布及其对全球环境的影响》，《科学通报》2001年第3期。

北和京、津地区的生态安全[①]。

沙尘暴的屡屡发生与阿拉善特定的气候、地理和生态环境等条件有密切关系。由于地处内陆高原，境内三大沙漠中大部分是裸露的松散流动沙丘及固定、半固定沙丘和广阔的戈壁，干涸湖泊和干盐湖的沉积物为沙尘暴提供了丰富的沙源。自 20 世纪 60 年代以来气候干热加剧，降水量明显下降，年降水量降至 21—180 毫米，连续无降水日延长。由于长年久旱，导致草原退化，土地风蚀沙化日趋严重[②]。阿拉善地区的三大生态屏障曾是我国西北地区的重要生态防线。由于黑河断流、长期干旱和对森林草原的过度利用导致这三个生态功能区及沙漠边缘固沙植被带退化，主要表现为：（1）湖泊干涸，湿地消失，绿洲萎缩；（2）植被退化，生物多样性减少；（3）沙漠化加剧，沙尘暴频繁发生[③]。由此可见，人类活动对沙尘暴也有着不可忽视的加强作用。人类活动对沙尘暴的加强作用主要表现在三个方面：不合理用水导致湖泊萎缩，形成干旱湖盆；破坏地表植被及土体结构；采矿业增加工业粉尘[④]。

第二节　再集中的生态政策

20 世纪 70 年代后期，中国开始了市场化的经济体制改革，人民公社解体，原来属于牧区集体的牲畜被私有化，分给牧民。从 90 年代开始，在干旱、牲畜数量增加、不适当的放牧方式和缺少有效管理的条件下，中国北方干旱半干旱地区的草原开始退化。一直以

---

① 中国科学院学部：《内蒙古阿拉善地区生态困局与对策》，《中国科学院院刊》2009 年第 3 期。

② 姚正毅、王涛、杨经培等：《阿拉善高原频发沙尘暴因素分析》，《干旱区资源与环境》2008 年第 9 期。

③ 龚加栋：《阿拉善地区生态环境综合治理意见》，《中国沙漠》2005 年第 1 期。

④ 姚正毅、王涛、杨经培等：《阿拉善高原频发沙尘暴因素分析》，《干旱区资源与环境》2008 年第 9 期。

来，决策者将草原退化的原因归结为私有的牲畜与公共的草场之间的矛盾，因为在牲畜承包以后，草场仍然为牧民共同使用，这导致牧民缺少保护草场的积极性。为了避免这种典型的“公地悲剧”，在90年代后期，草场承包被迅速推广。在内蒙古地区，这一政策被称为“双权一制”，也就是将草场的所有权落实到嘎查（村），使用权落实到户。但是草场承包没有带来预期的效果，甚至在部分地区因为打破了草原生态系统的整体性，破坏了草原牧区的地方规范，增加了草场利用的冲突，从而加剧了草原的退化。世纪之交频繁发生的沙尘暴将草原退化问题推到公众面前，从而引起了社会的广泛关注。2000年以后，国家对草原退化问题给予了更多的关注，并积极地介入到草原生态保护中，实施了一系列工程项目，希望通过改变牧民的微观生产行为来保护草原生态环境。

一 退牧还草与公益林保护项目

阿拉善盟针对草原保护主要实施了两大项目，退牧还草和公益林保护项目。实施退牧还草工程的目的是进一步完善草场承包责任制，把草场生产经营，保护和建设的责任落实到户，按照以草定畜的要求，严格控制载畜量，实施草场围栏封育、禁牧、休牧、划区轮牧，适当建设人工草地和饲草料基地，大力推行舍饲圈养，利用国家库存陈化粮较多的时机，以中央投入带动地方、个人投入，推行休牧与轮牧相结合、放牧与舍饲相结合的生产方式，优化畜草产业结构，恢复草原植被，实现畜牧业的可持续发展，确保农牧民的长远生计[①]。生态公益林是指以涵养水源、保持水土、调节气候、防风固沙、改善生态环境、发挥生态效能为主要目的的森林。在阿拉善荒漠地区，进入公益林保护的主要是些灌木分布区，还有一些

① 阿拉善左旗农牧业局：《阿拉善左旗天然草原退牧还草工程项目规划》，载《阿拉善左旗2002年天然草原退牧还草工程资料汇编》（内部资料），2002年。

沿河分布的林地。以下以阿拉善左旗为例介绍两个项目的实施情况。

退牧还草项目主要包括三方面内容：（1）基础设施建设标准为20元/亩，包括网围栏修建，各类畜牧业基础设施（如青贮窖、棚圈、暖棚、饲草料加工机械、饲草料基地等），草场补播改良和移民住房；（2）国家饲料粮补贴标准为4.95元/亩，五年累计19428.75万元（780万亩）；（3）项目补贴发放与养老保险统筹，从2006年开始，在项目区开始推行养老保险。男性超过55岁、女性超过50岁，不发放退牧补贴，而是每月发530元养老保险的工资。对于不到年龄的人，连续15年交养老保险，女性到50岁、男性到55岁，就能领到养老保险金。目前养老保险上缴标准是7000元/人/年，其中个人交1/3，其余2/3从退牧还草项目中出。阿拉善左旗退牧还草项目从2002年开始，五年一期，至今已实施了六批。第一批是2003—2008年，项目计划投资1.5亿元，其中国债资金1.07亿元，其余地方配套。到2006年，累计禁牧面积达475万亩，划区轮牧面积20万亩，工程总投资达8492.5万元，其中国家实际投资5953.75万元，地方实际配套2538.75万元，工程禁牧区主要分布在巴彦浩特全境、巴润别立镇、银巴公路两侧、嘉尔嘎勒赛罕镇三个嘎查、木仁高勒镇全境、宗别立镇1个嘎查、锡林高勒镇1个嘎查及朝格图呼热三道湖地带，涉及2007户6976人，禁牧牲畜头数约30万头（只）。由于全旗退牧还草工程结合易地移民搬迁工程实施，逐步向城乡一体化转移，已搬迁转移安置退牧户1252户，就地安置160户，仍有595户需安置[①]。到2009年为止，退牧还草的实施范围已达860万亩，涉及全旗8个苏木镇36个嘎查，农牧户3136户10821人，禁牧牲畜30万头（只）。

① 阿拉善左旗农牧业局：《阿拉善左旗天然草原退牧还草工程项目规划》，载《阿拉善左旗2006年天然草原退牧还草工程资料汇编》（内部资料），2006年。

与退牧还草项目中的农牧业扶持政策相比，公益林的措施相对比较简单，就是禁牧和补偿两方面内容：（1）公益林区必须禁牧，公益林区外的草畜平衡标准是120亩/羊单位[①]，每个牧户留畜不得超过160个绵羊单位（含仔畜）；（2）有关补偿和管护费用标准：对于仍旧放牧的牧民来说，公益林生态效益补偿费是5500元/年，学生补助根据年级不同为1000—6000元/年不等，不满18岁的非在校生2000元/年；对于停止放牧开始新产业的牧民发放一次性补偿，转二、三产业的一次性发放3万元，鼓励牧民按草场面积领取一次性补偿；拆掉牧区房的牧户另外补偿2万元；护林员管护劳务费3500元/年。此外，与退牧还草项目相同，公益林项目也与养老保险统筹实施。阿拉善左旗公益林保护项目始于2004年，非天保工程区重点公益林纳入国家生态效益补偿范围的面积为673.7万亩，涉及12个苏木（镇）78个嘎查（村），541个小组，涉及牧户1938户6440人，牲畜为31.8万头（只）。地方公益林森林生态效益补偿按国家重点公益林补偿标准统一执行，即森林生态效益补偿基金平均补助标准为5元/年/亩，其中4.75元用于管护等开支，0.25元用于林业主管部门组织开展的地方公益林管护情况检查验收以及森林火灾预防的开支。根据《内蒙古自治区财政森林生态效益补偿基金管理办法》的规定测算，阿拉善左旗重点公益林生态效益补偿每年所需资金为3200.1万元。2009年，全旗共招聘护林员5555人，其工资或劳务性费用补助为1991.6万元，人均3676元，其工资占项目总投资的62%。全旗招聘技术管理人员392人，其工资或劳务性费用补助为331.9万元，人均8467元；用于建立森林资源档案、林业有害生物防治、补植补播补助为829.8万元；补偿

① 羊单位是指绵羊单位，为了去除牲畜种类结构的影响，更准确地体现牲畜数量，根据牲畜食草量将大畜（牛和马）折合为绵羊计算。这里的数据来自内蒙古统计局，由于统计数据没有细分牛和马的数量，因此这里将大畜折成5个羊单位。在下文案例地的计算中，将牛折成5个羊单位，马折成6个羊单位。

给个人的资金为46.8万元。

二　生态政策背后的逻辑

从以上项目的实施情况可以看出，决策者将草原的退化归因于“超载过牧”，希望通过减少放牧甚至禁止牲畜放牧来达到草原生态环境的恢复。面临日益严重的草原退化和频繁发生的沙尘暴，政府自上而下的“退牧还草”政策可谓是一种快速的反应机制，它以政府投入的高经济成本和牧民生产生活方式转变的高社会成本为代价，似乎成为唯一可以依靠的恢复退化草原的方法。环境保护的政策越来越依赖于上级政府决策，但是这些政策经常是不顾当地的现实情况，以简单的政策应对多样的环境问题，试图通过限制当地人的行为，而不是鼓励社区参与来解决环境问题，我们称这种政策为“再集中的政策”。“集中”是强调其自上而下的政策制定和执行过程。在20世纪80年代以后，政府曾经经历了放权的过程，试图通过“草场承包”，依靠牧民的个人理性达到保护草原的目的，在其失败以后，不得不重新依赖国家的力量实施环境保护，因而我们称之为“再集中”。但是这种自上而下的简单化政策不仅没有取得预想的效果，而且由于设计思路有误和执行不力加剧了水资源过度利用和村民与地方监管部门的冲突，最终损害了村民的生计，导致部分地区草原环境进一步恶化。

从上一小节的简单介绍可以看到，退牧还草和公益林保护项目的基本思路是减人减畜，这主要通过两种措施来实现：一是产业转移，即增加畜牧业中的饲草料种植，或者牧业彻底转为农业，第一产业转第二、第三产业；二是禁牧休牧，以草定畜。减人减畜这一基本思路来源于以下判断，即人多畜多是造成生态危机的主要原因，这是目前关于草原问题的主流观点，也是大多数草原政策制定的依据。但是，在接受这些论断之前，我们有必要看看阿拉善盟和阿拉善左旗近几十年内牲畜数量和人口是如何变化的。

图 3—1 是阿拉善盟近 60 年牧业年度[①]牲畜数量的变化，统计单位是羊单位，从图中可以看到，全盟牲畜数量最高点出现在 1980—1982 年，从 1983 年开始，全盟的牲畜数量就保持在 20 世纪 60 年代的水平，甚至还有下降的趋势。从人口构成来看（图 3—2），50 年代到 70 年代是阿拉善左旗农业人口飞速增长时期，但从 1971 年以后，农业人口数量一直维持在 5.5 万人左右。因此人多畜多造成生态危机这一判断是缺乏客观依据的。

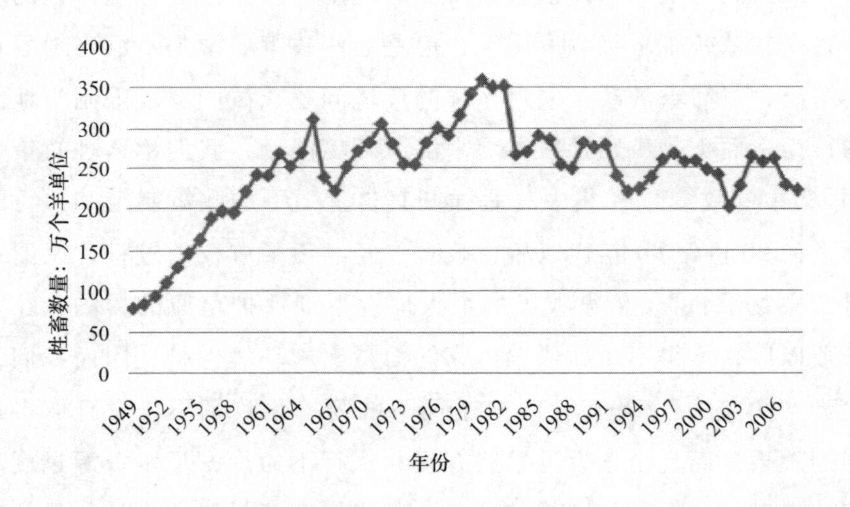

图 3—1　1949—2006 年阿拉善盟牧业年度牲畜数量

再从草场面积来看，图 3—3 显示了阿拉善左旗从 1949 年到 1999 年 50 年来的耕地增加情况。从图中可以看到，阿拉善左旗的耕地从 1949 年的 8572 亩增加到 1999 年的 258339 亩，50 年中增加了近 25 万亩耕地，在 1979 年到 1992 年保持平稳后，从 1993 年开始耕地面积

① 牲畜数量的统计一年有两次，牧业年度是指每年的 6 月底，这时的数量包括母畜和仔畜，是出栏前的最大数量；日历年度是 12 月底，这时的统计是出售后的牲畜存栏数量。

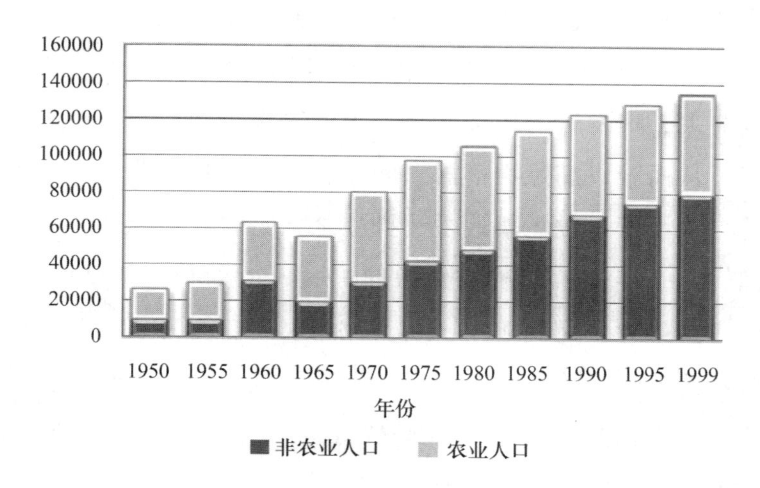

图3—2　1950—1999年阿拉善左旗部分年份农业与非农业人口构成（人）

又不断扩大。目前左旗耕地面积已达38万亩，虽然这些耕地只占全旗可利用草场面积的0.55%，但其生产力水平绝对比这个比例高很多，因为这些耕地通常都是占用了质量最好的草场。

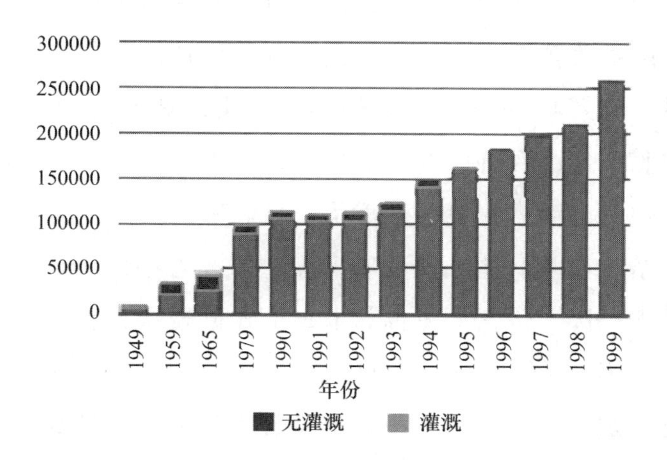

图3—3　1949—1999年阿拉善左旗部分年份耕地面积增加情况（亩）

由此可见，对于阿拉善盟来讲，20世纪80年代以后出现的草场退化，与其说是源于不断增加的牲畜数量和农业人口数量，还不如说是源于不断增加的非农业人口和日益缩小的优良草场之间的矛盾。再加上近40年来，全盟年平均气温有较大的增长，而降水波动幅度极大，蒸发量的增加使得本来就干旱少雨的草场生产力进一步下降，从而难以满足牲畜需求和非农业人口增加带来的需求。更糟糕的是，由于退牧还草的主要措施之一是将牧民从天然草原搬迁到绿洲，进一步刺激了耕地面积的扩大，例如腰坝滩2003年还只有6万多亩耕地，而到2009年就增加到了10多万亩。如果说牲畜和人口不是草场退化的主要原因，那么目前退牧还草项目减人减畜的措施就难以达到恢复退化草场的目标。在目前生态危机的背后，如何考虑自然资源尤其是水资源的限制？项目实施多年后，减人减畜对于草场恢复的效果如何？两个项目的实施给当地牧民的生产生活带来什么影响？

三 调查地及调查方法

为了回答以上问题，笔者选择阿拉善左旗作为调查地点，由于左旗也是阿拉善盟政府所在地，进行政策评估需要对相关政府部门进行访谈，选择阿拉善左旗方便调查。实地调研时间是2009年8月16日到31日，调研地点可以归纳为三类。第一类是退牧还草的移民区，包括巴彦浩特镇巴彦霍德农牧业科技示范园区（春发号）、巴润别立镇（腰坝）白石头嘎查和孪井滩生态移民示范区。第二类是公益林项目区，包括乌力吉苏木查干扎德盖嘎查和吉兰泰苏木德日图嘎查。第三类是未实施项目区，包括巴彦浩特镇通古勒格诺尔嘎查、巴润别立镇塔塔水队和嘉尔嘎勒赛罕镇巴兴图嘎查。

调查访谈的对象包括当地牧民、合作社、政府官员和学者。政府部门包括农牧业局、扶贫办、嘎查领导和一些已退休的业务部门领导和乡镇领导。调查方法主要是开放式访谈，访谈内容围绕移民、退牧还草和公益林项目的实施及其对生态、经济和社会的影响。

第三节 退牧还草和公益林保护项目的实施效果

从生态恢复的角度来看，两大项目的实施使当地植被的生长条件发生变化。影响草原退化程度评价的因素有很多，包括降水变化（自然因素）和放牧影响（人为因素）的双重作用，快变量（例如植被高度、盖度等）与慢变量（例如土壤）的权衡，以及林与草的竞争关系等。因此，对于目前草原退化的程度有多大，政府、牧民和学者之间观点不同，而且学界内部也有较大的分歧。由于缺少常年的观测数据，本章只是将不同观点列出。经过近半个月的实地调研以及后期的资料整理，我们发现退牧还草和公益林保护项目给当地牧民的生产生活带来很大的影响，禁牧休牧措施使当地牧民的畜牧业收入锐减，但由于这些项目与养老保障统筹，也给老人比例高的家庭带来了实惠。对于移民来说，项目实施使他们的生产生活发生了彻底的改变，他们不得不放弃世代从事的草原畜牧业，转向其他产业，这是一个艰难的转变。而且，在有些地方的项目执行中，政府承诺给移民的多项支持和服务并没有兑现，使得这些移民难以找到收入来源，无法维持生活。更让人担心的是，项目实施六年后，在阿拉善左旗出现了比草原退化更为严重和更难恢复的环境问题：水资源告急和无序的矿产资源开发。

一 有关草原生态恢复的争论

如前所述，阿拉善的气候特点是干旱少雨、夏热冬寒、日照充足、蒸发强烈、风大、无霜期短。草场植被生长的主要因素是降水，而降水变化率最高达36%，因此植被生长的变化波动也极大。对于草场围封和休牧禁牧后草场植被是否改善，政府官员、基层领导和牧民有不同的认识。

农牧业局是退牧还草项目的主管单位，在访谈中，农牧业局的官员认为过牧使草场植被由多年生草演替为一年生草，从而发生退化，而休牧禁牧对草场改善发挥了很大作用。“过去居民点附近的退化植物骆驼篷，其他植物已经代替了这种植物。过去的代表种（多年生）数量明显增加，锦鸡儿增加，（还有）驼绒藜、隐子草。”“过去是以隐子草为主的。后来因为过牧，演替为红砂的。都是退牧还草后，植被发生变化。放牧的地方红砂墩子很大，不放牧的墩子小了。”扶贫办的负责人也肯定了移民对于草场植被保护的正面作用，尤其是贺兰山保护区的移民，植被恢复效果明显。但是，由于扶贫办更加关注牧民的生计，因此强调完全禁牧是行不通的，“牧民说（牲畜）不踩草也不长。完全禁牧也实现不了，也会有灾害，如鼠灾，需要适当的控制，还是以草定畜”。农牧业局也认识到保护生态和牧民收入增长的矛盾，提出下一步要明确到底是综合考虑（生态保护加牧民收入）还是单独考虑（只保护生态）的问题。

当地牧民包括嘎查领导则更加强调降水对植被生长的作用。“看老天爷支持不支持”，“草场今年旱，不行，前年雨水好，我们都觉得长得好看，有50公分那么高。”在孪井滩生态移民示范区，一个嘎查的领导认为退牧还草项目实施三年后，植被明显是变好了，“种类没什么变化，就是变高了。还是不下雨，如果一年里5—10月每月有场雨，一次（能长）5—6寸，就能恢复!”他还强调应该适当放牧，否则草长高而牲畜不吃，还容易引发火灾。

但普遍情况是由于降水的限制，休牧禁牧后，植被恢复不但没有达到预期的程度，反而引起了一些植被的退化甚至死亡。根据当地牧民的反映和一些生态学家的样方监测，停止放牧后，一些植被如梭梭（*Haloxylon ammodendron*）、珍珠（*Salsola passerina*）和红砂（*Reaumuria soongorica*）等都不同程度地出现了枯死现象。对于短期围封有效而长期围封却破坏植被这一现象，生态学家的解释是“看来短期围封，植物的生长得到改善，有的出现猛长，这不是全靠自然力，是在水肥条件好的情况下，人为去掉了牧压的超常生长。（这种植被改善）加速了对水肥的过度消耗，从长远讲不利于植被恢复”①。长期围封禁牧，草原地带一般五年以上，荒漠地带三年后，植物的生长就会受到抑制，有的死亡。荒漠地带有的还会引起鼠虫增加、枝条畸形。围封后，如果雨水充足，草本植物迅速生长，抑制了次生灌木、半灌木。牲畜如果不吃，如珍珠、红砂长到二三十厘米就发黑，然后整株死亡，梭梭骆驼吃一节才能继续长一节②。对于其中的机理，我们在访谈中也找到一种解释，即牲畜啃食可以促进植物机体内部的盐碱排泄，如果停止放牧，植物机体内的盐碱浓度无法释放，越积越高，最终导致植物死亡。“如果骆驼不吃，盐爪爪三年就会趋于死亡，不吃枝子多，里面碱性高，骆驼一吃，盐分就下降了。还有一种叫呼龙的草，盐性大，野驴刨掉皮子，碱出来，吃掉就走了，刨过的部分第二年长大了，不刨的部分就不长。”

表3—1　　　　阿拉善左旗草场围封禁牧效果的样方分析

样方所在地	测定时间	植被群落	围封时间	枯死率（%）	绿色部分比例（%）	对比区绿色部分比例（%）
嘉尔嘎勒赛罕镇郝依呼都格嘎查	2008年7月8日	红砂	2002年	5.2	30.3	100

① 刘书润：《草场围封禁牧效果的初步分析》，未发表论文，2008年。

② 刘魁中等：《阿拉善生态环境的恶化与社会文化的变迁》，学苑出版社2007年版。

续表

样方所在地	测定时间	植被群落	围封时间	枯死率（%）	绿色部分比例（%）	对比区绿色部分比例（%）
巴润镇	2008年7月8日	珍珠红砂	2002年		珍珠：47.8 红砂：66.94	60 71.4
乌兰呼都格嘎查	2008年7月	猫头刺	2002年	32.76	43.02	69.75
吉兰泰队	2005年5月30日	梭梭	2000年 1996年	17.4 23.6	11.01 11.9	0.29 0.26
十三道梁项目区	2007年5月31日	红砂	2000年	20	36.7	93.2

资料来源：刘书润：《草场围封禁牧效果的初步分析》，未发表论文，2008年。

综上所述，我们可以看到在阿拉善荒漠草原，植物与牲畜的关系是非常复杂的，不是简单的此消彼长的线性关系，这是两者经过上千年共同进化的结果。然而，退牧还草和公益林保护项目都不约而同地将草原保护和牲畜放牧对立起来，试图用简单化的措施即停止放牧来恢复退化草原。这种简单化的措施至少造成了两大问题：一方面，由于草原植被与牲畜的相互依赖关系被强行拆分，这不仅没有达到恢复退化草原的目的，反而造成某些植物的枯死；另一方面，禁牧休牧意味着牧民必须减少牲畜数量和增加圈养时间，这给牧民的畜牧业经济造成极大的负面影响，牧民如果不违反规则来偷牧，就难以维持畜群的需求，很多牧民将多年的积蓄都用在买饲草料上，遇到灾害或市场波动就会血本无归。

二 退牧还草和公益林保护项目实施对牧民生产生活的影响

退牧还草和公益林项目实施五年后，政府部门和牧民似乎陷入一个怪圈：政府资金投入越来越大，而牧民对于政策实施的满意度却越来越低，主要问题集中在牧民收入下降和就业困难。正如阿拉善左旗扶贫办人员所说，“移民成本越来越高，过去一个号召，背着铺盖，无条件地就走了，我们的十大滩都是移民。现在搬一户，盖60平方米的房子，再加50平方米的羊圈和一个温棚，共需15万元，而有些牧民还总是上访”。表面看来，这一矛盾主要有两个原因，一是早期移民（主要是指20世纪90年代）进入十大滩时，土地和水资源相对充足，这些移民多数是自愿迁来，因此奋斗几年就可以有很好的收成，而退牧还草项目中搬迁的移民得到的耕地在数量和质量上都远不如前者。二是与10年前相比，盖房成本和牧民生活成本都有很大增长，导致移民成本越来越高。但是，在跟踪多位搬迁移民的生产生活后发现，还有很多因素交织在一起发挥着作用，包括畜产品市场价格的剧烈波动、就业市场的竞争压力、自上而下的大规模移民，以及后面几节讲述的政策执行不力和后续引发的水资源短缺和无序开矿的问题。以下我们先介绍这两大项目实施对牧民生产生活产生的直接影响，包括收入下降、就业困难、补贴标准太低和养老保险统筹结合的不合理因素。

（一）牧民收入普遍下降

不论退牧还草还是公益林保护项目，不论移民搬迁还是就地禁牧圈养，多数参与项目的牧民收入下降。禁牧后转为农业的牧民可以不打工，收入也比较稳定，但这有个前提就是耕地面积比较大，“20—30亩就是养家糊口，耕地越多收入越高”。其余牧民收入普遍下降，例如阿拉腾敖包苏木：原来一户3万元到5万元收入，禁牧后1.8万元；察罕鄂木嘎查：退牧前收入是6000元/人，退牧后仅是4000元/人；阿格坦乌苏嘎查的受访牧民强调物价上涨，人均收入相对下降了2000元。收入下降是由很多种因素导致的，主要包括以下几方面。

第一，牲畜数量的急剧减少是主要原因。例如阿格坦乌苏嘎查，禁牧前一直保持牧业年度有3万头（只）牲畜，日历年度1.3万头（只），其中羊占90%，牛和骆驼各占5%；禁牧后不到4000只羊，大畜牛和骆驼彻底卖出，户均不到20只羊，是自食羊[①]。察罕鄂木嘎查退牧前有1.8万—1.9万头（只）牲畜，其中绵羊占60%，退牧后只剩几千头（只）牲畜，骆驼由退牧前的3000多峰降到2009年的360峰，86户中只有35户继续养畜，其中舍饲养殖的30户，养骆驼的5户。

第二，畜产品市场价格的波动导致牧民贱卖贵买，亏损增加。2003年退牧还草项目启动初期，由于当时是集中地强制卖羊，价格很低，都是一只羊百十元就出售了。而自2006年以后，牲畜价格又急剧上升，一只羊的价格能达到五六百元，基础母畜更是上千元一只。

第三，质量较好的草场都被围封禁牧了，直接影响牲畜的膘情。"公益林是最好的草场，30%以上的覆盖率，现在投入几千万元/年围封管护，不让放牧。"阿拉善左旗北部由梭梭和红柳组成的"空中草场"对畜牧业有十分重要的作用，但公益林保护项目实施后，牧民无法利用这些灌木，牲畜对于基本营养物质的需求也无法满足。

（二）进城牧民就业困难

与收入下降紧密相关的是就业困难的问题，这主要集中在移民区。阿格坦乌苏嘎查是孪井滩生态移民示范区参加退牧还草项目的嘎查之一，他们统一从牧区迁出，搬到苏木中心。据嘎查长介绍，130户牧民中有64户在打工，有的在宁夏的工厂上班，他们没有固定职业，打一个月工，休半个月，生活没有保障。嘎查领导解释

① 牧民自己留着吃的羊。

说，“牧民过去游牧生活惯了，经不起长时间打工，懒散，没技术特长。如果有孩子上大学，生活肯定就不能维持了。九年义务教育就是花生活费，如果没有义务教育，事情就严重了。小年轻还不至于家庭没有收入，还有 60 岁的人拿退牧养老工资，也凑合着过”。总之，这些移民搬迁到集中居住区后，生活开支骤然提高，例如来自哈什哈的移民以前都没有电灯，而迁到春发号后，要交煤气费、电费、水费、电视费、手机费、卫生费等；但是，由于语言、技术和就业市场等多方面因素的限制，多数牧民难以找到稳定的职业，在把出售退牧羊的积蓄花完之后，生活难以为继。即使是目前找到工作的人，也面临着很多不确定的风险。

最常见的是在工地上打零工的牧民，例如一户参加公益林项目的牧民，他的 6 万亩草场全被划入公益林，原来一年的收入有 6 万元，但禁牧后只能依靠公益林补贴 5500 元/人/年，扣除养老保险 2300 元/人，只剩 3200 元/人。“现在社会发展了，3200 元一人一年生活不了。物价涨着，养老保险比例也在增加，收入下降了，没办法，我打工，儿女都出去打工了。”他在工地上打工，用三轮车垒路牙子，一天 200 元毛收入，包括油的成本，孩子也是在工地上干活。他解释说能找到这些工作的原因是他开过牧家游，认识人多，否则没门路，工地的工作都找不上。

在访谈中，我们还看到有些牧民放弃养畜，开始搞第三产业，例如开饭馆或者搞运输，这算是比较成功的转型案例，但他们正在体验着转型过程中的艰难，也面临着越来越强的竞争压力和风险。阿格坦乌苏嘎查的一户牧民已经开了三年餐馆，禁牧前他就在宁夏打工卖小吃，供孩子上学，孩子毕业后，他们也积累了一定的经验，就回到孪井滩开了个小餐馆。他说前两年收入还行，都能有一两万的纯收入。但随着移民越来越多，饭馆也越来越多，“去年这边有 20 多家饭馆，连酒吧共 30 多家。人口不增加，光增加饭馆，赚不上钱”。对于未来，他也很迷惘，如果继续开餐馆，菜价上涨和竞争压力使得利润越来越低；如果不开餐馆，就只能回去种地，但现在由于水资源使用受到限制，种地只分配给80%的水，也很难。还有一户牧民禁牧后先是在宁夏骑着摩托车流浪放牧了一年，那时就是想坚持到2007年再卖羊，能赚两倍钱。2008年买车开始搞运输，都是自己联系业务，主要是拉煤。“买车比打工工资高点。一个月跑3—4趟，总共5000元/月。去年我在矿上整整等了一个月，1天花30元吃喝，1500元就吃掉了。都是跑单程，从这走没货可拉。必须超载，才能赚到钱。我的车是2吨的车，拉10吨以上才能赚钱。”

（三）补贴太低还要交养老保险

调研中，所有访谈对象都提出目前退牧还草和公益林保护项目补贴太低的问题。据阿拉善左旗农牧业局的领导介绍，2003年开始启动退牧还草项目时，当时的补贴标准是每亩11.5斤陈化粮，按2002年价格算是4.95元/亩。退牧还草开始两年是给料，第三年开始补钱，就固定在4.95元/亩。但是五年来物价在上涨，补贴标准却没有增加，还是按当时的折价给，很不合理。据农牧业局估算，现在的补贴应该涨到8.15元/亩才比较合理。

消费品价格在这几年一直在涨，有些牧民反映，2005年一袋面是52元，大米60元，到2008年一袋面涨到80元，大米涨到90元。仅仅四年的时间就上涨了50%。肉价从2006年也开始上涨，从原来的7—8元/斤涨到14—15元/斤，最高甚至达到18元。如此大幅度的涨价让牧民难以承受，尤其是在收入十分有限的条件下。

在补贴总额不变而支出增加的情况下，牧民还需要交每年增加的养老保险费。养老保险政策是阿拉善盟结合退牧还草和公益林保护项目展开实施的，从2006年11月开始，当地农牧业局、扶贫办和社保局开始给牧民普及农村养老保险，规定从 2007 年开始，男 55 岁、女 50 岁不给退牧补贴，只是每月发给 530 元/人的工资。没有到年龄的则要从补贴中扣养老保险，养老保险所扣的金额每年都有增加，2006 年扣 2391 元，2008 年扣 2700 元，2009 年扣 2994 元。牧民反映，如果只有 600 亩的草场，那所得的补贴就都被养老保险收走了，一分现钱都拿不到，如果不打工，全年就没有收入。

因此，不同的牧民对于退牧还草项目和公益林保护项目有不同的态度，对于老人、已经不从事放牧的牧民和遭受严重旱灾的牧民来说，退牧还草是受欢迎的；而对于那些还能依靠自身维持畜牧业的牧民来说，政策实施后收入都有不同程度的下降。而这一部分牧民占绝大多数，他们基本都是 40 岁以上，由于文化程度低，年龄又相对较大，无法外出打工。另外，补贴发放还面临着一个很重要的问题，就是草场面积人均占有本身不是同一的，有的嘎查草场面积大，有的面积小，有的嘎查人口多，有的人口少。人均草场面积多的可以达到几千亩/人（北部公益林项目区），而少的则只有几百亩（例如塔尔林）。如果补贴完全按草场面积走，就会引发很多矛盾。此外，补贴资金不按时发放也是众多牧民反映的问题之一，原来承诺是一季度一发，但很多嘎查都是第二年初才发上一年的补贴。

三　移民引发的新问题

在实地调研过程中，牧民还反映了很多在退牧还草和公益林保护项目执行过程中存在的问题，这些问题有些是源于项目设计上的漏洞，更多则是源于项目执行上的不力。例如退牧还草中围栏投入是否有必要的问题，很多牧民反映在退牧前，即在 1998 年第二轮承包以后，很多牧户就花了一两万元将草场围栏围好，但在项目设计中，还依然将草场围栏建设设计在 20 元/亩的基础设施建设中。

另外，对于有些嘎查没有分配给各户的机动草场，这部分退牧还草补贴并没有落实到嘎查。左旗还有一个规定是人均可得到补贴的亩数不能超过1500亩，这样，那部分草场承包面积大于1500亩/人的补贴，也直接被扣掉了。这些问题不仅造成国家资金使用的低效，更重要的是，牧民在响应国家号召禁牧或者移民后，并不能得到相应的补偿，从而严重打击了牧民支持这些草原保护政策的积极性。正如一些移民所说，“我们当时是奔政策来的，可是到今天为止，政府还不给我们兑现。我们安居了，但乐不起来”。

(一) 企业加农户模式难以实现

这一部分主要介绍阿拉善左旗巴彦浩特镇巴彦霍德农牧业科技示范园区（春发号）移民的生计问题。巴彦霍德农牧业科技示范园区是由农牧、科技、交通、水利、扶贫等部门共同投入，从2003年开始建设的一个科技示范园区，加上基础设施建设投入共1.2亿元，计划搬迁400户人，每户平均投入30万元。居民包括原有巴彦霍德嘎查90户牧民，他们可以通过土地置换得到园区的住房，其余是来自其他地区的移民户，包括腾格里沙漠中哈什哈移民扶贫搬迁206户，木仁高勒退牧还草项目移民60户，通古诺尔苏木退牧还草移民20户，以及其他地方的十多户。据当地移民介绍，园区建好后，2004年和2005年都没有人愿意搬来，政府多次到牧区做宣传，后来靠近阿拉善左旗的木仁高勒在2007年迁来60—70户人家。后来，哈什哈经过三番五次的调动，也陆续迁来约200户。随着2008年园区办公大楼竣工，农产品保鲜库、阳光棚和实验棚陆续建成，逐渐成为中央和自治区的新农村新牧区建设的示范基地，曾经来此地视察的领导人包括布赫、曾庆红、国务院扶贫办和自治区的相关领导。

到2009年，春发号建有大棚400个，这是与移民400户配套的生产性基础设施，一户一个棚。搬迁到这里的移民多数都是把这些大棚作为自己今后的主要收入来源，才同意迁到这里来。但是，移民已经搬来三年，这些大棚却一直没有兑现给移民。正如一位移民所说："我们过去是牧民，必须有草原才能养羊，现在响应国家号召。阿拉善左旗的草原是恶化了，相应国家出台政策，专家调研，该禁牧就禁牧，该轮牧就轮牧，这是国家策略，必须这样走，我们就转换了，牧退掉了，就再转向其他产业，牧民转为农民，朝这个地方来的，在五年期间，政府当时说建400个棚，2007年我们来，年底才建好，但这些大棚一直不分给我们。移民2007年还没有怨言，到2008年和2009年，牧民就有怨言了，觉得不平衡。"目前这400个大棚是由以下几部分人来利用的：

- 绿洲公司承包90个棚，公司只有经营权和使用权，五年内无偿使用。因为这个公司拥有有机蔬菜品牌国家认证书和出口权等，当地政府给出优惠条件，免去用水费和用地费。
- 巴彦霍德当地人使用50个温棚：产权归个人，用土地置换。种植蔬菜如黄瓜、乳瓜、角瓜和西红柿等，供给巴彦浩特市场，一个棚一年能收入1万多元。
- 巴镇科技园区管委会管理260个棚，称为"国有资产"，属于阿拉善左旗政府。其中有38个棚是由当地成立的种植协会承包，与政府是口头契约，一个棚一年交2000元管理费，使用期限为一年。这个种植协会是2009年3月成立的。

由此可见，这里最大的问题是管委会并没有按照当时向移民承诺的分给移民一户一棚。移民多次与政府谈判，向政府提出分棚的要求。政府不兑现分棚的理由是要发展有机蔬菜产业，如果经营权放下来给移民，就不行了。还说是一村一牌（品牌），如果分下去，规模农业也做不起来。因此，管委会提出要求，如果要承包大棚，要求每年每个棚交2000元租金，水电费还要另付，此外还提出只能签一年合同。移民都觉得2000元租金太高，而且因为农业投资周期长，要是承包最少是五年，因此双方没有达成协议。

但是，绿洲公司在极其优惠的条件下，也没有发展起来规模性的蔬菜种植，对于移民的带动作用就更不可能发挥了。绿洲公司从2003年开始在园区经营大棚，当时种了146个棚，政府投资几百万，绿洲公司什么费用都不用交，无偿使用大棚。2004年种了160个棚，这一年还是政府统一配套相应的投资，共100多万。2005年绿洲开始有机认证，在当地的环保部门注册认证。2007年绿洲计划启动200个棚，实际种植100多个棚，育的蔬菜苗都是政府出钱给的，由于政府不再像前两年那样积极投资，因此绿洲公司也不认真种植。当地移民反映说，“绿洲种一年换一年，口号是带动牧民，实际是自己捞政府项目资金，不像个龙头企业。挂政府350万贷款，换塑料成本高，种出来菜也不管卖，我前年来，辣椒都挂着，不卖。就去年拉走三车，说是去加拿大，但可能过了银川就卖了”。这几年来，400个棚中除了巴彦霍德当地人所有的50个棚以外，其他大棚都被绿洲公司用过一遍，要想把这些大棚重新恢复，需要投入很多资金来维修。一个大棚好膜用三年，钢架可用十几年，但土壤种三年就会发生虫害，就得换土。现有的大棚有40—50个连土都没换过。在看过每个棚后，移民反映其中50%都不能用。此外，大棚还有很多工程质量问题，如钢架下落甚至墙体倒塌等。这些年来，绿洲公司唯一的贡献可能就是招聘移民在大棚打工，2008年雇用劳动力是一个人管2个棚，1000元/月，一年干6个月，共雇用45人，一人干半年，相当于解决了23个人的临时就业。

在与绿洲公司合作不成功后，2008年7月，阿拉善左旗农牧业局、扶贫办、左旗主管农牧业的副旗长、巴镇镇长和书记召开现场会，实地了解大棚使用状况后，副旗长决定将剩下的260个棚分给搬迁来的移民。当时哈什哈 206 户，7 月 8 日编号抓阄分到了棚。但是，分了以后，移民两眼摸黑，没基础、没技术、没市场，还想等政府能配套膜、土等给分个“完整的棚”。结果在 2008 年 8 月，原来老管委会解散，示范园区交给巴镇管理，巴镇又成立管委会，管委会在 11 月又将这些棚收了回去，宣布说大棚是国有资产，交巴镇管委会管理，又开始了新一轮的所谓招商引资。对于新来谈合作的某公司，管委会又打算挑出 100 个好棚承包给该公司，并且报出计划，看需要多少维修费。

经过一次次的努力，移民仍旧得不到大棚，很多移民反映现在管委会基本抱着放任自流的态度，“你们要想种，就出钱租棚包棚，没钱就回家种地吧，反正你们地还在呢”。巴镇里的有些官员说：（1）不管退牧户还是非退牧户，本着双方自愿，可以回去。（2）这五年该给补偿也给着，而原来的嘎查草场虽禁牧五年，还有饲料地，还可以种着。你觉得你能在这儿待下去就继续留在这里，不行就回去吧。当时生态科技示范园区的建设投入是 1.2 亿元，平均一户 30 万元，这些移民却得不到当初承诺给他们的大棚，最后的结果可能还是移民流落回乡，而所谓牧区草原恢复的目标也就付诸东流了。

（二）草原使用压力转换为水资源使用压力

提到草原退化问题，对于政府和牧民来说，草场承载力是一个重要的管理指标。在阿拉善左旗，贺兰山作为重要的水源供给，给农业开垦提供了得天独厚的条件，但也对水资源承载力的管理提出了挑战。阿拉善左旗的耕地主要集中在 20 世纪 70 年代以后相继开发建成的八大粮料生产基地。阿拉善左旗 1985 年耕地面积为 9.06 万亩，由于不断地垦荒造田，到 2002 年耕地面积增至 28.31 万亩，17 年内垦荒造田 19.25 万亩，使耕地面积增加了 2 倍[①]。1999 年，

---

① 姚正毅、王涛、杨经培等：《阿拉善高原频发沙尘暴因素分析》，《干旱区资源与环境》2008 年第 9 期。

八大粮料生产基地耕地面积合计21.7万亩，占全旗耕地面积的84%。

本次调查主要集中在两大基地：腰坝滩和孪井滩。腰坝滩位于贺兰山西麓洪积平原及腾格里沙漠东缘地带的巴润别立镇境内。腰坝滩可耕地面积10万多亩，土壤以壤质棕钙土和沙质棕钙土为主，肥力较好，水资源以地下水资源为主。开荒种地吸引了大量的外来人口，虽然20世纪70年代腰坝只有600人，但其来源却覆盖了13个省市。与腰坝滩不同，孪井滩主要是依靠引水灌溉得以开发的，已开发耕地面积10万亩，是全旗耕地面积最大的粮料生产基地。截至1999年，阿拉善左旗、阿拉善右旗两旗22个苏木镇的贫困牧民1526户、4988人搬迁到孪井滩。

腰坝滩有将近100个队，上千户农牧民。多数当地户平均拥有200—300亩耕地，耕地少的也有50—60亩。腰坝滩发展初期，基本农田有100元/亩的补贴，只要是自己开的地，种就有补贴。因此腰坝滩的耕地面积迅速增长，1990年有3000亩耕地，2003年有6万多亩耕地，到2009年就增长到10万多亩。由于腰坝的耕地全部依靠地下水，因此井的建设必不可少，到2009年，腰坝共有400口井，平均250亩地就有一口井。最深的井220米，最浅的也有80—100米深。目前，腰坝面临的最大问题是水的问题，不论是水位还是水质都在下降。据当地村民回忆，这种下降是从2003年开始的，2005年以后更加明显。1990年整个腰坝只有3000亩耕地，那时在不抽水的情况下，地下26米就能见水。到了1995年，水位下降到30米，而2009年则在40米才见水。

腰坝位于贺兰山和腾格里沙漠的中间，贺兰山的雪水融化，不仅滋养着腰坝的农牧业，而且还是腾格里沙漠的重要水源。据有关部门测算，贺兰山的水能支持的最大耕地面积是4万亩，而目前10万亩的耕作面积已经大大超出了这一能力。地下水的过度开采导致了两方面的问题，一是上文已经提到的腰坝地下水水位迅速下降，腰坝水位下降引起腾格里沙漠的水倒灌，导致水质下降；二是腾格里沙漠内的植被退化，腾格里沙漠原有的花棒（羊柴）、沙拐枣、红土杨子三种高大灌木都没有了，水的减少使得整个沙漠生态系统都发生了一系列的退化。

腰坝滩年用水量是9万立方米，而来自贺兰山的年补给量还不到一半。当地政府已经意识到了腰坝地下水告急的问题，相应采取了一系列措施，包括禁止村民打新井和压缩耕种面积。阿拉善左旗政府提出耕地压缩的目标，即从2009年10月到2010年9月，9.2万亩耕地要压缩到4万亩左右。农业嘎查普遍缩减20%，而牧业嘎查则缩减50%。每年春播时，嘎查负责核算，统计每一户的耕种面积。

虽然孪井滩与腰坝的水源不同，但它也面临着与腰坝同样的问题：水资源告急。孪井滩的开发分为三期：第一期是1991—1994年，400户农牧民中有50户本地户，50户来自阿拉善右旗，300户来自阿拉善左旗，开垦耕地面积为2万亩；第二期是1995—1996年；1998年开始第三期开发。第二期和第三期共开垦2.5万亩耕地，迁入700多户农牧民。此外，还有5.5万亩土地是由企事业单位开发的。这些耕地一直使用黄河水灌溉，每年实际种植不到10万亩，2007年最高峰种植8万亩，但这时已经出现水资源匮乏的问题。

与腰坝滩相比，孪井滩的土质没有优势。孪井滩原本是很好的草场，就位置来讲它离黄河近，因此被开发为耕地。但这里土层薄，不像腰坝和查哈尔滩是贺兰山的冲积平原，土层相对较厚。孪井滩与腰坝一样，也面临水资源匮乏的问题，2009年政府也提出缩减种植面积的目标，在8万亩实际耕种面积基础上，缩到5—6万亩。

在阿拉善这样的干旱半干旱地区，水资源十分珍贵。当地人做过简单的计算，饲养50只骆驼可以增加2万元收入，而50亩耕地也增加2万元收入，但50亩耕地所消耗的水资源至少是50只骆驼的500倍。从作物结构来看，玉米和麦子的种植面积最大。以玉米用水为例，玉米要浇6—7次水，之前还要淌一次水，每次浇水2小时，每亩用240立方水。但是村民只需要付电费，水是免费使用的，浇一次的电费是10—20元。牧民原来放牧骆驼耗费的水，不用花一分钱，而孪井滩种玉米的水来自40公里以外的黄河水，要经过四级泵站才能引过来。此外，阿拉善左旗大力推行的生态移民，将牧民从草原搬迁到城镇，而城镇居民日常用水量是牧民日常用水量的5倍，大大增加了对水资源的使用压力。总之，对于当地政府而言，水资源的承载力问题已经成为一个迫切需要考虑的问题，而这种考虑不仅是要解决眼前的农业发展问题，更重要的是，要从宏观和长远的角度认识水资源在干旱半干旱地区的重要地位，选择可持续的产业布局安排和相应的制度保障。

（三）畜牧业让位于煤矿和工业发展

就在退牧还草项目一步步把牧民迁出草原的同时，煤矿企业开始进驻到牧民退出的地方，给草原生态系统带来更大的破坏。在嘉镇孪井滩生态移民示范园区，我们在移民3村访谈了嘎查领导和牧民。移民3村的移民来自两个嘎查：察罕鄂木嘎查和阿拉泰乌苏嘎查。2004年，察罕鄂木嘎查就有17户牧民搬迁到这里，2006年又搬来剩余的50户。阿拉泰乌苏嘎查的所有牧户于2006年全部搬迁到这里。这些移民都是在退牧还草项目支持下搬迁的，2004年最早的一批，每户600平方米，包括房屋、棚圈和青贮池，个人只出资300元，国家补2万元。由于连年干旱，畜牧业没有保障，很多牧民赞成退牧。

在察罕鄂木嘎查，2006年牧民全部迁出之后，相继进入了三家煤矿企业，共占地 90 平方公里，占全嘎查总面积的一半。第一个进入察罕鄂木嘎查的是鄂尔多斯的一家煤炭公司，占地 24 平方公里，2008 年开了 17 个井位，2009 年又增加 11 个井位。第二个企业是内蒙古地矿厅，2009 年进入，探矿面积 57 平方公里，有 29 个井位。第三个是银川的一家公司，占地 7.4 平方公里，目前还没有开始探矿，坐标已经定好。

这些煤矿占用牧民的草场，有明确的补偿标准：一个井位占 2 亩地，一次性补偿 1500 元；一个井位需要配备一个矿工生活区，每个生活区占地 4—5 亩，一次性补偿 60 元/亩；道路补偿是 60 元/亩。一个井位探两到三个月，由于占地小，所以能够较快恢复植被。但是，道路却破坏了很大面积的草场，一方面，道路是不固定的，压坏了就得换路；另一方面，植被恢复本身就需要好多年。到目前为止，这三个企业共占用了 24 户牧民的草场，补偿最多的有一户，补偿金额 1 万元，其余户有的六七千元的补偿金，也有四五千元的补偿金。多数煤矿在探矿过程中，不注意对植被的保护和恢复，也严重影响了周边牧民的放牧，在敖龙布拉格苏木，煤矿企业只挖坑，不复坑，草场挖得羊都走不成。煤矿给牧民廉价的补偿和对生态的破坏使得很多牧民产生困惑，一方面，国家为了保护草原，投入大量资金将牧民迁出草原，而牧民也放弃了世代从事的畜牧业迁到城镇，不得不寻找新的谋生手段；另一方面，大型工业企业却进入草原，它们对草场的破坏比牲畜放牧更加严重。

如上所述，当地政府对于水资源短缺的问题已经有所认识，并且已经颁布相应措施控制农业耕种面积，从而减少用水量。但与此同时，当地政府却在考虑在嘉镇乌兰霍德嘎查建立工业园区，招商引资。乌兰霍德嘎查是一个牧业嘎查，经过勘探也没有发现矿藏，因此来的企业可能大部分都是中部移来的从事制造业的污染企业。

事实上，个别嘎查也将招商引资看作是唯一的出路，不仅可以发展集体经济，而且也可以解决当地一部分牧民的就业。在访谈中就有一个嘎查引进了一家山西的铸造加工企业，生产汽车零件，离嘉镇22公里，占用集体草场。这些工业进入牧区发展将会给当地的自然资源带来更大的压力。

招商引资和工业发展必然给环境带来负面影响，2014年9月6日，媒体报道内蒙古自治区腾格里沙漠腹地部分地区出现排污池，当地牧民反映，当地企业将未经处理的废水排入排污池，让其自然蒸发，然后将黏稠的沉淀物，用铲车铲出，直接埋在沙漠里面。这一污染问题引发社会各界的强烈反应，中央政府给予高度重视，2014年12月，习近平总书记做出重要批示，国务院专门成立督查组，敦促腾格里工业园区进行大规模整改。事实上早在2010年，就有媒体曝光宁夏中卫市的造纸厂将大量造纸污水排向腾格里沙漠的污染事件[①]。2015年8月13日，中国生物多样性保护与绿色发展基金会在宁夏中卫市中级人民法院提交诉状，起诉8家企业的违法排污行为“污染腾格里沙漠”，要求企业恢复生态环境、消除危险等[②]。但是对于腾格里地下水的污染，即使投入再多人力物力，恐怕也难以恢复。

第四节　难缠问题：简单化的政策应对难以奏效

从阿拉善盟的这个案例可以看到，草原退化问题的建构和应对过程非常快速，作为所谓的“沙尘暴的策源地”之一，阿拉善盟在国家政策的支持下，基于科学家的研究成果，制定实施了退牧还草

① 《腾格里沙漠污染事件24名责任人受党纪政纪处分》，《新京报》，2014年12月22日（money. 163. com/14/1222/02/AE1NNKFU00253B0H. html）。

② 《“腾格里沙漠污染”首遭公益诉讼》，《新京报》，2015年8月18日（legal. people. com. cn/n/2015/0818/c42510－27476383. html）。

工程和公益林保护项目，试图通过减人减畜恢复退化草原。但是，我们看到这两个项目在实施过程中存在诸多问题，不仅恢复退化草原的目标难以实现，而且还引发出一系列更加严重的环境和社会问题。

一　草原退化问题的社会建构

正如约翰·汉尼根[①]有关环境问题的社会建构一章中所述，要成功建构一个环境问题，有六个必要条件：（1）一个环境问题的主张必须有科学权威的支持和证实；（2）十分关键的是要有一个或更多的“科学普及者”，他（她）们能将神秘而深奥的科学研究转化为能打动人心的环境主张；（3）一个有前途的环境问题必须受到媒体的关注；（4）一个潜在的环境问题必须用非常形象化和视觉化的形式生动地表达出来；（5）对环境问题采取行动必须有看得见的经济收益；（6）对于有前途的环境问题来说，要想充分而成功地抗争，应当有制度化的支持者，以确保环境问题建构的合法性和持续性。

在阿拉善盟治理草原退化这个案例中，我们可以看到草原退化这一环境问题的构建基本具备了以上六大条件：首先，科学家有较为深入的研究，证明了影响全国的沙尘暴有一部分是源于阿拉善，因为草原退化严重。其次，为了表达阿拉善盟草原退化的重要影响，引起国家和公众对这一问题的重视，阿拉善被赋予一个新的名称，就是“沙尘暴的策源地”。再次，在2001年，沙尘暴肆虐北京甚至飘至日本等地区的新闻报道也有很多，一些非常形象化和视觉化的照片至今让我们印象深刻，例如风沙中在北京天安门广场上的游客，证明沙尘飘至日本和韩国的卫星云图等，无疑增加了解决这

① ［加］约翰·汉尼根：《环境社会学》，洪大用等译，中国人民大学出版社2009年版。

一问题的紧迫性。复次，这样影响范围广泛的环境问题，其解决不仅对于当地牧民来说是非常必要的，而且也是全国人民的需要，因此也就有了其后的说法，即中国北方草原是中国的生态屏障。最后，国家治理生态环境问题的决心和魄力也是这些草原恢复项目得以大面积快速实施的重要保障。近些年来，中国环境治理呈现一种"再集中化"的特点，通过强化国家环境标准、加强环境诉讼机制、提供保护专项奖金和将环境保护目标纳入官员绩效考核评价体系等方法，试图改进环境政策的实施效果①。正是在这样的大背景下，草原退化问题得以成功建构，并且深入人心。

二　简单化的政策应对

但是，我们也看到，在项目的设计和执行过程中，有一些过于简单化的判断，这些判断通过相关政策给牧民生计和草原生态系统带来巨大影响。这种简单化来自多种原因，其中一个重要原因就是虽然没有人否认环境问题是社会问题，但在许多人看来，社会问题是一个比较简单的问题，与自然科学的高深研究不同，社会科学的结论似乎是有目共睹的，似乎每个人都可以解释，比如人口压力增加、过度放牧和"公地悲剧"等，似乎每个人甚至不需要去草原，就可以解释这种现象，人们接受这些解释不是因为这些解释有证据，而是因为其与人们的想象经常是一致的，或许大量的政策就是基于这种简化的社会归因形成的，包括减人、减畜等草原保护措施纷纷出台②。

在草原科学起源之初，草原管理就将"承载力"问题确立为优先研究领域，草原管理过程都化约为这一指标，以便于政府管理监

---

① Kostka, G. and J. Nahm, "Central-Local relations: recentralization and environmental governance in China", *The China Quarterly*, Vol. 231, 2017.

② 王晓毅：《环境与社会：一个"难缠"的问题》，《江苏社会科学》2014 年第 5 期。

督，因为政府需要知道每一块草场所能承载的牲畜数量[①]。其背后的逻辑在于：利用现代科学技术可以高效地、持久地利用草场，因此只要将每户牧民饲养的牲畜控制在计算得到的承载力范围以内，就可以在行政上很方便地管理草场以达到永续利用的目标。这与所谓的“科学林业”如出一辙，都是试图将人与自然的关系简单化、标准化。移民村的建设和空置是这种将社会管理简单化的思路在草原管理中的一个具体表现。按照政府当初的宣传“一头牛，吃穿不用愁；两头牛，能盖小洋楼”，然而如此美妙的前景却没有呈现在现实中。在锡盟干旱半干旱牧区的公路旁边，会见到一些规划整齐、外观漂亮的砖结构的房子，每所房子都带有一定面积的用以饲养奶牛的棚圈，这就是近年来政府投入大量财力建设的“移民村”[②]。正如本章案例所描述的，移民村主要由整齐成排的房屋和大棚区域构成，但由于各种原因，这个移民村建立的初衷却并没有实现。

三　草原管理如何难缠

阿拉善盟的这个案例展示了草原问题复杂性，也让我们看到外界力量对草原系统的干预是如何“牵一发而动全身”的，草原管理各方面的问题及其解决方案汇总在一起，使得草原管理成为一个“难缠问题”。这种难缠问题的定义和解决方案常常有很多种，甚至有时不同解决方案间彼此冲突，它涉及多个行动方，在多个层级上相互作用，而决策过程也是多层级的。这种问题具有涉及范围广和

---

① Griffths D.，“A Protected Stock Range in Arizona”，*USDA Bureau of Plant Industry Bulletin*，No. 177，1910.

② 李文军、张倩：《解读草原困境：对于干旱半干旱草原利用和管理若干问题的认识》，经济科学出版社 2009 年版。

持续时间长的特点[①]。草原问题的一个重要特点就是生产、生活和环境问题纠结一起，很难区分开来，实际上环境社会学中遇到的大多数问题都是这种“难缠”的问题。面对中国日益严重的环境问题，我们如果进行简单的抽象，无疑是比较容易的，比如我们可以将草原退化归因于牧民放牧，也可以归因于外来的工业和农业开发，这种简单的归因虽然有助于决策者制定决策，但是因为决策是单向度的，就会出现在解决一个问题的时候，带出新的问题[②]。本章阿拉善盟的案例也展示了，原来想通过减人减畜以减轻草原利用压力，但其结果往往导致违规放牧和草场流转，不仅没有减轻草原的环境压力，反而因为移民集中居住和从事农业开发，导致地下水的过量开采，外来污染工业的进入，从而产生更严重的环境问题。那么，接下来的问题是：这种难缠性究竟源于何处？要想回答这一问题，就得从社会生态系统的复杂性说起。

---

① Rittle, Horst W. J., and Melvin M. Webber, “Dilemmas in a General Theory of Planning”, *Policy Sciences*, No. 4, 1973.

② 李文军、张倩：《解读草原困境：对于干旱半干旱草原利用和管理若干问题的认识》，经济科学出版社 2009 年版。

第四章

草原社会生态系统：干旱易变与移动弹性

国际环境与发展研究所[①]在其《珍视变异性》一书中，将干旱区的降水比喻成小火煮茶，如果用小火，5 分钟可以煮开一壶茶，但如果把热量均匀地分散在一年中，就算是 100 倍的热量也不能让茶壶变热。煮茶的时候，总热量很重要。但真正关键的是，茶壶底下是否集中了足够的热量，也就是说，最重要的是热量的分布，这与干旱区的降水道理完全一致。对于干旱区的降水，人们的印象就是降水不足以供给植物生长，但是干旱区的确是会下雨的，有的时候甚至下得太多而形成洪水，关键的问题是，雨一阵一阵地下，其时空分布难以预测。而这种不可预测性与不同的土壤类型和地形相结合时，所产生的变异性就更大了，从而产生了可供植物生长的水分集中的微环境。降水在时间和季节上的变异性意味着干旱区的植物会在不同的时间开始和结束其生命周期，即使是同一物种也会如此。这种特点对于尽可能寻找最有营养的草场的牧民来说极为关键。因此，自然系统的干旱易变和社会系统的移动弹性结合在一起，就是草原社会生态系统的最大特点。

---

① 国际环境与发展研究所：《珍视变异性：气候变化下干旱区发展的新视角》，李艳波译，中国环境出版社 2017 年版，第 19 页。

第一节 干旱易变的草原生态系统

本节首先介绍干旱区与变异性的概念及相关讨论，然后以内蒙古草原为例，分析放牧资源的时空异质性，即降水加上季节变化、植被类型、地下水分布和地形等因素如何综合影响放牧决策，最后讨论有关草原管理理论的发展变化，尤其是20世纪80年代和90年代起源于非洲的对干旱区放牧系统的重新认识。

一 干旱区

“干旱区”这一概念是伴随荒漠化提出的，是较新的概念。联合国环境规划署（UNEP）以湿润指数（P/PET），即年平均降水量与平均潜在年蒸腾量之比，来界定和划分干旱半干旱区，指数在0.05到0.20为干旱，在0.21到0.50为半干旱[①]。从全球分布来看，热带稀树草原和温带草原大部分都分布在干旱半干旱地区。干旱半干旱地区草原的最大特点就是降水量少，且时空分布变化剧烈。

《联合国防治荒漠化公约》精练地定义强调了区域和全球尺度上的干旱程度，其背后蕴含了这样的假设——大面积的土地都被矮小的绿色植被覆盖，且都获得了均匀的降水。但是，干旱区如此之少的降水，到底是如何分布的，气象站的平均数据给人一种均一化的印象，干旱区其实包括一系列极为不同的降水格局的组合，这些格局可以是又“好”又“坏”的。400毫米的平均降水量可能意味着某些地方一滴雨都没有，而其他地方下了600—800毫米的雨[②]，

① UNEP, *World Atlas of Desertification*, London: Edward Arnold, 1992.

② 国际环境与发展研究所：《珍视变异性：气候变化下干旱区发展的新视角》，李艳波译，中国环境出版社2017年版，第21页。

而这600—800毫米的降水量，就可以为农业牧业的发展提供可能性。因此世界粮农组织提出了另一种方法来定义干旱区，即有足够雨水支持作物或植被生长的时间的长度（又称为生长期长度），这种更实际的定义能帮助我们更好地理解变异性。世界粮农组织将干旱区定义为生长期介于1—179天的区域，生长期等于1天的区域为极干旱或真正的荒漠，低于75天的区域为干旱区，75—120天的区域为半干旱区，120—179天的区域为干旱半湿润地区。

对于干旱区，人们有很多误解，例如干旱区是发展的边缘地区，是荒漠地区，植物生产力很低，而且退化很严重。首先，干旱区不是"富有经济生产力的世界"之外的边缘地区，它通常面积巨大并位于中心区域，如北美大平原、乌克兰西部和哈萨克斯坦。洛杉矶、墨西哥城、德里、开罗和北京等大都市都位于干旱区。其次，尽管人们认为干旱区对环境退化尤为敏感，但研究表明干旱区并没有出现非常剧烈的土地退化——78%的退化区位于湿润地区，而只有22%的退化区域位于干旱区。再次，干旱区的种植业系统占全球的44%，牲畜数量占全球的50%。干旱区为世界提供了最常见的食物，玉米、豆类、土豆和西红柿起源于墨西哥、秘鲁、玻利维亚和智利的干旱区。小米、高粱、一些品种的小麦和水稻则起源于非洲的干旱区。复次，干旱区含有全球生物多样性最高的区域，如东非的塞拉盖提草原，在栽培植物中，干旱区特有的植物种数占到了全球植物物种总数的30%。最后，干旱区放牧系统的畜产品的水足迹低于集约化系统生产的畜产品①。

二　降水的变异性

在干旱区，降水的变异性对于保持土壤墒情很重要，不同的土

① 国际环境与发展研究所：《珍视变异性：气候变化下干旱区发展的新视角》，李艳波译，中国环境出版社2017年版，第12页。

壤条件和不同的降水分配，也会产生不同的土壤墒情。沙丘往往给人以荒漠化的坏印象，而事实上，沙地是降雨后最先变绿的，因为沙地的渗水性最强，因此也能够保留更多的雨水。雨水的分布也有重要影响，例如两场小雨的效果要比一场大雨更好，因为小雨可以渗透到土壤中，使土壤保持湿润，这就能使种子更好地萌发。此外，降水的时间变化可导致疾病、杂草、寄生虫发生频率的不同，这些都对庄稼或牧草的生长具有重要影响[①]。

为了反映降水的变化程度，人们利用无量纲的变异系数（Coefficient of Variation）来衡量，它是原始数据标准差与原始数据平均数的比。事实上，变异系数与极差、标准差和方差一样，都是反映数据离散程度的绝对值。其数据大小不仅受变量值离散程度的影响，而且还受变量值平均水平大小的影响。在20世纪90年代，基于对非洲草原的研究，一些研究者指出当降水量变异系数超过某一数值后，即某一临界点，用降水量的变化程度比用年均值更能解释生态系统的变化[②]，与传统草原管理模型中牲畜放牧是决定植被状况的主要因素不同，这种生态系统被称为非平衡生态系统（Non - equilibrium ecosystem）。实际上在这之前，Caughley[③]在澳大利亚干旱草场的研究已经发现，这一临界数值在30%左右。Ellis[④]也认为年际变异系数30%可能是平衡生态系统和非平衡生态系统从气候变化方面区分的一个临界点。在此基础上，新草原生态学（New

---

① 国际环境与发展研究所：《珍视变异性：气候变化下干旱区发展的新视角》，李艳波译，中国环境出版社2017年版，第23页。

② Ellis, J. E., “Climate Variability and Complex Ecosystem Dynamics: Implications for Pastoral Development”, in I. Scoones, edited, *Living with Uncertainty*, London: Intermediate Technology Publications, 1994.

③ Caughley, G., *Kangaroos: Their Ecology and Management in the Sheep Rangelands of Australia*, Cambridge: Cambridge University Press, 1987.

④ Ellis, J. E., “Climate Variability and Complex Ecosystem Dynamics: Implications for Pastoral Development”, in I. Scoones, edited, *Living with Uncertainty*, London: Intermediate Technology Publications, 1994.

Rangeland Ecology）产生了。

三　放牧资源的时空分布异质性

在介绍新草原生态学之前，我们还需要了解，除了降水的变异性之外，草原生态系统的其他一些因素在时空分布上的变化，也对草原和牲畜管理发挥着决定作用。这里所讲的资源时空异质性中的资源是指草原畜牧业中的“水”“草”和“畜”，它们的时空分布和变化特点是牧民管理草原和经营畜牧业的首要考虑因素。异质性（Heterogeneity）是景观生态学的一个概念，它包括两个组分：一是所研究的景观的系统特征；二是所研究的景观的系统特征的复杂性和变异性。需要强调的是，异质性是依赖于尺度的，即在不同的时间和空间范围内，异质性也表现出不同的特点[①]。

首先除了降水分布以外，地表水资源的空间分布决定了草原类型具有较高的空间分布异质性，由此产生了对天然草场的等级分类，其主要依据是《全国草场分类原则及分类系统》和 1984 年 4 月厦门会议修订的《全国草场分类系统》[②]。“等”是依据牧草质量对草场进行划分，共分五等；“级”是依据亩产鲜草量对草场进行划分，共有八级，具体划分标准见表 4—1。以锡林郭勒盟草原为例，天然草场主要以二等和三等草场为主，二等草场为主要等级，分布在东部和北部区域；三等草场主要分布在西南部，但在东部和中部也有零星分布。非草地主要是指耕地，主要分布在东乌珠穆沁旗的乌拉盖开发区和南部四个旗县，尤其是太仆县旗最多。从草场生产力来看，锡林郭勒盟的草场生产力总的分布规律是由东北到西南逐渐减少，也就是说在东乌珠穆沁旗和西乌珠穆沁旗东部分布有

① 李文军、张倩：《解读草原困境：对于干旱半干旱草原利用和管理若干问题的认识》，经济科学出版社 2009 年版，第 137 页。

② 内蒙古草原勘测设计院：《内蒙古自治区锡林郭勒盟苏尼特左旗天然草场资源资料》（内部资料），1986 年，第 1—2、192 页。

大片的四级草场，这两个旗西部区域则主要是五级草场，中部和西部的四个旗县则主要是七级草场，六级草场主要在苏尼特左旗南和南部四个旗县分布①。

表 4—1　　草场等和草场级的划分标准

草场等别	划分标准	牧草质量标准
一等	优等牧草占 60% 以上	优等牧草：可被各种家畜挑食或 3—4 季喜食，粗蛋白质含量在 40% 以上
二等	良等牧草占 60% 或优等及中等占 40%	良等牧草：可被各种家畜经常采食或 2—3 季喜食，粗蛋白质含量一般在 10%—14%
三等	中等牧草占 60% 或良等及低等占 40%	中等牧草：可被两三种家畜经常采食或 1—2 季喜食，粗蛋白质含量在 8%—10% 以上
四等	低等牧草占 60% 或中等及劣等占 40%	低等牧草：可被两种牲畜经常采食或 1 季喜食，粗蛋白质含量在 5%—8%
五等	劣等牧草占 60% 以上	劣等牧草：可被一种家畜采食，或在某个生育期喜食，粗蛋白质含量在 5% 以下

草场级别	干草产量标准（单位：千克/亩）
一级	> 320
二级	320—240
三级	40—160
四级	160—120
五级	120—80
六级	80—40
七级	40—20
八级	< 20

资料来源：内蒙古草原勘测设计院：《内蒙古自治区锡林郭勒盟苏尼特左旗天然草场资源资料》（内部资料），1986 年，第 1—2、192 页；内蒙古草原勘测设计院：《内蒙古自治区锡林郭勒盟苏尼特左旗天然草场资源资料》（内部资料），2002 年。

① 李文军、张倩：《解读草原困境：对于干旱半干旱草原利用和管理若干问题的认识》，经济科学出版社 2009 年版，第 139—141 页。

其次不同牲畜生长繁殖对放牧资源的需求随季节变化而不同，牲畜作为生态系统中的重要一员也对草原畜牧业系统的复杂性贡献了力量，表4—2显示了牲畜一年四季对草场、水源、地形、采食物种、矿物质和补饲等方面的需求变化。从表中可以看到，由于干旱半干旱草场四季气候条件变化剧烈，植被生长有很强的季节性，牲畜需求相应也有很大的调整。对于草场，冬天下雪后牲畜通过舔雪补水，因此可以不受水井限制，这也是传统游牧中冬季营盘比夏季营盘更加分散的原因。而到夏秋季节，牧民则必须找到有河流湖泊的草场，如果找不到就只能用井水饮牲畜。从地形来看，由于冬春季节多大风，所以营盘需要扎在避风的地方；而夏天在开阔地放牧通风凉爽，牲畜也不易得病。对于采食物种，春季刚萌芽的一年生牧草是牲畜爱吃的；而秋季多籽实的一年生牧草则因为营养高而有利于抓膘；夏季葱类草多水分和营养，牲畜爱吃，到了秋冬时这些草变得很硬，牲畜就不再吃了；到冬天，牲畜除了猪毛菜、针茅、灌木和蒿类草外，还需要一定的补饲，尤其是怀孕母羊更加需要在冬春季节补草补料以增强体质[①]。需要注意的是，牲畜不能通过吃更多的东西来弥补牧草质量的低劣。相反，随着牧草质量下降，反刍活动也减少了，从而使吸收能力下降[②]。

表4—2　　荒漠草原牲畜对放牧资源的需求在四季中的变化

	春	夏	秋	冬
草场	针茅草场	带有隐域性生境③的草场	带有隐域性生境的草场	小半灌木、针茅草场

① 李文军、张倩：《解读草原困境：对于干旱半干旱草原利用和管理若干问题的认识》，经济科学出版社2009年版，第144—147页。

② 国际环境与发展研究所：《珍视变异性：气候变化下干旱区发展的新视角》，李艳波译，中国环境出版社2017年版，第25页。

③ 隐域性是指自然地带内的某些部位由于局部地貌、岩性差异和地下水埋深等影响而形成与平亢地不同的自然特征的现象。又称地带内性。最早采用这一概念的是土壤地理学和植物地理学。本文中的隐域性生境是指在荒漠带河流边的小块草甸。

续表

	春	夏	秋	冬
水源	水井	河流、湖泊、水井	河流、湖泊、水井	水井、舔雪
地形	营盘避风放牧地	开阔地	开阔地	营盘避风放牧地
采食物种	猪毛菜、针茅、蒿类，刚萌芽的一年生牧草	葱类和其他多年生草	多籽实一年生牧草果实	猪毛菜、针茅、灌木、蒿类
矿物质	补矿物质	采食中得到	采食中得到	需补少量的矿物质
补饲	补草、补精料	不需要	不需要	补精料

资料来源：李文军、张倩：《解读草原困境：对于干旱半干旱草原利用和管理若干问题的认识》，经济科学出版社2009年版，第144—147页。

四 对变异性认识的转变：新草原生态学

在草原管理中，对于这种变异性，科学管理者一直以来都是采取控制甚至减少的态度。这样的例子数不胜数，人工降雨、打井、植被改良与种草、牲畜改良、集约化畜牧业、围栏、轮牧、退牧还草等措施，都是通过人力物力的投入，使自然条件的不确定性变得确定，使不稳定的畜牧业生产变得稳定。但是经过数十年的努力，确定和稳定的目标并没有达到。这就是草原管理的悖论，即越是采取措施来获得秩序和简化问题，就有越来越多的事情脱离控制，就越发需要简化和控制，从而进一步证明了草原管理是个难缠问题。在这样的条件下，务实的管理者会尊重“变异性对控制造成限制”这一事实，并且克制掌控所有离散操作的冲动。他们的注意力集中在不断适应突然冒出来的不可控制的意外上——在利用变异性提供的机会的同时，避开不好的甚至是更坏的结果，也就是说，“在持续变化的环境中管理需要管理的事”[1]。

---

① 国际环境与发展研究所：《珍视变异性：气候变化下干旱区发展的新视角》，李艳波译，中国环境出版社2017年版，第28页。

事实上，这也是适应性管理的核心思想，有关适应性管理的讨论，会在第七章中详细介绍。

长期以来，世界上（包括中国）的草原管理一直遵循的是基于平衡理论的克莱门茨植被演替模型，该理论认为植被对于放牧压力的响应呈线性和可逆性，因此通过控制载畜率（stocking rates）可以控制植被的状况。轻度放牧或不放牧时，植被会自然演替到顶级群落；重度放牧则会使植被退化。不难看出，目前各种草原保护政策都是基于这一理论，即通过减畜恢复退化草原，退牧还草就是最直观的表现。

事实上，从 20 世纪 70 年代末开始，生态学界越来越认识到，基于克莱门茨演替理论的动态平衡理论在很多生态系统中很难或根本不可能发生[①]。正是在此背景下，Ellis 和 Swift [②]、Westoby 等[③]将非平衡概念应用到干旱地区草原，并指出传统的平衡理论对于干旱半干旱草原具有根本性的错误认识，从而导致了不恰当的，甚至是失败的对于该类型草原的管理和恢复性干预。基于非平衡理论的草原科学，在一些文献中也被称为“新草原生态学”。简而言之，“新草原生态学”理论认为传统的基于平衡理论的草原管理模型并没有考虑干旱半干旱草原的空间异质性以及气候的变异性。

本质上，平衡理论和非平衡理论争论的焦点在于：在决定草原的初级和次级生产力方面，生物因素和非生物因素，到底哪个变量的影响更大，因为这直接关系到对于放牧是不是导致草原退化的主

---

① Wiens, J. A., “Spatial Scaling in Ecology”, *Functional Ecology*, Vol. 3, No. 4, 1989; Connell, J. H., Sousa, W. P., “On the Evidence Needed to Judge Ecological Stability or Persistence”, *The American Naturalist*, Vol. 121, No. 6, 1983.

② Ellis, J. E. and Swift, D. M., “Stability of Africa Pastoral Ecosystems: Alternate Paradigms and Implications for Development”, *Journal of Range Management*, Vol. 41, No. 6, 1988.

③ Westoby, M., Walker, B. H. and Noy-Meir, I., “Opportunistic Management for Rangelands not at Equilibrium”, *Journal of Range Management*, Vol. 42, 1989.

要原因的回答。平衡理论强调动物和草场资源之间的生物反馈关系，而非平衡理论认为具有随机性的非生物因素是决定植被和牲畜动态系统的主要驱动力。因此要达到有效地、可持续地利用干旱半干旱草原，非平衡理论认为必须采取灵活的载畜率和适应性草原管理。表4—3列出了平衡理论和非平衡生态系统理论的不同，尤其对于草原管理有着不同的指导意义。正如Ellis和Swift[①]所认为的，“只有完全弄清所在地生态系统的基本动态，才可能对草原实施恰当的管理政策和技术干预……如果不考虑草原生态系统所具有的动态特点，并以其作为制定畜牧业发展政策的依据，任何来自于生态系统之外的外部干预都将是盲目的行动，而且将不可避免地以牺牲当地发展为代价”。

表4—3　　平衡与非平衡生态系统的区别

平衡生态系统	非平衡生态系统
生态方面	
气候稳定	气候多变
可预测的初级生产力	变化的、难以预测的初级生产力
牲畜数量受密度依赖机制控制	牲畜数量的变化与其自身的密度无关，更多地与气候变化相关
牲畜数量的变化导致植被构成、产草量的变化	不可预测的产草量导致牲畜数量的变化
可以计算潜在的承载力，并据此调节放牧密度	无法计算潜在的承载力，因为未来的气候具有很大的不确定性
草场状态评估：基于克莱门茨演替理论和其他平衡模型	草场状态评估：基于“状态—过渡”和“气候—植被—牲畜”相互作用模型

① Ellis, J. E. and Swift, D. M., “Stability of Africa Pastoral Ecosystems: Alternate Paradigms and Implications for Development”, *Journal of Range Management*, Vol. 41, No. 6, 1988.

续表

平衡生态系统	非平衡生态系统
畜牧业方面	
畜牧业经营趋向于单一的牲畜品种	多种牲畜的饲养：绵羊、山羊、骆驼、牛和马
严格控制载畜率	机会主义的载畜率：充分利用植被状况好的机会以饲养尽可能多的牲畜，同时准备备用资源以避灾，最小化灾害损失
固定的、明晰的草场边界，侧重于权利的保证	弹性的、模糊的草场边界，更侧重于牧民获益能力的保障
采用固定抗灾的方式，通过基础设施建设、购买饲草料等方式应对灾害	采用灵活避灾的方式，通过将牲畜移动到草场条件较好的地方以躲避灾害
适合于常规的保守的草原管理：人工饲草料的种植、固定范围内的轮牧、圈养、围栏等	更适合于机会主义的灵活的草原管理：关键天然资源的维护、牲畜移动游牧、没有围栏等
可以制订长期计划，并依计划按部就班管理畜牧业	制订长期的计划没有意义，采用灵活的、适应性的畜牧业管理
发展方面	
发展目标：商业性的，以追求牲畜头数和产量为目标	发展目标：生计型的，以追求牧业整体发展为目标
利益是资金流，受市场影响	利益是生产性资本的增加，与市场关系不密切
自上而下的行政管理、技术推广和服务	更多依靠当地牧业组织、本土知识以及相互合作

资料来源：Scoones, I.,"Exploiting Heterogeneity: Habitat Use by Cattle in Dryland Zimbabwe", *Journal of Arid Environments*, Vol. 29, 1995; Oba G., Stenseth N. C, Lusigi W. J.,"New Perspectives on Sustainable Grazing Management in Arid Zones of Sub-Saharan Africa", *Bioscience*, Vol. 50, No. 1, 2000.

结合中国北方干旱半干旱地区草原的实际利用和管理以及遇到的问题和困境，不言而喻，非平衡理论将对现有政策、发展思路提供一个新的视角，包括：关于退化原因的认识；定居还是移动；圈养还是放牧；固定还是弹性承载力管理；草场私人使用还是共同使用。根据新草原生态学，将干旱区的变异性转变为财富的放牧策略的作用得到彰显，然而，目前主流的做法仍然将干旱区的变异性表达为干旱区农业的结构性"缺陷"，进而将农民在管理变异性方面所显示的特长解释为在面对问题时被动的"应对策略"[①]。

第二节　需要移动和弹性的草原社会系统

如表4—3所示，如果草原是非平衡生态系统，那么弹性的、模糊的草场边界，而非清晰的、固定的草场边界，才是更适合的产权安排原则。但现实问题是干旱区的草场产权制度安排越来越向平衡生态系统管理原则靠拢。事实上从某种程度上来看，非平衡生态系统理论也是在不适当的产权制度引发各种问题的基础上提出的。本节首先介绍原有的产权制度及其变化，其次分析社会关系和当地知识对于草原生态系统的适应以及受到产权制度变化的影响。

一　产权安排

从全球来看，干旱半干旱草原的产权制度安排在过去几十年里都发生了很大变化，从共有产权下的移动放牧变为私有产权，与非洲不同，内亚[②]在这一转变过程中还经历了集体化的过程。在非洲

① 国际环境与发展研究所：《珍视变异性：气候变化下干旱区发展的新视角》，李艳波译，中国环境出版社2017年版，第29页。

② 内亚是一个长期存在的文化—经济区（cultural-economic zone）。从生态学上讲，基本都是草原地区，当地土著牧民长期生活在这里，在南部，沙漠和干旱的山脉将其与青藏高原隔开。从文化上讲，从13世纪起这个地区就由蒙古族统治，他们与他们的北部和南部的主要邻居即俄罗斯人和汉族人不同，宗教是佛教—萨满教，这与从中亚到西亚的伊斯兰教也有很大不同（Humphrey等，1999）。

撒哈拉干旱半干旱草原，为了适应很大的降水变化，传统上牧民采用大范围的游牧策略，每个牧民对同一片草场都平等地享有完全的进入权。通过与其他部落的联盟协商，每个部落对其他部落的草场也都有一定的进入权。这种有弹性的、“模糊”的和相互渗透的游牧民族草场产权制度常被误认为是缺乏资源进入控制体制，是所有人都可以使用的公地。实际上，外来人只有得到允许才能使用，是排他的[①]。对比俄罗斯、蒙古和中国三个国家的草场制度变化，在集体化以前，传统放牧制度与非洲传统放牧制度相似，不仅有小规模的游牧群体，而且还有更大的组织形式，都由管理官员（如寺庙或旗的管理者）来指挥。在蒙古和内蒙古，牲畜由寺庙奴隶和扎萨克（旗长）的奴隶来放牧。在社会主义制度下，集体放牧和传统放牧在畜群移动管理方面存在相似性，牧民还是像以前一样去生产，不同的是社会地位不再是以前的隶属于“贵族”的“平民”，而是由自身的身份决定，如按职业等，赋予其权力和责任[②]。

在非洲，随着殖民者的进入，许多土地被圈起作为白人的定居地，土地私有化从此开始。以肯尼亚为例，20 世纪 50 年代晚期到 60 年代初，殖民政府在公共草场上推行私有化，展开了大规模的土地裁定和登记项目[③]。由于政治推动和人口压力等因素，马赛地区的草场被进一步划分成小块供个人使用，因此很难控制牲畜数量的增长和定居的推广[④]。从 80 年代中期开始，伴随着各类“自然资源管理项目”，畜牧业发展作为一个新的主题开始在非洲展开。这

① Goodhue, R., McCarthy, N. and Gregorio, M. D., “Fuzzy Access: Modeling Grazing Rights in Sub-Saharan Africa”, In: *Collective Action and Property Rights for Sustainable Rangeland Management*, 2005, Feb, http: //www. capri. cgiar. org/pdf/brief_ dryl, pdf.

② Humphrey, C., Sneath, D., *The End of Nomadism? -Society, State and the Environment in Inner Asia*, Durham: Duke University Press, 1999, pp. 45 – 68.

③ Mwangi, “Property Rights and Collective Action for Rangeland Management”, *Presentation for People and Grassland Network*, Oct. 26, 2006.

④ Ibid..

类项目主要是由游牧系统以外的因素主导进行外部干预，而不是理想地由畜牧业本身的力量来引导。主要的干预模式是仿效经典的美国“牧场”模式，包括围封草场、人工草地和饮水点的发展以及接种疫苗，这种农场模式鼓励了定居。这些外部主导因素包括国际援助组织和区域或国际市场驱动力。在这一过程中，国家政策体系和发展观念的改变以及理论学者的支持也都发挥了重要的推动作用①。此外，对于健康、教育以及道路和其他基础设施的干预，使定居的政策在草原被进一步推广。但多数项目只取得了部分的成功，通常是饮水点、道路、学校和诊所等基础设施得到了暂时的发展，但畜产品生产却没有增加，而且基础设施也因项目结束后失去资金支持而不能维护修复。随着这些问题的出现，从 20 世纪 90 年代中期开始出现了与上述发展思路相反的力量，游牧民族开始要求他们自己的“政治空间”，特别是在西非和东非。有一些牧民重新把草场整合起来轮流放牧，实践表明，重新整合的土地比个人使用的小块土地植被状况好得多②。

在内亚地区，集体化并不是由畜牧业发展的内部力量引发的，而是由外部的社会主义运动推动形成的。之后，三个国家先后进入了由集体化到私有化（或称半私有化）的产权变革阶段。俄罗斯是在 1991 年到 1993 年开始私有化，但速度很慢。到 1997 年，多数公社和国有农场仍保持公有的“协会”或“联盟”等形式，但牧民间的关系改变了，劳动分配是基于个人合同，而不再像以前一样单纯依靠上级指令③。蒙古也是从 20 世纪 90 年代初开始私有化的，

---

① Niamir-Fuller M., “Managing Mobility in African Rangelands”, In: McCarthy N., Swallow B. M., Kirk M., and Hazell P., (eds), *Property Rights, Risk and Livestock Development in Africa*, Washington, DC: IFPRI (International Food Policy Research Institute), pp. 102 – 131.

② Ibid..

③ Humphrey, C., Sneath, D., *The End of Nomadism? -Society, State and the Environment in Inner Asia*, Durham: Duke University Press, 1999, pp. 45 – 68.

多数集体农场和国有农场解散，分解成很多小公司，随着许多公司的倒闭，目前私有的牧户经济占主要地位[①]。内蒙古的私有化则是最早的，从80年代畜草双承包责任制实施后，人民公社被取消，牲畜作价按人口分给牧户，草场则按牲畜和人口分配给牧户使用，形成了现在以独立牧户为主要经济单位的畜牧业经营体制。内蒙古和俄罗斯的布里亚特采取了一样的畜牧业发展措施，包括引进改良种、搭建冬季暖棚、开垦饲料地和减少移动的放牧方式。但私有化后，“市场”并没有按照预想的那样自然形成[②]，而草原退化和牧民贫富分化的问题却日益突出[③]。

从以上介绍我们看到，不论是非洲的热带稀树草原还是内亚大陆的温带草原，在西方产权理论的影响下，其产权制度都发生了大致相同的变化趋势：草原作为多种生物的栖息地、当地居民社会关系和信仰的载体，以及生计维持的主要来源，功能越来越被简化，价值也越来越被商品化。市场的作用被不断地夸大，只要土地市场发展起来，人们获得土地权利，利用土地生产产品并能进入市场进行交易，贫困问题就会解决。因此推出这样一个结论：发展中国家的脱贫问题关键就在于赋予人们合法的产权[④]。产权制度的变化和农业技术的引进给当地传统的生产生活带来了巨大的冲击。在这一过程中，传统移动放牧的草场利用和管理方式对草原生态系统特点的适应性被忽视了，私有化产权下的定居定牧逐渐代替了移动放牧

---

① Fernandez-Gimenez M.，E.，“Landscapes，Livestock，and Livelihoods：Social，Ecological，and Land-Use Change among the Nomadic Pastoralists of Mongolia”，A Dissertation Submitted for the Degree of Doctor of Philosophy，University of California，Berkeley，1997.

② Humphrey，C.，Sneath，D.，*The End of Nomadism? -Society，State and the Environment in Inner Asia*，Durham：Duke University Press，1999，pp. 45 – 68.

③ Sneath，D.，*hanging Inner Mongolia：Pastoral Mongolian Society and the Chinese State*，Oxford：Oxford University Press，2000，p. 40.

④ Vosburgh M.，“Well-Rooted? Land Tenure and the Challenges of Globalization”，*GHC Working Paper*，http：//globalization. mcmaster. ca/wps/Vosburgh023. pdf，2003.

管理制度。

Williams[1] 通过对内蒙古草场围栏、定居和畜牧业现代化经营的研究，认为照搬西方理论解释和解决中国问题并制定政策对草场管理有很大的负面影响，即根据“公地悲剧”理论设计的草原管理政策并不能很好地保证草原的保护性管理。在畜草双承包责任制的实施过程中，围栏是划分草场和维护牧民承包使用权的工具。草场承包后，草场被围栏分割成小块，畜群不能再像以前一样逐水草而居。根据产权理论，草场资源作为一种经济物品，竞争性强但排他性弱。因此在理论上，围栏的修建被认为可以增加资源排他性，减少“搭便车”[2] 行为，通过保护草场使用者的权利来激励使用者控制牲畜数量，从而达到理性利用草场资源的目的。通过这样明晰私有产权，哈丁描述的“公地悲剧”问题就可以得到解决。而在实践中，这种简单地根据有无围栏判断草场是不是公地，以及牧民是自私和理性的这两个假设确实在许多传统土地管理中被广泛套用，推动了这些地方的草场私有化，事实表明，这些错误诊断导致了真正的公地悲剧，因为它通过不合理的政策和误导性的决策进一步加大了草原生态和经济的脆弱性[3]。草场围栏的修建改变了蒙古族社会结构，包括贫富分化、劳动力商品化、社区的破碎化和穷户面临更大的风险等。这些变化使草原上的原著居民进入了一种“既不是农民也不是牧民，既不是蒙古族也不是汉族，既不是传统的也不是现

---

① Williams, D. M., *Beyond Great Walls-Environment, Identity, and Development on the Chinese Grasslands of Inner Mongolia*, Palo Alto: Stanford University Press, 2002, pp. 41 - 43, 138 - 160, 175.

② 根据奥尔森（1995）的定义，所谓“搭便车”（free-rider problem），又名“免费搭车”或“坐享其成”，是指在集体行动中，一个人或组织从公共产品中获益，但却既不提供公共产品也不分担集体供给公共产品的成本，从而免费从其他人或组织的努力中受益。它反映了个体自利的经济理性与集体理性之间的冲突为人类共同生活所造成的困境。

③ Nori M., “Mobile Livelihoods, Patchy Resources & Shifting Rights: Approaching Pastoral Territories”, *International Land Coalition*, 2003, www. ifad. org/pdf/pol_ pastoral_ dft. pdf.

代的”的尴尬境地[1]。然而这一事实并没有得到政策制定者应有的重视，原因在于经济政策的实施与实际效果之间缺少反馈关系，从而形成政策与现实间的差距，政策实施者似乎也不需要这种反馈[2]。

二　社会关系

随着草场产权制度的变化，牧区社会关系也有很大变化，正如上文所述，对于内蒙古来说，草场围栏的修建改变了蒙古族社会结构，包括贫富分化、劳动力商品化、社区的破碎化和穷户面临更大的风险等。

面对干旱区放牧资源的时空分布异质性，牧民需要移动放牧和弹性管理。移动放牧的优势就是经济成本小和劳动投入少，能最小化旱灾影响，也能充分利用离居住地很远的利用率低的草场。近年来有许多研究证明非洲的移动放牧比定居放牧甚至商业农场的经济效率更高，例如对赞米比亚、博茨瓦纳、乌干达和马里等国草原管理的研究证明移动放牧中每公顷所有产出的收入要高于农牧结合或商业系统[3]。而且移动放牧还可以推动牧民实现他们的社会经济目标，如进入市场、社区互动以及文化方面的交流[4]。

由于草场和水资源分布的时空异质性，牲畜对于水草的需求在不同季节也有不同的需求，满足牲畜的日常放牧就需要大范围的游牧策略。如前所述，这样每个牧民对同一片草场都有一定的进入

---

① Williams, D. M., *Beyond Great Walls-Environment, Identity, and Development on the Chinese Grasslands of Inner Mongolia*, Palo Alto: Stanford University Press, 2002.

② Sneath, D., *Changing Inner Mongolia: Pastoral Mongolian Society and the Chinese State*, Oxford: Oxford University Press, 2000.

③ Niamir-Fuller M., “Managing Mobility in African Rangelands”, In: McCarthy N., Swallow B. M., Kirk M, and Hazell P. (eds), *Property Rights, Risk and Livestock Development in Africa*, Washington, DC: IFPRI (International Food Policy Research Institute), 1999, pp. 102 - 131.

④ Ibid..

权，这种有弹性的、“模糊”的和相互渗透的产权关系，是由牧民间约定俗成的规则来支持的。事实上，传统游牧制度中草场并不是没有“围栏”，但这种“围栏”不是由水泥桩和铁丝网组成的，而是由一系列牧民间约定俗成的规则形成的，是牧民自主组织和自主管理草场资源的非正式制度。这些制度是在长期畜牧业生产实践中根据草原生态系统特点不断进化形成的生产生活制度，是千百年来畜牧业生产和草原环境协调发展的基础。因此，相应的牧民的生产组织结构也是十几户牧民组成的牧民小组（浩特），支持日常的放牧需求，日常彼此间合作，完成放牧任务。

如果遇到灾害，包括雪灾和旱灾，小组范围内就难以应对这些灾害，就需要走“敖特尔”，即牧民赶着牲畜到没有发生灾害或灾害较轻的草场上，这主要依靠社区间的互惠纽带。每个牧民个体都存在一种预期：当其他牧民需要走“敖特尔”进入我正在使用的草场时，我愿意给他提供帮助，因为在天气情况出现逆转时，对方会给予我同样的回报。Fernandez-Gimenez 和 Diaz①将这种关系称为互惠关系。在这种互惠的预期下，成员之间形成以礼物交换作为核心的“友好”关系，例如“在日常的放牧生活中，如果一个人使用了另外一个人的马或者骆驼，牲畜的主人将会得到一个诸如丝绸头巾或者酒之类的礼物”②。友好关系的存在促进了牧民对资源使用者边界进行调整的能力。在进入关键资源的情景中，走的一方“在离开的时候会留下一些牲畜，例如马。牧民之间在共同的互惠预期的基础上，借助以礼物为代表的友好关系，能够有效地使进入关键资源方和正在使用方达成一致。在共同使用关键资源的过程中，使用者之间通过形成共同劳动进一步加深了友好关系。根据牧民回忆，

① Fernandez-Gimenez M. E.，Diaz B. A.，“Testing A Non-equilibrium Model of Rangeland Vegetation Dynamics in Mongolia”，*Journal of Applied Ecology*，Vol. 36，1999.

② Sneath，D.，*Changing Inner Mongolia：Pastoral Mongolian Society and the Chinese State*，Oxford：Oxford University Press，2000，p. 253.

从前走和接“敖特尔”的双方会商量好“敖特尔”牲畜的数量和放牧地点，时间要求则相对宽松，视天气情况以及接受方草场资源的利用情况而定。如果停留时间较长，双方就会在草场上形成共同劳动、合作放牧，甚至直到一个畜牧业生产周期完成。可见，在草场共有的产权制度下，通过对人与人之间互惠关系的培育，保障了牧民在面临灾害时的获益能力[①]。

可见，在高度多变的环境下，牧民形成以互惠预期为基础的广泛的友好、互助和合作能促进关键资源使用者边界的有效调整，从而在整体上使得牧民进入关键资源的能力得到实现和保障。但是，随着草场进一步划分到单个牧民家庭，在牧户之间所形成的草场权利边界使得他们在畜牧业生产上变得相对独立，随着劳动合作的减少和社区内部信息沟通的减弱，以友好、信任和交流所维系的互惠和互助纽带也开始断裂。

三　当地知识

正如罗布桑却丹[②]所说，看起来蒙古人虽然没别的本事，但在游牧生活和经营牲畜方面实有专长，原因是人生在什么地方，就对那个地方的一切熟知。这种牲畜生长和需求的时空异质性对畜牧业经营方式也提出了不同的要求，这也是游牧产生的一个重要原因。游牧民族是逐水草而迁徙，不可能固定在一个地方，他们尾随着牲畜的采食需要只能采取流动的生产模式和生活方式[③]。

罗布桑却丹早在 1918 年就总结了牧民放牧牲畜的经验，牲畜在不同季节对草场有不同需求。从季节变化来看，春天要找背风的地方放牧；夏季要找高地放牧以减少蚊虫对牲畜的影响；秋季要在

---

① 谢伊娜：《畜草双承包对牧民进入关键资源能力的影响研究：以牧民走“敖特尔”为例》，硕士学位论文，北京大学，2008 年。

② 罗布桑却丹：《蒙古风俗鉴》，赵景阳译，辽宁出版社 1988 年版，第 53—57 页。

③ 吉尔格勒·孛尔只斤：《游牧文明史论》，内蒙古人民出版社 2002 年版，第 150 页。

河边放牧让牲畜尽量抓膘；冬季要在向阳之地——草多的山地或灌木丛中放牧，也要注意就近有水。此外，冬季严寒时，牲畜易受凉，不能用井水饮畜。这就意味着牲畜存在季节性的生境选择，选择的结果是放牧畜群尽可能避免干旱的高地，并尽可能地与河道接近[①]。蒙古人在划分营地时首先考虑地形，一年之中一般存在着高地与低地的互换。在蒙古国草原，“冬高夏低”的模式居多。在内蒙古中部，冬季结冰之期，乃选山腹向阳之所定居，此因冬季积雪没草，山上雪少，往往牧草出现，且到处雪融，易得饮料[②]。

山羊和骆驼喜食叶类植物，绵羊和牛则喜吃青草，牧民一般将绵羊、骆驼和牛群混合放牧以最大效率地利用生物量[③]。牧民通过家畜繁殖和管理策略提高牲畜对食物的选择性。他们选择的牲畜有这些特征：倾向于只轻度采食植物最好的部分，善于综合利用草、灌木，甚至是树叶，并能使这几种饲料的营养特征得到互补。牧民仔细地选择放牧路径，把那些优势植物生长或气候条件温和的地方留到最后，这样在旱季到来之后，还有绿色的饲草可用[④]。此外，不同种类牲畜对地形坡度和活动半径等方面也都有不同的需求。地形坡度大，采食过程中耗能较多，家畜可能做出相反的选择。大畜一般在坡度小于10°的草地上采食，山羊却可以在30°的坡地上放牧[⑤]。从活动半径来看，马、牛和羊的半径分别为30公里、20公里和10公里。现代夏营地范围减小使牲畜的放牧半径也相应减小，

---

① 王德利、杨利民：《草场生态与管理利用》，化学工业出版社2004年版，第178—180页。

② 王建革：《农牧生态与传统蒙古社会》，山东人民出版社2006年版，第28页。

③ 同上书，第18页。

④ 国际环境与发展研究所：《珍视变异性：气候变化下干旱区发展的新视角》，李艳波译，中国环境出版社2017年版。

⑤ 王德利、杨利民：《草场生态与管理利用》，化学工业出版社2004年版，第178—180页。

东蒙马的放牧半径只有3—3.5公里，牛2公里，羊1.5—2公里[①]。此外，与圈养相比，纯游牧仍有一些相对的优点：流转放牧可以使家畜的一些皮肤污垢自然地除去，饮用较为清洁的流动水，牲畜的蹄子由于不断地摩擦地面，可以不必特意削蹄[②]。法国最近出版的一本关于牧羊的书描述了人们如何认真设计放牧路线以提高牲畜的食欲，最大化对能量的摄入，结果表明，羊群摄入的能量比科学家预测的这个地区的最高水平还高[③]。

第三节　新环境范式的应用：社会生态系统分析框架

为了解释和分析自然资源管理过程中的制度安排和系统动态，以Ostrom为代表的公共池塘资源学派，提出了一个一般性的社会生态系统（Social-Ecological Systems，SES）框架（图4—1），强调在资源管理的过程，并不存在一种"万能药"，问题解决的关键在于理解社会和生态系统中的复杂联系和互动关系。社会生态系统是一个由社会和生态系统嵌套组成的、具有等级结构和复杂相互作用与反馈关系的系统，并且可以为人类社会提供诸如食物、能量、水等物质及生态系统服务[④]。它将社会系统与生态系统作为一个整体来分析，并强调社会生态系统内部的层级结构及相互作用关系。这个概念的创造是为了强调"社会"和"生态"之间的循环因果关系，任何将二者相分离的做法都是武断的。然而，人们很容易遗忘最初对动态关联性的强调，仅用传统方法，将社会和生态作为分离的维

---

① 王建革：《农牧生态与传统蒙古社会》，山东人民出版社2006年版，第37页。

② 王德利、杨利民：《草场生态与管理利用》，化学工业出版社2004年版，第178—180页。

③ 王建革：《农牧生态与传统蒙古社会》，山东人民出版社2006年版，第18—37、99、227页。

④ Ostrom，E.，"A General Framework for Analyzing Sustainability of Social-ecological Systems"，*Science*，Vol. 325，No. 5939，2009.

度，来分析像干旱区这样复杂的社会生态系统①。

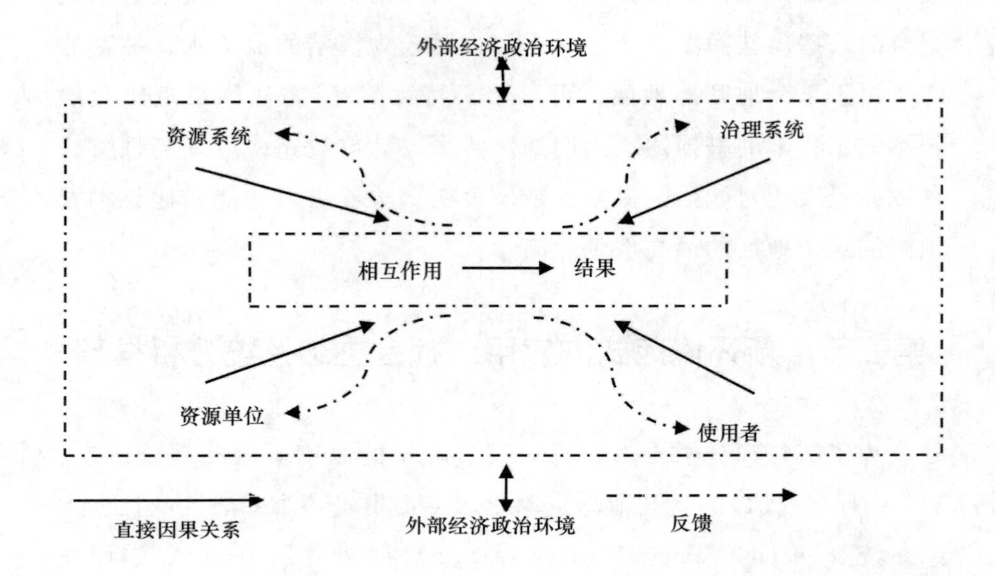

图 4—1 社会生态系统分析框架②

事实上，社会生态系统分析框架的提出是对新环境范式应用的一个极大的推动。Dunlap 和 Van Liere 在 1978 年提出新环境范式和量表，新环境范式强调人类只是许多与生物群落内部相互依存的物种中的一个；生物群落由自然的错综复杂的网络组成，有着复杂的因果关系；世界本身是有限的，社会和经济发展有自然的（物理和生物的）限制。量表是通过一组指示项加以操作化与测量，用于评价公众环境意识。但是，新环境范式如何在具体的环境议题上应用，还非常有限，社会生态系统分析框架则是一个

① 国际环境与发展研究所：《珍视变异性：气候变化下干旱区发展的新视角》，李艳波译，中国环境出版社 2017 年版。

② Ostrom, E., “A Diagnostic Approach for going Beyond Panaceas”, *Proceedings of the National Academy of Sciences of the United States of America* (*PNAS*), Vol. 104, No. 39, 2007.

很好的实例。

从以上介绍的牧民放牧的当地知识来看，在干旱易变的环境条件下，以移动为主要内容的放牧方式可以充分利用降水的变异性，适应放牧资源的时空分布异质性，满足不同牲畜在不同季节内的不同需求。但是，随着草场产权制度和相应的牧区社会关系的变化，这些当地知识也在因失去利用机会而逐渐丢失。也就是说，从总体来看，草原社会生态系统原来是处于一种耦合状态，这时虽然也有各种管理问题的存在，但是移动放牧机制从根本上能够保证这种耦合的维持。草原管理科学越是发展，在实际的管理和具体操作时，却有越多的不耦合的问题，即放牧管理和草原利用越来越背离干旱易变的草原生态系统的特性，导致了各种问题。

一　分布型过牧与欠牧型退化并存

植物学家刘书润教授在解释蒙古人为何游牧时经常讲述这样一个例子，孩子问妈妈：为什么我们总是辛苦地搬来搬去？妈妈回答说：我们不停搬迁就像血液在流动，大地母亲就感到舒服；如果我们固定一处，大地母亲就会疼痛。在 20 世纪 80 年代初草场承包到户以后，牧区最大的变化就是游牧逐渐停止，在分析草原退化原因时，我们很多的注意力都集中在牲畜数量上，但是，由于游牧停止带来的牲畜分布的变化，也是引发草原退化的重要原因，其中的机制有两种：分布型过牧和欠牧型退化。

（一）分布型过牧

为了强调畜草双承包责任制实施后定居定牧对牲畜分布方式的影响及其对草原退化的贡献，李文军和张倩[①]提出要划分两种“过牧”概念，即数量型过牧和分布型过牧。数量型过牧是指在一个较

---

① 李文军、张倩：《解读草原困境：对于干旱半干旱草原利用和管理若干问题的认识》，第济科学出版社 2009 年版，第 179—189 页。

大时空范围内（例如空间上在旗或盟界内，时间上为一年或多年）单纯强调牲畜总量超过草场承载能力形成的过牧，而不管牲畜在草场上的时空分布情况，这一类型的过牧是目前国内研究对草原退化的主要解释；而分布型过牧是指由于人为政策使得牲畜在时空范围内不能根据植被生长情况分布在草场上，导致降水等非生物因素的变化引起的某块草场（嘎查甚至更少的空间范围）在某一时间（例如一天中固定的时间段、一个季节或者更长时间）的牲畜数量超过草场承载能力时出现的过牧。

与数量型过牧导致草原退化的简单推论不同，他们认为除了数量型过牧，畜草双承包责任制推行定居定牧后产生的分布型过牧可能是草原退化的另一个不可忽视的重要原因。而对分布型过牧问题的忽视也可能是导致多年来控制和治理退化草原措施效果甚微的原因之一。与传统的移动放牧制度相比，由于定居定牧后引起牲畜放牧分布方式的变化，同等数量的牲畜对草场的作用力可能要远远大于传统制度下牲畜对草场的压力。这种作用力的增大主要源于五个方面的原因：草场划分导致牧户间牲畜分布的不平衡；定牧引起牲畜对草场的踩踏增强；牲畜结构单一导致草场利用不平衡；饮水点周围的过度踩踏；以及固定抗灾引发对草场的过度利用。从结果上看，定居定牧强化了畜草资源的时空异质性，使得牲畜数量不能随着植被生长变化而及时地相应调节，从而形成了一种过牧。

图 4—2 是其中一种分布型过牧的示意图，即由于草场划分导致的牧户间牲畜分布不平衡而形成的分布型过牧。它显示了 28 户抽样牧户的牲畜分布情况，图中四种圆圈从小到大分别表示了四个级别的载畜率，从图中可以看到，28 个抽样牧户的牲畜分布很不均匀。在传统的游牧放牧制度下，贫户和富户对草场利用强度的差别可以通过合作大群放牧和移动畜群消除，然而在畜草双承包责任

制的定居定牧制度下，草场被划分给牧户使用，草场使用权也随之固定，牧民很难维持传统的合作放牧，每个牧户只能将畜群限制在自己分得的草场上放牧，贫富差别使牲畜不均匀地分布在草场上，为分布型过牧的产生提供了基础。当然，富户可以通过租用贫户的草场来缓解其草场的过牧压力，但这种市场交易毕竟有限，无法全部克服分布型过牧的影响。

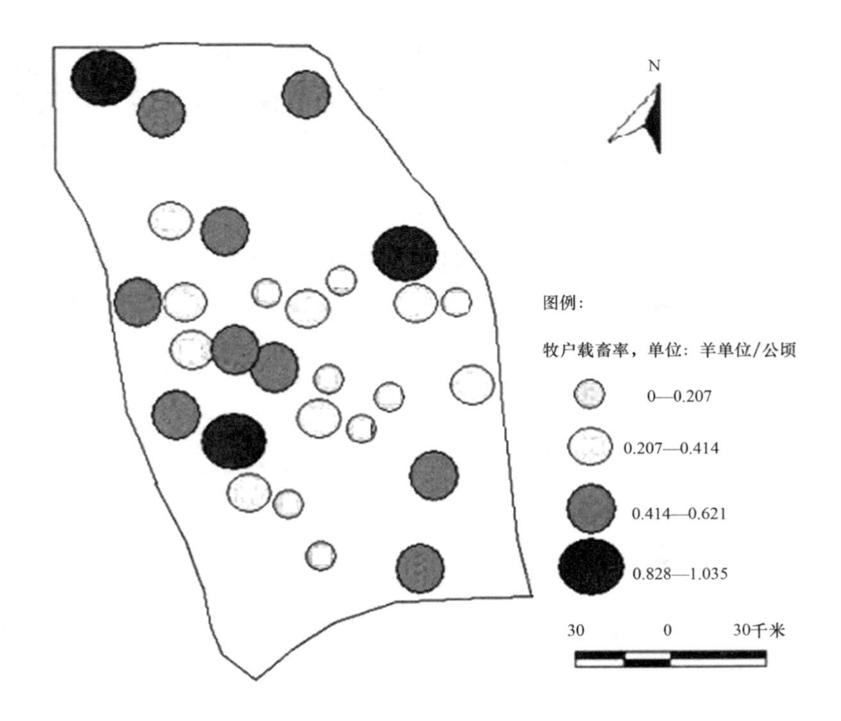

图 4—2　分布型过牧示意图

（二）欠牧型退化

不仅是牲畜需要植物，植物也需要牲畜，这是数千年来蒙古高原游牧业发展形成的植被—牲畜相互依赖关系。很多研究证明轻中度放牧对植被生长有促进作用。放牧对整个生态系统各组成部分的影响主要包括牲畜的采食、踩踏以及由此引起的草地营养状况的变化[①]，并最终通过植物种类的变化反映出来[②]。李永宏等[③]在锡林河流域的实验研究结果表明，群落的结构因素：均匀度和多样性，多在中轻牧条件下较高，说明放牧有利于群落高多样性的形成和维持；而土壤中鞘翅目、孢杆菌、丝状真菌群落的均匀度和多样性也在中轻牧条件下较高。这一结果源于两方面的原因：首先，在轻牧条件下，放牧吃掉植物的枯枝黄叶，使植物在生长季节，尤其在后期仍保持较旺盛的光合能力，维持自身消耗，促进植物在后期的净光合生产，这被称为植物补偿性生长[④]。其次，适中的周期性的放牧可以降低群落中优势种在竞争中的作用，为其他物种的发展创造潜在的生态位，从而增加草地植物群落的多样性[⑤]。通过连续移走植物活组织和减少死亡物质的累积，牲畜发挥着刺激和保持新物质生产的功能，在轻中度放牧条件下，放牧植被比非放牧植被分配更多的资源给活的生物[⑥]。此外，牲畜移动排泄也起到了给草场均匀施肥的作用，也促进了植被生长。

在放牧过程中，植物也不仅是被动地接受牲畜的啃食和踩踏，

---

① 李永宏、钟文勤、康乐等：《草原生态系统中不同生物功能类群及土壤因素间的互作和协同变化》，转引自《草原生态系统研究》，科学技术出版社 1997 年版。

② 李香真、陈佐忠：《不同放牧率对草原植物与土壤 C、N、P 含量的影响》，《草地学报》1998 年第 2 期。

③ 李永宏、钟文勤、康乐等：《草原生态系统中不同生物功能类群及土壤因素间的互作和协同变化》，转引自《草原生态系统研究》，科学技术出版社 1997 年版。

④ 李永宏、陈佐忠、汪诗平等：《草原放牧系统持续管理试验研究》，《草地学报》1999 年第 3 期。

⑤ Quinn, J. F., Robinson, G. R., “The Effects of Experimental Subdivision on Flowering Plant Diversity in a Califarnia Annual Grassland”, *Journal of Ecology*, Vol. 75, 1987；李永宏、钟文勤、康乐等：《草原生态系统中不同生物功能类群及土壤因素间的互作和协同变化》，转引自《草原生态系统研究》，科学技术出版社 1997 年版。

⑥ Oba G., Stenseth N. C, Lusigi W. J., “New Perspectives on Sustainable Grazing Management in Arid Zones of Sub-Saharan Africa”, *Bioscience*, Vol. 50, No. 1, 2000.

而且还会产生一些适应机制增强自身对放牧的忍耐力。Walker[①]认为不同草进化形成一系列不同的适应策略以使它们在特殊年份里比其他草更易存活。在内蒙古草原区，由于草原植物与动物协同进化而来，并具有较长的家畜放牧史，植物具有非常强的营养繁殖能力[②]。轻度放牧可促进根茎植物羊草（*Leynus chinensis*）和冰草（*Agropyron cristatum*）、重度放牧可促进寸草苔（*Carex duriuscula*）根茎节上的枝条萌蘖，还可使根茎节间距缩短，从而增加植物枝条的密度；放牧可使丛生禾草植物植丛变小，每丛枝条数下降，但植丛密度在轻度放牧（大针茅 *Stipa grandis*）或重度放牧（糙隐子草 *Cleistogenes squarrosa*）下增大；冷蒿（*Artemisia frigida*）和星毛委陵菜（*Potentilla acaulis*）以匍匐茎上的不定根营养繁殖，放牧践踏可使其生长型由直立变为匍匐并促进不定根的形成；优良牧草扁蓿豆（*Melissitus rutenica*）和木地肤（*Kochia prostrata*）放牧较强时枝条平生，并由枝上再分枝生长，是适应放牧的另一种方式[③]。

这也解释了为何阿拉善盟在实施退牧还草之后，植被恢复不但没有达到预期的程度，反而引起了一些植被的退化甚至死亡。如前文所述，根据当地牧民的反映和一些生态学家的样方监测，停止放牧后，一些植被如梭梭、珍珠和红砂等都不同程度地出现了枯死现象。长期围封禁牧，草原地带一般五年以上，荒漠地带三年后，植物的生长就受到抑制，有的死亡。因为植被需要牲畜啃食才能排出自身多余的盐分，这是植被需要牲畜的又一个有力证据。

此外，土壤也需要牲畜的适当踩踏，例如一些土壤在非常干燥

---

① Walker, B. H., "Autecology, Synecology, Climate and Livestock as Agents of Rangeland Dynamics", *Australian Rangeland Journal*, Vol. 10, No. 2, 1988.

② 李永宏、钟文勤、康乐等：《草原生态系统中不同生物功能类群及土壤因素间的互作和协同变化》，转引自《草原生态系统研究》，科学技术出版社 1997 年版。

③ 同上。

的时候水分流失较严重，但一旦表面的板结层被雨水软化或被牲畜践踏破坏之后，吸水能力就会增加①。还有前文提到的，骆驼的踩踏也会抑制鼠类繁殖，控制草原鼠害。当然，这些只是土壤—植被—牲畜间复杂作用关系的个别案例，还有很多方面需要更多的研究。目前我们多是在三者间关系被破坏后才去试图发现其重要性，尤其在土壤本身是慢变量的条件下，我们发现问题就更加滞后，对于土壤—植被—牲畜间复杂作用关系的改变所引发的后果就更加难以纠正。

二　围栏引起的矛盾

草场划分到户以后，要想维护自己的草场使用权利，牧民需要投入资金和劳动力修建围栏，以防止前所未有的草场占用风险。围栏修建的成本很高，1 万亩草场的围栏需资金 7 万—8 万元，而且每年还需要额外成本来维护，一户牧民所围封草场一般少则 3000 亩到 5000 亩，多则 1 万余亩，负担很大②。而且牧户间所拥有的草场面积差距较大，有失公平③。许多牧民难以承担围封草场的成本，因此他们也不能有效阻止其他牧民的牲畜进来采食；另外，富户也不想将其牲畜限制在自己围封的草场里，从而放弃在其他牧民的草场或集体草场上放牧的机会④。由于牲畜很少，多数穷户也很难得到银行贷款以修建围栏和建设其他基础设施，再加上周边富户的使用，进一步限制了穷户发展畜牧业的可能。此外，

---

① 国际环境与发展研究所：《珍视变异性：气候变化下干旱区发展的新视角》，李艳波译，中国环境出版社 2017 年版。

② 康爱民、徐建中：《对牧区草原生态修复的认识与思考》，《水利发展研究》2004 年第 12 期。

③ 杨殿林、张延荣、乌云格日勒等：《呼伦贝尔草业面临的问题与可持续发展》，《草原与草坪》2004 年第 1 期。

④ 李青丰、David Michalk、陈良等：《中国北方草原畜牧业限制因素以及管理策略分析》，《草地学报》2003 年第 2 期。

过多的风滚植物还会聚集在围栏上，使其难以承受大风，牧民经常需要维修被吹倒的围栏，增加了畜牧业的生产成本（图 4—3）。因此，如果围栏没有及时修建，承包牧户不能阻止其他牧户的牲畜进入，土地退化也会随之产生。而且围栏建成后形成分散的牧户，难以解决抗旱救灾、防寒、防疫、抗病等问题[①]。

图 4—3　风滚植物聚集在围栏上

草场被越来越多的围栏分割开以后，给草场和草原畜牧业带来了巨大的影响。牧民现在只能在自己承包的草场上放牧，畜产品的剩余收入归牧民自己所有。同时，他们也必须承担起保护自己草场的责任以保证畜牧业的可持续经营。郑宏[②]总结了围栏修建后导致的牧民间关系的变化，首先，有了围栏之后，很难再有笔直的草原

① 刘艳、齐升、方天堃：《明晰草原产权关系，促进畜牧业可持续发展》，《农业经济》2005 年第 9 期。

② 郑宏：《承包，牧民的集体记忆》，转引自韩念勇主编《草原的逻辑——国家生态项目有赖于牧民内生动力》，北京科学技术出版社 2011 年版。

道了，以前只要 10 分钟就能到达的地方，现在需要来回绕路，半个小时也到不了，汽油开销翻了几倍，承包以后，大家都在自己的网围栏里面，牧民之间的走动几乎没有了。嘎查里面的孩子互相都不认识，尊老爱幼什么的都不讲了。其次，户与户之间的关系也达到空前紧张的状态。现在的邻里关系、兄弟关系严重恶化，哥儿俩分草场的时候都去找领导，要求尽量多分一点。有一个老人有五六个儿子却没有一个孩子愿意给他养老，这是牧区历史上从来没有过的。打官司的越来越多，很多都是为了草场。明确产权界限本意是维护所有者权益，激发保护积极性，现在却造成各种纠纷和矛盾，老牧民们都说是因为现在的"人心坏了"。

三　耦合的知识被丢失

反观来看，我们对于草原的认识正处于这样一种状态，在集体化之前的游牧制度下，草原社会系统与生态系统是耦合的，但当时科学发展有限，对于这种耦合性并不理解；自集体化开始，科学技术的发展逐步引入到畜牧业当中，例如畜种改良等，但这些改进只是在局部地区发生，且多是基于当地畜种和自然条件操作，因此有些地方的改良工作还比较成功；在草场承包实施后，就开始发生前文所述的一系列问题，这些问题的出现才开始提醒我们，草原社会系统与生态系统不再耦合。那么，未来能否再实现两者的耦合，是我们面对的根本挑战。

基于此，我们首先需要搞清楚这种不耦合起源于何处，为何在实际管理和具体操作时，会出现如前所述的将人、草、畜简单割裂开来管理草原的种种问题？从研究角度而言，目前的研究体系将学科分割过细，造成一些仅在实验室得证的研究成果普遍应用于草原畜牧业。反映在实际研究工作中，就出现了"搞草的，种出草来就是成就，至于怎么用就是别人的事了；搞牲畜的选育出新品种就是成绩，至于是否适合当地的生态条件，也不在其考虑范围之内"[①]。这就造成了研究草的不关心畜，研究畜的不关心草的局面。而且，即便都是搞草原植被研究的，"搞豆科的就不搞禾本科"也是经常发生的[②]。

在现代社会，决策很大程度上受科学研究的影响。如果不同的学科分割过细，对问题的认识以及提供的政策依据只能是局部的。这如同"盲人摸象"，某人摸到的千真万确是象鼻子，而另一个人摸到的确实是象腿，他们都是正确的、符合实际的，但是如果以此而得出结论说大象的外形如一只鼻子或一条腿，则显然不符合实际。这是典型的只识局部，不见整体。对于草原目前发生的问题及相应的治理措施，以此比喻恰如其分[③]。

最后，对自然和社会系统管理的简单化也是一个重要原因，草原管理目前出现的困境及原因与Scott[④]批评的"科学林业"在很大程度上异曲同工，就是将自然和社会管理制度简单化。尽管Scott认为政府实行简单化管理的初衷是在经济上方便税收以及在政治上便于控制，但是同时也应该认识到科层制的、下级对上级负责的、垂直的行政官僚体制，决定了其对于多样性的、网络状的自然和社会系统实行简单化、标准化管理的倾向性。

综上所述，社会生态系统的概念是在研究资源管理的过程中产生的，是针对实践问题探索出来的分析框架，它强调要解决资源管理的问题，关键在于理解社会和生态系统中的复杂特点和互动关系。这种理解背后所秉持的态度就是社会关系需要遵循生态系统的

---

① 杨帆：《多视角下的农牧之别》，转引自韩念勇主编《草原的逻辑——国家生态项目有赖于牧民内生动力》，北京科学技术出版社2011年版。

② 同上。

③ 李文军、张倩：《解读草原困境：对于干旱半干旱草原利用和管理若干问题的认识》，经济科学出版社2009年版，第287页。

④ Scott，J. C.，*Seeing Like a State：How Certain Schemes to Improve the Human Condition Have Failed*，Yale University Press，1998.

规律和特点，也就是新环境范式提倡的人类是自然中的一员，而不是独立于自然的，可以利用和管理自然中其他资源的独特生物。社会生态系统是一个由社会和生态系统嵌套组成的、具有等级结构和复杂相互作用和反馈关系的系统，在管理过程中，我们看到尺度也是一个重要因素，影响着社会生态系统的健康运行，下一章就是讲尺度的重要性。

第五章

社区草原管理的困境：社会生态系统管理的尺度匹配*

基于上一章的分析，我们可以看到，牧区社会系统与草原生态系统的耦合出现问题正是在20世纪80年代初开始实施畜草双承包责任制以后，因为这一产权制度忽视了干旱半干旱草原极高的资源时空异质性，导致草原生态系统退化和畜牧业成本剧增等诸多问题。但草场承包时考虑到异质性的一些社区，也没有逃脱类似问题。究其原因，草场承包不仅不适合当地特殊的生态系统，更重要的是，它破坏了牧区社会系统管理和生态系统管理长期形成的尺度匹配。本章以内蒙古赤峰市的一个嘎查（村）为例，说明草场承包的社区破碎化如何引发牧区社会系统管理的破碎化，再加上资源开发、气候变化等压力，导致草原生态系统管理的混乱，最终出现草原退化。因此，要想恢复退化草原，需要建立社会生态系统管理的等级框架，减少社区的破碎化问题，重建社会系统管理和生态系统管理的尺度匹配。

---

* 本章内容已发表在2015年第6期的《东南大学学报》（哲学社会科学版）。

第一节 尺度匹配的重要性

20世纪80年代初，在农村土地承包初见成效之后，草场承包开始在牧区推行，即将原来集体使用的草场划分给牧户，“使经营畜牧业和经营草原紧密挂起钩来，使第一性生产和第二性生产成为一个有机的整体，使生产者在争取获得更多经济效益的过程中，不得不关心生态效益”①。但在干旱半干旱地区的草原，水、草、畜等畜牧业资源具有很高的时空异质性，也就是说，这些资源在时间和空间上具有很高的复杂性和变异性。因此，将草场划为小块分配给牧户，原有的通过移动牲畜获得各种放牧资源和躲避自然灾害的机制被破坏，牧户只能使用自己承包的有限草场，这进一步强化了资源时空异质性对草原保护和畜牧业经营的负面影响，牧户面临更大的畜牧业经营风险，最终导致畜草双承包责任制难以实现其预期的草原保护和畜牧业发展的目标。

在实践中，内蒙古有一些地区认识到资源时空异质性的重要性，因此在草场划分过程中，没有将草场彻底划分到户，保留了放牧场集体使用和管理的传统。这主要包括四种情况，一是夏季草场在河流两边，无法沿河划分草场，所以保留了夏季草场集体使用（如锡林郭勒盟东乌珠穆沁旗满都宝力格苏木和赤峰市克什克腾旗达里苏木的个别嘎查）；二是为了满足抗灾需求，尤其是遇到雪灾时，保留一部分草场集体使用（如锡林郭勒盟苏尼特左旗的个别嘎查）；三是人均草场面积过小，如果将草场划分到户，牲畜没有足够的放牧空间（如锡林郭勒盟太仆寺旗的贡宝拉格苏木）；四是草场种类多样，有沙地草场、高地草场和湖边的草场，每一种草场都

---

① 周惠：《谈谈固定草原使用权的意义》，《红旗》1984年第10期。

在特定时间发挥着重要作用，不可替代，只分得一种草场无法支持畜牧业，将每种类型草场都划分到每户也不可能（如赤峰市克什克腾旗达里苏木的G嘎查，这也是本章所讲案例）。但经过20多年的实践，这些地区也没有逃脱草原退化的问题[①]，尤其在气候变化的影响下，一些草原的退化趋势会更严重[②]。那么，这些考虑到资源时空异质性的地区，并未将草场彻底划分到户，保留了草场集体使用和管理的传统，为何还是无法避免草原退化的结果呢？

表面看来，“承包”只是产权制度的调整，事实上它促成了传统游牧向定居定牧的转变，整个社会生态系统的互动和反馈机制随之变化，而草原退化恰恰是牧区社会系统管理和生态系统管理长期形成的尺度匹配被破坏的结果。社会生态系统是一系列自然、社会经济和文化资源，其流动和使用由生态系统和社会系统共同调节[③]。在社会生态系统的管理中，观察的客观性都与尺度有关，生态系统的尺度是指格局或过程的时间和空间维度；社会经济系统的尺度则是指制度控制对于资源获得和管理责任的时间和空间维度。因为社会经济和生态是相互耦合的，关注单一维度不可能解决可持续性的问题，因此匹配性就是探讨这两个方面如何相互影响和相互依赖[④]。制度与其生态环境间的契合度存在一个协同演化的机制，当环境变化的尺度与管理环境的社会组织的尺度不匹配时，就

---

① 张倩：《牧民应对气候变化的社会脆弱性：以内蒙古荒漠草原的一个嘎查为例》，《社会学研究》2011年第6期；汪韬、李文军、李艳波：《干旱半干旱牧区牧民对气候变化感知及应对行为分析：基于内蒙古克什克腾旗的案例研究》，《北京大学学报》（自然科学版）2012年第2期。

② 缪冬梅、刘源：《2012年全国草原监测报告》，《中国畜牧业》2013年第8期。

③ Redman, C., Grove, M. J. and Kuby, L., “Integrating Social Science into the Long Term Ecological Research (LTER) Network: Social Dimensions of Ecological Change and Ecological Dimensions of Social Change”, *Ecosystems*, Vol. 7, No. 2, 2004.

④ Cumming Graeme S., David H. M., Cumming and Charles L., Redman, “Scale Mismatches in Social-Ecological Systems: Causes, Consequences, and Solutions”, *Ecology and Society*, Vol. 11, No. 1, 2006.

会导致（1）社会生态系统的单项或多项功能被扰乱；（2）无效率；（3）系统的重要组分丧失。

回到社区草原共管的主题，如上所述，匹配性就是探讨生态和社会经济两方面如何相互影响和相互依赖，但是，尺度匹配性如何衡量，尺度匹配性到底如何影响管理结果，都需要具体地方（locality-specific）的案例分析来说明①，再基于案例比较总结和理解这一概念。本文以内蒙古赤峰市的一个嘎查（村）为例，从三个方面分析两大系统的尺度匹配问题。首先，草场承包这一产权制度的改革导致了社区破碎化，即社区由有组织的合作整体趋向于复杂、异质和不连续的斑块镶嵌体。其次，这种破碎化直接引发牧区社会系统管理的混乱，再加上资源开发、气候变化等压力，最终导致草原生态系统的退化和社会经济系统的诸多问题。最后，探讨重建社会系统管理和生态系统管理的尺度匹配的可能性。

第二节 案例研究地和研究方法

本章的案例研究地是内蒙古赤峰市克什克腾旗的G嘎查。它位于克什克腾旗的西部，是一个纯牧业嘎查。这里年降水量250—500毫米，植被类型为典型草原。嘎查有草场面积130平方公里，分为打草场和放牧场，其中打草场为12.7平方公里，其余为放牧场。2010年有80户常住户，其中蒙古族约50户。主要牲畜种类为牛和绵羊，2010年牧业年度牲畜总数为9761头/只，其中有5306只绵羊和3975头牛。

G嘎查的草场类型多样，为畜牧业提供了丰富的资源。嘎查的东北角有一个天然湖，占地20多平方公里。放牧场从类型和功能

① Wilbanks T. J., Kates R. W., “Global Change in Local Places: How Scale Matters”, *Climatic Change*, Vol. 43, 1999.

来看，大致可以分为四类草场：温暖、避风的沙窝子是冬草场，面积为73.33平方公里，占嘎查草场总面积的56.4%；凉爽、水草好的东山是夏草场，面积是13.33平方公里；离定居点近、设施良好的春季草场，为春季接羔提供了必要的基础设施，这类草场约20平方公里；最后是草好、盐分高的秋季草场，面积约6平方公里，位于湖边，牲畜夏天长好水膘后，来这里补足肥膘以便过冬。

本章所用数据主要来自2010年7—8月案例地的调查，采用了参与式观察、半结构式问卷调查、数据资料收集以及政府部门访谈的方法开展研究。半结构式问卷调查围绕牧民草场利用方式变迁、畜牧业收入和成本、对于气候变化的感知和历史灾害回忆等问题展开，G嘎查22户抽样牧户是根据其放牧类型和居住地点随机抽样，占常住户数的28%，另包括2名现任或前任的村干部。数据资料收集包括在克什克腾旗档案局收集达来诺日人民公社1958—1983年历年档案数据和气象部门近40年来的降水和气温数据。最后还走访了镇草原监督管理站、旗草原监督管理局、畜牧局和林业部门，深入了解当地草原管理的政策背景，获取相关文件。

第三节　草场承包后的社区破碎化

牲畜和草场的承包虽然只是产权制度的调整，却导致了牧业社区的破碎化，社区由有组织的合作整体趋向于复杂、异质和不连续的斑块镶嵌体，甚至在这些不同的小镶嵌体之间，还出现各种矛盾，进一步加剧了复杂性。具体来看，这种社区破碎化是在地理位置、资源配置、经营能力和财富状况等多种因素的共同作用下逐步形成的。

一 承包前的社区组织与合作

G嘎查的畜草双承包责任制从1982年开始实施，在此之前，草场和牲畜都归集体所有。牧民个人对牲畜的管理和草场的使用都服从生产队的安排。从草场利用上来看，牲畜严格执行四季搬迁，每年春季4月到5月，牛、马、羊在春季草场放牧，便于接羔和补饲。6月开始迁到东山的夏季草场，一直放牧到8月底。9月和10月，所有牲畜又回到秋季草场上。待11月沙地上冻后，牲畜进入沙窝子过冬，羊待在沙窝子北面，需要更大面积草场的牛和马则走得更远，在沙窝子的南部过冬。

从牲畜管理来看，当时生产队分为五组，包括一队（10户）、黑牛场（7户）、东坑（10户）、贡台（20户）和六组（10户）。每组最多放2群羊和1群牛。放牧的人员分工相对固定，牲畜都由有多年放牧经验的羊倌、牛倌和马倌管理。这些专业的放牧人员都是由生产队统一任命，负责看护大队集体的牲畜。大队还给每个牧户分配几个母畜，以满足牧民对奶制品的需求。牲畜的分群是根据牲畜种类、年龄和性别划分的，例如羊群在细毛羊和本地羊两种类型的基础上，再按年龄将下羔母羊和二岁母羊分群，另外还有种公羊、较瘦弱的羊等；牛分为素白牛[①]、二岁牛、犍牛、母牛等。如果其中一种数量较大，就再分成两群或三群，因此G嘎查羊最多时分成8群，牛最多时分成5群放牧。牲畜配种也有专人经营，尤其对细毛羊这类改良牲畜，配备有专门的种公畜。当时人工配种率能达到90%，成活率在好的年份超过50%。

G嘎查从1972年开始定居，之后就是放牧牲畜的人跟着牲畜搬迁，其他人不搬迁，尤其是老人和孩子，冬天留在定居点。

---

① 有繁殖能力但当年由于各种原因没有成功受孕的母牛。

除了放牧人员，生产队还有4人赶大车，负责拉煤、运货、拉盐、干零活和一些副业。由此可见，草场承包前的牧民社区围绕畜牧业生产，统一由生产队组织安排，是一个合作有序的整体。正如牧民所说，集体是当官的说了算。而牧民个人也没有私有草场使用权的概念，当时有个围栏项目，可以选择地块围3000亩养殖牲畜，当时的领导回忆说，我到各家各户，求他们报名参加这个项目。

二 社区破碎化的过程

1982年，G嘎查草场开始承包到户，牲畜作价归户。牲畜因此变为私有，而草场还是集体所有，草场使用权名义上分到户，但边界没有彻底划清，多数牧户以组为单位使用草场。1997年启动草场第二轮承包，试图将草场使用权划分到户。G嘎查只是将打草场明确划分到户，但放牧场仍以小组为单位共同管理，因为当时牧民一致认为，不能只分一种草场，春、夏、秋、冬草场都要有，如果每种草场都严格分到户使用，面积太小且距离很远，根本无法使用。正如很多牧民所说"祖辈就是这样做的，还能不考虑吗"（2010年访谈）。这样，G嘎查每个牧户的草场承包证上，放牧场都是用简单的长方形表示，上面标出面积，而这些草场的具体位置是没有确定的。

虽然没有将草场真正划分到户，但还是使当地社区由原来合作有序的整体变为一个复杂、异质和不连续的斑块镶嵌体，这是在地理位置、资源配置、经营能力和财富状况等多种因素的共同作用下逐步形成的。

首先，草场承包后的最大变化是牲畜的季节性搬迁不再受到生产队的约束，完全由牧户个体决定。各牧户分草场后由于居住地不同，导致社区从地理位置上至少分化成两大阵营：居住在营子的牧户和居住在沙窝子的牧户。1981 年承包一开始，为了防止相邻嘎查占用和蚕食嘎查土地，G 嘎查领导动员一部分牧户搬进沙窝子居住。由于沙窝子的草场不适于全年利用，多数牧户不同意迁到那里。在嘎查领导的极力说服下，全嘎查有 21 户同意常年居住在沙窝子里，他们中有几户在嘎查定居点没房子，其他十几户有蒙古包，因此就接受了动员。居住在营子的牧户也以小组为基础修建了围栏，比较大的包括 31 户的围栏和 21 户的围栏。

其次，承包后各户由于劳动力和牲畜数量有差异，在是否坚持季节性搬迁以及搬迁时间的选择上，也有很大不同。就夏季草场来看，1985 年全嘎查的 2000 多只羊都去，牛基本不去；20 世纪 90 年代时全嘎查的 3000—4000 只羊都去，100—200 头牛去；2011 年 4000 多只羊去，牛去了 1000 头。多数牧户觉得距离近的春秋草场上的草够吃了，同时牧户个体也缺少劳动力进行季节性搬迁。自 2006 年连续几年旱灾后，一些牧户恢复搬迁，但仍有个别牧户缺少搬迁条件。总体来看，恢复搬迁的牧户至少具备以下五种特征中的一种：养马、年轻、羊倌或马倌后代、牛多或是刚从沙窝子迁出的牧户。

最后，经过多年的个体经营，基于不同的经营能力，社区内部也形成了明显的贫富分化。如前所述，G 嘎查 1982 年分牲畜时，按照牧户迁入年份，将牧户分为三类：一等户就是老地户，即 1960 年以前就在这里的牧户，牲畜承包标准是 2.5 头牛/人，7 只羊/人；二等户是 1960 年至 1974 年迁来的；三等户是 1974 年盖房子以后迁来的，共有 3 户，其牲畜承包标准是老地户的 60%。虽然三等户与一等户牲畜数量有差距，但贫富差距并不明显。到 2012 年，拥有牲畜数量最多的前 20% 人口占有全嘎查牲畜总量的 38%，拥有牲畜数量最少的前 20% 人口则只占全嘎查牲畜总量的不到 10%。

由此可见，草场承包后，原有的在生产上组织合作、收益上按劳分配的社区被划分为不同的斑块镶嵌体，而且基于不同的要素，这些斑块又相互交叉重叠，形成一个复杂多样的群体。这样，针对草场利用，就出现了诸多问题和矛盾。例如定居点牧户对沙窝子常住户的不满，因为后者一年四季都在利用沙窝子导致定居点牧户的牲畜冬季在沙窝子草不够吃；还有连年干旱后，一些牧户违反规则在放牧场上打草等，下文将详细讨论。究其原因，这些矛盾都源于社会系统管理与生态系统管理的尺度不匹配，最终导致生态系统的退化和牧民收入的下降。

第四节　社会系统管理与生态系统管理匹配性的破坏

那么社区的破碎化又是如何导致社会系统管理与生态系统管理匹配性的破坏呢？这种匹配性又如何体现和衡量？本章基于 Folke 等[①]对三种不匹配的定义，逐个展开分析，从而解释草场承包为何不适用于干旱半干旱的草原生态系统。具体来看，社会系统管理与生态系统管理有三种类型的不匹配：空间不匹配是指管理的边界与生态系统边界不一致时发生的尺度不匹配；时间不匹配是指政治家或规划者采用的时间短于环境变化的时间或社会/环境变化太快导致管理跟不上这种变化；功能不匹配是指管理工具使用不当或管理规则设计不当。

一　空间不匹配

空间不匹配的问题对 G 嘎查来讲，是最明显和最重要的问题，体现在三个方面。一是整个嘎查放牧范围和草场利用面积的缩小，

① Folke, C. and L. Pritchard, et al., "The Problem of Fit Between Ecosystems and Institutions: Ten Years Later", *Ecology and Society*, Vol. 12, No. 301, 2007.

难以满足牲畜放牧的需求；二是嘎查内部沙地使用的矛盾，导致沙地退化；三是外来者对地下水资源的抢夺占用，给牧民恢复夏季草场使用增加了用水困难。

草场承包后，G嘎查的放牧范围大大缩小，而且草场利用面积也不断被蚕食，不能满足牲畜放牧的需求。就牲畜的放牧半径来看，不同牲畜的放牧半径是不同的。承包前，生产队的牛和羊在冬季沙窝子里要去20多公里远的地方，而马群会到45公里以外的西拉沐沦河河边。草场承包后，G嘎查的牲畜放牧范围大大缩小。首先，西拉沐沦河河边的草场划给相邻乡镇，东山一部分放牧场和打草场也划给了相邻嘎查。其次，承包后留作大队集体草场的3000亩高质量草场，1998年租给了畜牧局，后发展成为全旗的胚胎移植中心。再次，原来旗里有一块4万亩的公共草场，G嘎查也可以用，但承包后就不能再使用了。复次，1980年建立林场时，将1万多亩东山的林地划归林场，禁止牧民进入。最后也是最重要的，冬草场沙窝子作为面积最大的草场类型，使用面积达9万亩，承包后的使用率远远低于承包前。除了承包后常年住在沙窝子的十多户牧民外，多数牧户因为搬迁麻烦而放弃对沙窝子的利用，只有小畜由羊倌[①]统一带过去放牧。而沙地边界的相邻嘎查都是农业嘎查，承包后开始在边界上开垦种地，为了防止G嘎查牲畜破坏耕地，他们也不让G嘎查牧民利用附近沙地，甚至还发生过械斗，即使这些沙地是属于G嘎查所有。

与其他三季的草场相比，沙窝子的季节使用限制最大，只适合冬季使用，这是自然条件决定的，一方面沙窝子冬季利于避风保温而夏季温度很高，另一方面沙窝子只有在沙子上冻后才能进去，否

① G嘎查的羊是交给羊倌统一放牧，每家牧户的羊在春季接完羔后，夏季和秋季交给羊倌放牧，大约1000只羊组成一个羊群，嘎查目前分4群羊。每只羊按照一定的价格收取放牧费，2010年价格是4元/月/羊。

则牲畜踩踏会对植被造成很大破坏，正如牧民所说，沙子冻了行，春夏秋进，根本不行，要是一年365天都在那儿，更不行（2010年访谈）。草场承包前，大队统一搬迁和安排牲畜放牧，沙窝子能够得到很好的利用和保护，一季使用三季休养；而相邻大队的集体安排也保证了三季休养时，沙窝子的植被不会被啃食，从而保证冬季G嘎查牧民回来时可以放牧。但草场承包后，这些规则被统统打破，定居点牧户想用沙窝子却没有搬迁能力，而且沙窝子有常住户常年放牧，也减少了可用牧草资源；沙窝子常住户一年四季都在沙窝子，也要克服放牧的各种困难，明知沙窝子在退化，却也无可奈何。最终牺牲的是沙地草原的生态环境。根据牧民的回忆，20世纪80年代末沙地边上的草很高，人工割草留茬4—5厘米，打几天就够牲畜过冬吃。但2000年以后，沙窝子所在的浑善达克沙地整个被划为“荒漠化严重地区”。事实上，30年来沙地常住户数量本身的减少也是沙地退化的有力证明。

近些年来，支持整个内蒙古经济发展的矿产资源开发，给G嘎查也带来很多负面影响，尤其是水资源的抢夺占用问题。最明显的影响是，牧民想要恢复东山夏季草场的使用，却由于水资源不足导致放牧成本大大增加。由于连年干旱和春秋草场退化严重，从2006年开始，尤其是2008年和2009年，越来越多的牧户开始买蒙古包，恢复去东山放牧。东山的草场退化不是很严重，且草的质量很好，正如牧民所说，泡子边上长的是水草，牛吃了长水膘，而东山的草吃了长油膘，利于牲畜过冬（2010年访谈）。从搬迁户数来看，2006年前，最多只有5—6户来东山放牧，2006年增加到10户，而2010年增加到25户。但是，由于连年干旱和附近开矿用水的影响，东山的水草资源也越来越具有不确定性。从2009年开始，东山的河套干涸，嘎查申请项目打了两眼机井，其中一个没有成功，另一个没有配套设施，牧民只好共同出钱把配套设施安装好。

水的问题解决了，但成本也提高了。原来河套里饮牛不花钱，现在用井水就要抽水拉水，2010 年单是抽水成本就是 4 元/牛/月。此外，有的牧民还反映，地下抽的井水温度太低，直接饮牛也会影响牛的健康。

通过以上三方面的介绍，可以看到在草场承包后，G 嘎查作为一个整体无法与相邻嘎查协调解决沙窝子的边界问题，在承包过程中以及后来的草场经营中，可利用草场又被不断蚕食，对于周边开矿占用水资源导致地下水资源和河流水资源减少，更是无力控制。也就是说，生态系统管理的尺度需求已经超出了社会系统即嘎查的能力范围。从嘎查内部来看，嘎查领导也无法说服沙窝子常住户夏季搬出，因而不能解决居住地牧户和沙窝子常住户之间的矛盾。这些方面构成了社会系统管理和生态系统管理在空间上的不匹配。

二　时间不匹配

G 嘎查社会生态系统的时间不匹配主要表现在社会系统管理在两个方面都不能很好地应对生态系统的变化，一是从短时段来看的季节性草场利用问题；二是从长时段来看的气候变化影响。

草场承包前，在生产队的整体指挥下，牲畜严格执行四季搬迁。草场承包后，尽管 G 嘎查考虑到季节性使用草场的问题，也给每户划分了四季草场，但事实上由于牧户搬迁能力的限制，牲畜尤其是牛的季节性搬迁基本停止。承包后，牧民夏天连 25 公里以外的东山草场都不去了，因为他们觉得距离近的春秋草场上的草够吃了，并且缺少劳动力进行季节性搬迁。这样，原来可以分散在不同的四季草场上的放牧压力都集中在春秋草场上，同时，冬季草场沙窝子却被常住的 21 户牧民以及邻近嘎查的农户常年利用，植被也退化严重。虽然自 2006 年起，牧民开始恢复对夏季草场的利用，但搬迁时间并不统一，还是牧户自己说了算。

此外，目前这种以牧户为草场管理单位的制度根本无法应对气候变化的挑战。根据对1960—2009年G嘎查所在的克什克腾旗的气象数据分析，50年来气温整体呈上升趋势，2000—2009年10年平均温度比1960—1969年上升了1.21℃，比1960—1990年的平均温度上升了0.94℃。2000—2009年10年平均年降水量和生长季降水量均为50年来最低，50年里降水量最低的10个年份中有4年（2002年、2005年、2006年和2007年）出现于2000—2009年这10年里。气温和降水的变化以及极端事件的发生，更需要牧民之间采取合作，通过移动避灾以减少灾害损失，但是社区的破碎化现状无疑成为合作的障碍。

总之，草场承包后，“牧户自己说了算”这种变化导致嘎查管理权力的弱化，嘎查既不能在小的时间尺度上组织牧户进行季节性搬迁，导致冬夏草场利用不足而春秋草场过度利用；也不能对大时间尺度上日益增加的极端事件和气候变化的影响做出积极有效的应对。

三　功能不匹配

在草场划分的基础上，畜草双承包责任制中使用和保护草场的主要依据就是草场承载力的管理。草场承载力计算是以旗为单位确定统一标准，而管理是以牧户为单位来执行的，其中出现的诸多问题阻碍了承载力管理实现草畜平衡的目标。

首先，产草量计算结果是一次性剪割量，不是真实的草场生产力。产草量的计算是根据旗草原生态部门每年7月和8月的一次性测产，但草随着牲畜啃食也在不断生长，是一个累积生长的过程。而且干旱半干旱草原降水量波动剧烈，每年的草场生产力也相应波动。即使是一次性剪割量，G嘎查的载畜量标准几年来一直未调整过，是10亩/羊单位，这样就导致载畜量标准在丰年可能较低，而旱年则可能较高。

其次，在实际执行过程中，草原监理部门难以监督到户。G嘎查从2005年开始实施草畜平衡，秋天要按照草畜平衡标准出栏，超几个可以，因为冬天可能会有牲畜死亡。待春天时，生态部门与嘎查领导共同走访牧户查牲畜数量。但在实践中，据草原监理部门人员介绍，整个克旗有1200户牧民，1个嘎查查2天（2010年访谈），对于G嘎查，单是从居住地到沙窝子南边的那些常住户，就需要几个小时的时间，所以事实上也不可能做到每一户都严格检查。即使查出超载，草原监理部门也很难监督每个超载牧户将超出的牲畜处理掉。

由此可见，草场承包后，上级管理部门只能通过承载力管理草场利用，但是承载力管理本身就存在尺度不匹配的问题，其标准制定是以旗为单位统一确定，但实际管理是以牧户为单位来执行，使得承载力标准制定一方面不符合实际草场生产力状况，另一方面也不能有效执行。

第五节　重建社会系统管理和生态系统管理的尺度匹配

从G嘎查的案例可以看到，在一个越来越被视为是多层级的世界里，解决的方案也必须是多层级的。由于对基层的具体情况掌握不全，自上而下的方案很多时候都是太模糊的，同时上级对地方上的约束和机会也不敏感；而在自下而上的方案中，地方上的行动对于更大问题带来的影响又不敏感，导致了潜在的资源过度利用和退化[①]。因

① Cash, D. W. and W. N., Adger, et al., “Scale and Cross-scale Dynamics: Governance and Information in A Multilevel World”, *Ecology and Society*, Vol. 11, No. 2, 2006.

此，一种内嵌的等级管理框架就成为必需。正如 Gibon 和 Balent[①]所说，传统的草原社会生态系统中，草原植被的持续性是由一个内嵌的管理等级框架支持的，如以年为单位在景观水平上由集体管理的草场利用，限制着个体牧户在牧户水平上的季节性草场管理，也限制着牧点上放牧行为的日常管理。这样，要想理解特定层级上的生态过程所发挥的功能，学者必须对更高或更低一级的等级水平有所把握[②]。

基于此，本章提出通过建立草场管理的等级框架来恢复社会系统管理和生态系统管理的尺度匹配。需要强调的是，生态系统的特点及其管理需求是无法改变的，尤其在 G 嘎查，不同季节的草原生态系统都有不同的特点，也能满足牲畜不同季节的需求。社会系统管理只有遵循生态系统的特点，才能达到利用和保护的目标。首先，针对每一类草场，尤其是定居点的草场，牧户小组要加强管理，合理利用；其次，促进牧户小组间的合作，恢复四季游牧；最后，依靠政府相关部门的力量，帮助嘎查减少那些影响草场保护的外部影响。

草场管理的等级框架的第一级就是加强目前牧户小组的管理，G 嘎查在这方面也有一些成功的经验。2000 年后，连年干旱导致放牧资源紧张，牧户小组间就草场使用方式也出现了各种分歧。例如嘎查定居点北边的 21 户围栏，是为了解决资源紧张的问题，21 户共同出资围封的一块草场，用于养牛，不允许放羊和打草。这 21 户牧民协商围栏开放时间，同时把牛放进去，草吃完后，就关闭围

---

① Gibon, A. & Balent, G., "Landscapes on the French side of the Western and Central Pyrenees", In: Pinto Correya, T., Bunce, R. G. H. & Howard, D. C. (eds.) *Landscape Ecology and Management of Atlantic Mountains*, 2005, pp. 65 – 74, APEP, IALE (UK), Wageningen, The Netherlands.

② Steinhardt, U. and Volk, M., "Meso-scale Landscape Analysis Based on Landscape Balance Investigations: Problems and Hierarchical Approaches for Their Resolution", *Ecological Modelling*, Vol. 168, No. 3, 2003.

栏。21户围栏一直管理得很好，但2009年，因为干旱缺草，当时负责开、关围栏的临时组长在围栏周边打草150亩，受到其他20户牧民的指责，最后罚款200元。这次事件后，21户牧民进一步达成一致协定，不能在这里打草。

针对牧户小组间的合作，可以让搬迁能力较强的牧户带领那些搬迁能力较弱的牧户，逐渐恢复对夏季草场和冬季草场的利用。具体来看，目前搬迁到东山的牧户大致可以分为五类。首先是养马的牧户，为了满足马对草场的需求，必须搬迁。其次是年轻人，有劳动力进行搬迁。再次是羊倌和马倌的后代，他们已经习惯了搬迁的生活，也有搬迁的条件，例如蒙古包等设施。复次是牛多的牧户，对于牲畜较多的牧户，夏季到东山放牧，与买草相比，是一种节约成本的办法。最后是从沙窝子迁出的牧户，他们在嘎查定居点没有房子和可用的放牧场，在5月1日到9月1日沙窝子禁牧这段时间，只能到东山放牧。嘎查通过协调，鼓励这几类牧户与还未恢复搬迁的牧户合作，共同搬迁，合理利用和保护四季草场。

从大的尺度即整个嘎查来看，依靠上级林业部门的支持，嘎查成功地将常住在沙窝子的牧户迁出，实施季节性休牧，使沙窝子得到保护。如上所述，从沙窝子的牧户一年四季常住那里后，定居点的牧户提出反对意见，因为他们的羊群交给羊倌后还要利用沙窝子放牧，他们抱怨植被都让沙窝子的常住户吃完了。1996年前，当时在沙窝子的15户牧民听从嘎查指挥按时搬出来。2000年以后，还有8户牧民常年在沙窝子，嘎查领导却已无法说服他们夏季搬出，这种拉锯式矛盾的最终代价就是沙地草原生态环境的破坏。2006年开始，林业部门公益林保护项目把这些牧户迁出，在项目的支持下，给这些牧户在嘎查定居点的东边集中建房。同时对沙窝子投资围封，在每年5月1日至9月1日执行严格休牧，帮助嘎查有效管理那些嘎查内部不愿搬出的牧户，同时也可以对相邻嘎查的牧户进行约束。这是当地政府帮助嘎查解决困难的一个成功案例。还有夏季草场水资源的问题、有效规划和管理矿产资源开发、气候变化和灾害信息发布，都是当地政府部门可以帮助嘎查切实改善草场利用的重要方面。

G嘎查的案例揭示了草场承包后，牧区社会如何形成破碎化的格局，从而导致生态系统管理的混乱，最终引起草原退化。但从另一个角度看，G嘎查在不同层级上的管理调整，如21户围栏管理的再加强和林业部门参与沙窝子保护的政策与项目支持，使牧户小组和嘎查尺度都在一定程度上成功恢复了社会系统管理尺度与生态系统管理尺度的匹配。由此看来，两个系统的不匹配也不完全是坏事，关键取决于这些挑战后续是如何处理的[①]。例如21户围栏打草事件的处理中，无形中培养了社会资本。21户围栏打草事件中，事实上有7户都想打草，其中出租草场的5家更想打草，而另外14户不同意，如果打草就没法放牧牲畜了。一户违规后，其他20户共同讨论对违规的处理办法，并且进一步强化了只准放牧、不准打草的共识。而林业部门帮助解决沙窝子管理问题，是一个成功案例，充分体现了社区与政府基于合作与责任理念的治理关系[②]。因此，增强社会系统管理的弹性，及时有效地应对生态系统管理中存在的问题，寻求创新的解决办法，形成“部门合作”与“公私合作”双向维度的行动者网络[③]，才能从根本上保证社会系统管理和生态系统管理的尺度匹配。

从以上分析我们看到，草原生态系统与社会系统的耦合之所以

---

① Cumming Graeme S., David H. M. Cumming and Charles L. Redman, “Scale Mismatches in Social-Ecological Systems: Causes, Consequences, and Solutions”, *Ecology and Society*, Vol. 11, No. 1, 2006.

② 李图强、张会平：《社会组织与政府基于合作与责任理念的治理关系》，《学海》2014年第4期。

③ 杨华锋：《“部门合作”与“公私合作”双向维度的行动者网络》，《学海》2014年第5期。

难以维持，除了两者被割裂管理，还存在两个系统在不同尺度上的各种不匹配。如果说在地区的尺度上，草原生态系统与社会系统发生断裂，那么在更大的全国尺度甚至全球尺度上，受到市场化的影响，导致了草原系统物质循环的代谢断裂，使得退化草原的恢复更加困难。

第六章

市场化影响：草原畜牧业的代谢断裂

在过去的30年里，草原牧区在三个层面发生了深刻的制度变化，即定居、草场分割到户和市场化机制的引入。对于牧民的生产生活来说，市场化带来了各种影响，市场不仅主导了牧民的生产，而且渗透到资源管理和牧民的社会生活，原本共同利用的自然资源被赋予了价格，这导致牧民生产成本的急剧上升。不管是租赁草场或购买饲草，乃至大量举债，都加剧了牧民的负担，使牧民的生计变得更加脆弱，部分牧民陷入贫困[①]。本章基于环境社会学中的重要概念即代谢断裂，来分析市场化给草原社会生态系统带来的变化，主要分为四个部分：草料投入、贷款增加、集约化畜牧业、移民和城镇化。

第一节　代谢断裂：生产与自然的断裂

长期以来，人们一直以为经典社会学是以人类为中心的学科，很少考虑社会与自然的关系，然而，经典社会学在环境社会学领域的贡献，特别是马克思在这个领域的贡献极为丰富。马克思关于代

---

① 王晓毅、张倩、荀丽丽：《气候变化与社会适应：基于内蒙古草原牧区的研究》，社会科学文献出版社2014年版。

谢断裂（metabolic rift）的论述是在他对资本主义农业批判的基础上发展出来的概念。代谢一词最早是被德国生理学家在19世纪30年代和40年代用来指身体内部与呼吸有关的物质交换，1842年，李比希（Liebig）在其动物化学一书中讨论组织退化时提出代谢过程的概念，后来小到细胞、大到整个有机组织，在生物化学的发展中都使用这一概念[①]，甚至到后来讨论生态系统也开始使用[②]。从开始到现在，代谢一词就是讨论有机物与其环境间关系的系统理论方法的核心概念。

李比希于19世纪50年代和60年代转向对资本主义发展的生态学批评。他于1859年提出被掠夺的系统（a spoliation system）这一概念，且提出城市废物返回农村土地的一个理性的城市—农业系统（a rational urban-agricultural system）是不可或缺的。基于李比希的研究，马克思提出长距离的食物和棉布贸易导致了土壤成分的循环隔绝，造成了不可恢复的断裂。基于对英国的观察发现，对于利润的盲目追求已经导致土壤的损耗，英国必须从秘鲁进口由骨头和鸟粪组成的堆积肥料（guano）来增加土壤的肥力。由此，马克思将代谢这一概念用在社会科学里[③]。这一概念的应用被称为在社会—生态思想研究中的一颗“冉冉升起的明星”，因为它是跨学科研究的成果，而且对于一些思想家，也提供了一个在邓勒普、卡顿和施奈伯格（Schnaiberg）提出的环境社会学的核心困境之外来看待社会与自然复杂互动的办法，在城乡关系的研究中，已有很多应用[④]。

---

① Caneva，Kenneth，*Robert Mayer and the Conservation of Energy*，Princeton，1993.

② Odum，Eugene，“The Strategy of Ecosystem Development”，*Science*，Vol. 164，1969.

③ Fischer-Kowalski，Marina.，“Society's Metabolism”，In *International Handbook of Environmental Sociology*，edited by Michael Redclift and Graham Woodgate，Northampton，Mass.：Edward Elgar，1997.

④ Foster，J. B.，“Marx's Theory of Metabolic Rift：Classical Foundations for Environmental Sociology”，*American Journal of Sociology*，Vol. 105，No. 2，1999.

马克思在《资本论》第一卷中讨论“大工业与大农业”问题时，精练地概括了他的批判：资本主义生产把人口集中于大城市，使城市人口增长到前所未有的数量，这样导致了两个结果：一方面，它集中了前所未有的社会流动力量；另一方面，它干扰了人与自然之间的相互代谢作用，比如，它阻碍了被人以食物和棉布形式消费掉的土壤组成要素回归自然，从而阻碍了外部自然环境为延续土壤肥力而进行的循环运动。资本主义农业的所有进步是一种技术上的进步，不仅是掠夺工人的技术进步，而且也是掠夺土壤的技术进步；在特定时期内提高土壤肥力的一切进步都是更长更持久的毁灭土壤肥沃资源的进步……因此资本主义生产仅仅是发展了技术，发展了生产中社会过程的结合程度，同时破坏了一切财富的原始根源——土壤和工人。

马克思的社会生态代谢的概念抓住了人类生存的根本条件，人类作为自然的和物理的存在，要与其自然环境进行能量和物质交换。从自然来看，这种代谢是由自然法则决定其中不同物理过程的；从社会来看，劳动分工和财富分配是受到制度规范约束的[①]。反观内蒙古畜牧业的发展，依赖天然草场为优势的草原畜牧业，越来越需要人工投入来支持。

第二节　草料投入：被迫登上苦役踏车

要是对比2000年前后的草原畜牧业，最大的区别就是很多地区的牧民从2000年开始买草，而且一旦开始买草，就再也无法停止，买草成为牧民每年经营畜牧业的重要支出。牧民似乎被迫登上了“买草”的苦役踏车，只要是养畜，就必须通过买饲草支持。

① Foster, J. B., “Marx’s Theory of Metabolic Rift: Classical Foundations for Environmental Sociology”, *American Journal of Sociology*, Vol. 105, No. 2, 1999.

一 大量的草料购买

在内蒙古不同地区的牧户访谈中，畜牧业生产成本中占最大比例的就是买草买料[①]。以锡林郭勒盟苏尼特左旗牧民为例，从2000年连续旱灾以后，抗灾基地植被生长矮小，无法帮助牧民应对雪灾，逐渐失去了抗灾作用。牧民开始大量购买草料以备冬用，这些草料几乎都是从外地（东乌旗、阿巴嘎旗等地方）运来，草、料和青贮构成了访谈牧户生产成本的重要组成部分，2006年28户访谈牧户购买草料成本占其总成本的36%；2009年30户访谈牧户购买草料成本占其总成本的19%[②]。

如果旱灾发生在暖季牧草生长时，牧民会采取移动畜群的方式（走场）来获取所需草料，这时租草场的价格非常高，例如2006年锡林郭勒盟苏尼特左旗走场价格是8元/羊/月、80元/牛/月、80元/马/月和100元/骆驼/月。由于夏季旱灾通常会有冬季雪灾，因为冬季即使是较小的降雪也会轻易盖住夏季旱灾中生长很低的植被，从而形成雪灾，因此牧民通常在秋季就会增加购草。购草来源通常包括三个方面：（1）租打草场；（2）买散草；（3）买捆草。在租打草场的情况下，因为需要牧民自己去打草且运输到定居点，劳动力和交通运输成本是很大限制，所以租入的打草场主要集中在本村或附近的村庄，并且因为打草场比较便宜，所以一般通过社会关系找到。买散草是购买附近牧民在天然草场上打好并出售的牧草，在买散草的情况下，受到信息来源和交通运输成本的限制，也主要是集中在本村或邻村。买捆草则一般由草贩子运到镇上或直接运到牧民家，对于牧民来说比较省事。这些草通常来自相对较远的

---

① 王晓毅、张倩、荀丽丽：《气候变化与社会适应：基于内蒙古草原牧区的研究》，社会科学文献出版社2014年版。

② 张倩：《牧民应对气候变化的社会脆弱性：以内蒙古荒漠草原的一个嘎查为例》，《社会学研究》2011年第6期。

地方[①]。

如果从资源流动角度看，游牧和购买牧草都是资源的流动，游牧是牲畜游动到有水草的地方以平衡地利用资源，而购买牧草则是通过牧草的流动，满足牧草资源的不足。但是这两种方式却有着完全不同的社会意义，游牧是建立在互惠基础上的，特别是灾害时期的走“敖特尔”制度，在一方遭受自然灾害的时候，他们可以通过无偿地使用其他牧民的草场，减少灾害损失；但是在买草喂畜的时候，灾害越严重，牧草的价格就会越高。

购买牧草增加了成本支出，在干旱季节，由于对饲草的需求量大，许多牧民的收入减少，甚至是负收入。如果按照每年需要喂养5个月的饲草，平均每天每只牲畜用3斤草计算，一只羊一年所需牧草就达到了400—500斤，如果是租赁草场打草，那么每斤草的成本在0.2元左右，仅牧草就大约是100元，假设牧民是50%的出栏率，那么出售一只牲畜就需要饲养两只羊，在2010年，一只羊平均价格是750元，那么就意味着毛收入的近25%被用于饲草料。但是购买牧草的价格要远远高于租赁草场打草，如果按照平均价格0.5元计算，那么就意味着毛收入的50%以上被用于购买牧草了。如果因干旱而大量购置了高价牧草，那么畜牧业就肯定会收不抵支了[②]。

二　买草的苦役踏车

买草料主要有三个方面的原因，一是草原退化导致草料不足，随着牧民家庭成员增加，分家后分支户大量出现，草场分割导致牧民可利用草场面积减少，在同一块草场上过度放牧，牧区草原退化

---

① 李艳波：《内蒙古草场载畜量管理机制改进的研究》，博士学位论文，北京大学，2014年。

② 王晓毅、张倩、荀丽丽：《气候变化与社会适应：基于内蒙古草原牧区的研究》，社会科学文献出版社2014年版。

严重，牧民不得不采取购买草料的方式来补充草场饲草料不足[①]。二是由于草场承包后，牧民通过移动畜群避灾的可能性消失，牧民不得不购买草料在自己的草场上备灾。三是春季休牧的政策延长了牲畜圈养的时间，牧民需要更多的饲草以努力实施春季休牧，但是，春季休牧补贴远远低于实际喂养成本，因此增加了牧民的经济负担，许多牧民开始贷款买草料，陷入贷了还、还了贷的经营困境中。休牧补贴 0.61 元/亩，按草畜平衡标准 40 亩草场养一只羊，45 天的休牧给一只羊的补贴就是 24.4 元。而圈养期间，一只羊一天至少需要 3 斤草 7 两料，按 2006 年的草料价格计算，一只羊 45 天的圈养成本就是 72 元，几乎是补贴的三倍。而且休牧还增加了牧民的劳动力和其他方面的投入：除了一天喂三次，还得拉水饮羊[②]。

牧民陷入不停买草的状况，类似于施奈伯格所定义的苦役踏车。施奈伯格提出苦役踏车是用以解释为什么"二战"后美国的环境退化如此迅速，他提出在大量生产—大量消费—大量废弃的模式下，造成了今天越来越严重的环境危机。从本质上来看，这个"踏车"的隐喻是，为了维持一定的社会福利水平，资本的投资导致对自然资源越来越高的需求，每一轮的生产和投资只会从生态系统中索取更多的资源和向生态系统输入更多的污染[③]。对于企业来讲，面对越来越强的竞争，企业就要提高技术，扩大市场，产量增加导致价格下降，这个过程中，企业对环境的关注越来越少，而只能努力维持在踏车上[④]。

---

① 达林太、于洪霞：《环境保护框架下的可持续放牧研究》，内蒙古大学出版社 2012 年版。

② 张倩：《牧民应对气候变化的社会脆弱性：以内蒙古荒漠草原的一个嘎查为例》，《社会学研究》2011 年第 6 期。

③ 孙莉莉：《"苦役踏车"与"生态现代化"理论之争及环保制度的构建》，《学术论坛》2012 年第 10 期。

④ ［美］迈克尔·贝尔：《环境社会学的邀请》，昌敦虎译，北京大学出版社 2010 年版。

与施奈伯格提出苦役踏车的背景不同，牧民陷入买草循环恰恰是草原退化的结果，在草料不足和生活成本上升的条件下，为了维持原有生计，尤其是为了应对可能发生的灾害，牧民不得不支付高额成本购买草料。因此，牧民踏上买草的苦役踏车不是为了环境社会学家福斯特（John Bellamy Foster）所说的对于积累的需求，而是对于生存的需求。"过去我们牧民不懂得给牲畜喂草料，就是纯粹自然放牧，没有打草场，也很少打草，就是直接放牧，羊羔子的成活率还挺高。就是从承包以后，尤其是1987年遭了一次大灾后，开始懂得备草料了。以前也就是下羔子的时候给（母羊）喂一点，现在起码要喂三个月，最长的时候得半年。"[①] 而且草料再怎么说也不如草场上的草有营养，"干草捆是个死东西，只能保命，没有营养，再喂肚子也不会圆"[②]。正如国际环境与发展研究所[③]强调的，反刍动物不能通过多吃来弥补食物质量差的缺陷，面对营养差的食物时，反刍动物只会吃得更少而非更多，导致很快就掉膘了。

对于每个牧户来说，由于购买饲草的数量不同、购买的时间不同，因而支出也不同，但是干旱导致牧民必须买草保畜，这种经营方式是不可持续的。草原畜牧业原本是低成本的生产方式，但是在定居、草场分割和干旱的多重作用下，生产成本在不断增加。尤其在灾害中，牧民对于牧草的需求是极其刚性的，灾害越是严重，饲草价格就越高，而牧民为了保住基础母畜，不管多贵也不得不买。例如在赤峰克什克腾旗，2009年秋季时牧草大约0.36元/斤，由于这一年雪灾和春季牧草返青晚，2010年春季饲草就涨到0.80元/斤。锡林郭勒盟苏尼特左旗多数牧户从2000年开始买草，2009

① 郑宏：《承包，牧民的集体记忆》，转引自韩念勇主编《草原的逻辑——国家生态项目有赖于牧民内生动力》，北京科学技术出版社2011年版。

② 同上。

③ 国际环境与发展研究所：《珍视变异性：气候变化下干旱区发展的新视角》，李艳波译，中国环境出版社2017年版。

年和2010年灾害最严重的时期，牲畜较多的富裕户都要买上千捆的草料，而草料价格也在不断上涨，从2002年的18元/捆增加到2010年的25元/捆。根据2011年25户牧民的访谈，2010年牧户平均的草料成本为富裕户4.5万元，中等户1.6万元，贫困户0.6万元[①]。

第三节　贷款增加：资源的重新分配

与农区不同，牧业地区在干旱过后的恢复至少需要5年时间，因为牲畜数量恢复要受到牲畜生产周期的限制，并不能随着降水量增加而马上增加。Ellis等[②]在非洲的调查显示，一些畜群在旱灾结束4年后才能恢复原来数量，如果在这4—5年里又出现灾害，那牲畜数量的恢复就更加缓慢。正因如此，在灾害中想尽办法保护自己的基础母畜是很多牧民的首要选择。多年连续灾害消耗了牧民原有的积蓄，在市场经济不断发展的条件下，多数牧民不得不依靠贷款甚至高利贷买草，待秋天出售牲畜后再偿还贷款，扣除利息后，收入所剩无几。尤其是那些面积较小的牧户，银行贷款额度也相对较小，不得不通过抵押草场、牲畜或“生态奖补一卡通”等进行民间借贷，民间借贷的利率一般在2%—5%，大部分参与民间借贷的牧民由于无法偿还高额利息，只能选择将自家草场交与放贷者对外长期出租，自己替别人放羊来维持基本生计，对于这样的牧民而言，生计已经失去了可持续的基础。

面对气候波动导致的不确定性，贷款买草已经成为牧民应对自然灾害的重要手段。而政府也将提供贷款、改进牧区的金融服务作

① 王晓毅、张倩、荀丽丽：《气候变化与社会适应：基于内蒙古草原牧区的研究》，社会科学文献出版社2014年版。

② Ellis, J. E. and Swift, D. M., “Stability of Africa Pastoral Ecosystems: Alternate Paradigms and Implications for Development”, *Journal of Range Management*, Vol. 41, No. 6, 1988.

为一项支持牧民应对气候不确定性的重要手段。在内蒙古草场上，随着草料市场和信贷市场的发展，买草和贷款已经成为牧民生产生活中的一个常规性的组成部分。系统外牧草资源的输入缓解了气候控制下的天然草场对畜群规模的限制（草畜平衡约束），而贷款的输入则缓解了现金流对牧民出栏决策的限制（收支平衡约束）。这两方面的输入在年度的尺度上缓解了自然环境对畜牧业生产的限制，增加了牧民出栏决策的灵活性，但同时也导致了两方面的问题：一方面，输入的饲草料可能导致天然草场超载和过牧；另一方面，购买饲草料增加了生产成本，而贷款不但增加了生产生活成本（偿还利息），也在后续的数年中继续影响着牧民的现金流（还贷款），在气候波动较大的环境中，由于产出的不确定性而可能增加生产的风险①。

在牧区开展贷款业务的有多个银行。商业银行是一些在牧区放贷的合作银行，近年来由于竞争激烈，商业银行贷款利率一般比农信社低，利率为0.6%上下浮动，贷款期一般为半年，牧户冬季贷款，第二年夏季还款，按时还款可以继续贷款。农业银行也在牧区放款，有些地方贷款条件是用房产或行政事业单位职工工资卡抵押。信用社贷款一般为一年期，放款时间在秋冬季，但也有例外，信用社贷款利率加贷款手续费为1%—1.2%。民间借贷一年四季随时贷款，牧户一般选择利率为2%—2.4%的产品，也有特殊情况使用贷款利率为5%的高利贷，例如生病和上学需要。2%—2.4%的贷款由于利率较低，对贷款期限有约定，最短时间为一年，牧户用于生产的民间借贷一般选择贷款期一年。牧户在生产资料购置上也往往选择从上游的饲草料公司赊销，赊销期一般为6个月之内，赊销产品价格一般较高，其差价基本和一年期高利贷利率差不多，利

① 李艳波：《内蒙古草场载畜量管理机制改进的研究》，博士学位论文，北京大学，2014年。

息约为2.4%[①]。

根据笔者2011年在内蒙古呼伦贝尔草原的调研，不同经济水平的牧户可以贷到不同数额的贷款，富裕户凭借较多的牲畜数量和资产，可以得到超过10万元的三年期贷款。而对于中等户和贫困户来说，3万元则是银行贷款的最高限，而且贷款期限为一年。正如牧民所述，灾害中留存一定的现金是非常重要的，草料越是稀缺、价格越贵时，出售草料的贩子越是要求现金交易，以减少风险。在多年连续灾害将牧户存款损耗殆尽时，贷款成为解决现金短缺问题的主要途径。从资金使用上，很多中等户和贫困户陷入银行贷款与高利贷来回倒用的恶性循环中，畜牧业经营所赚利润很多都交给了贷款中间人，尤其是高利贷的发放者。根据2011年的访谈，10户富裕户中只有一户在2006年借过高利贷，金额为1万元，用于春季青黄不接时的开销，包括买草料和柴油等。而中等户和贫困户则分别有6户和4户借过高利贷，最高金额达到5万元，利息高达5分钱。其中有些牧户借高利贷不是为了购买生产生活的必需品，而是用来偿还银行贷款。偿还银行贷款后，再申请银行贷款来还高利贷。在这样的情况下，牧户畜牧业经营的收入多半用来偿还借款利息，净利润所剩无几，根本无法对畜牧业生产设施进行再投资来改善抗灾能力，遇到灾害也难以减少牲畜损失，从而一步步走向贫困。

在过去的30年，特别是近10年中，气候变化导致了干旱区气温和降雨的变化，国家政策推动牧区基础设施的改善，但是与此相伴随的是牧民社会资本的损失，定居、固守小块牧场、仅仅保有市场关系的牧民，其可以被用来与自然灾害相对抗的社会合作和灵活性在丧失，而社会合作和灵活性正是牧民应对自然不确定性的有效

---

① 达林太、郑易生、于洪霞：《规模化与组织化进程中的小农（牧）户研究》，《内蒙古大学学报》（哲学社会科学版）2018年第3期。

手段。在调查中，牧民表达了希望通过合作共同抵御灾害。这里给出的关键信息是，没有一个牧民将草场的产权清晰作为应对干旱的策略，而这一策略正是决策者所极力倡导的。

第四节　建设养畜：高投资却低收入

新中国成立以来，特别是畜草双承包责任制政策执行以来，建设养畜就是畜牧业发展的一个主要目标，即在牲畜饲养方式上，摆脱传统的“靠天养畜”的落后生产方式，实现由自然放牧的粗放经营向舍饲半舍饲的集约化经营转变。主要表现在畜牧业基础设施的建设，包括棚圈、井、人工草地、高产饲料地和打贮草设施等，还有牲畜改良和畜产品的专业化、商品化等。畜草双承包责任制旨在明晰牧民对草场资源的权责，激励牧民加大草场建设力度，通过打井、棚圈建设和改良草场等基本建设提高草场的初级生产力，在发展畜牧业的同时加强草场的保护性利用。

回顾历史，乌兰夫在任时期，草原政策第一条就是保护和充分合理利用草原，第二条才是建设和改良。草原的充分利用是指草场必须要放牧，让家畜充分利用，保持有序且连续的生产，让草原生产力发挥到与自然最和谐的状态，又不能利用过度让生产力下降，这才是充分合理的利用。把建设改良放在第二条主要是因为草原地区的生态环境比较脆弱，生产能力极不稳定，天然草场不知经过多少年才和当地环境相适应，在这样的环境里搞建设，像种饲料地之类，投入再大也不如原来的，而且一旦破坏就很难恢复了。本来第一条和第二条的顺序是不可颠倒的，但是现在合理利用草原不谈了，只谈建设和改造了，这就混淆了牧区与农区的不同[①]。

---

① 杨帆：《多视角下的农牧之别》，转引自韩念勇主编《草原的逻辑——国家生态项目有赖于牧民内生动力》，北京科学技术出版社 2011 年版。

例如在锡林郭勒盟苏尼特左旗，虽然政府已经投入大量资金帮助牧民种植青贮饲料地，但由于地下水分布的限制和种植成本高昂，青贮饲料地在该地的普及率仍然很低。2000 年锡林郭勒盟苏尼特左旗开展了 336 工程，包括发展 3 个大饲草料基地、30 个中等饲草料基地和 60 个小饲草料基地。对于大饲草料基地，配备的 11 口机井每个就 10 多万元，还投入 130 万元拉常电，用来种植青贮饲料。对于没有常电的普通牧户，即使有机井，还得用柴油发电抽水浇地，加上各种成本平摊下来，每斤青贮的成本达 0. 30 元，是市场价格的 2 倍。

干旱半干旱地区牲畜品种改良一直以来是政府推行的一个长期的项目，之所以是长期的，是因为基本没有获得过成功。这是一个很典型的将畜、草、人割裂的例子。改良品种的目的在于提高某一单一指标的产出，比如肉的单位产出；而这需要以更多的草料投入和人力投入为基础，而后两者都是干旱半干旱草原所不具备的。对于在干旱半干旱地区集约化畜牧业的推崇、执行和推广，体现了唯科学论和极端现代主义的意识形态。集约化畜牧业的核心是牲畜品种改良和人工饲草料种植或购买。引进外来种进行改良后的牲畜往往不适应当地的生态环境特点，因此需要依赖现代技术种植饲草、人工配置含微量元素的饲料、防疫等各种技术措施，而饲养本地品种则完全不需要这些“现代化措施”。在美国的饲养场（也是我们学习的集约化模式的发源地之一），历经天择而精巧地适应草地生活的动物，被迫适应人类喂食的玉米，付出的代价是牺牲动物的健康、土地的健康，最后是食用者的健康①。如果反刍动物食入太多淀粉、粗饲料太少，动物就不会反刍，这样牛胃中酵的气体就没有机会在反刍中打嗝排出，导致胀气，积累到一定程度，如果不马上消除瘤

---

① ［美］迈克尔·波伦：《杂食者的两难：食物的自然史》，邓子衿译，中信出版集团 2017 年版。

胃中的压力（通常是强制插管到牛的食道），动物就会发生窒息。同时还有酸中毒的问题，由于瘤胃是中性的，玉米会产生酸性，牛吃过多玉米后就会产生类似胃灼热的症状，某些牛甚至因此死亡。酸中毒的牛吃不下饲料，会急促喘气，分泌大量唾液，用蹄扒地与抓挠腹部，并且吃泥土，这会导致腹泻、胃溃疡、胀气、瘤胃炎、肝病、免疫系统衰弱，使牛容易感染饲养场中流行的疾病：肺炎、球虫病、肠毒血症和饲养场麻痹症。在屠宰牛的过程中，会发现饲养场的肉牛中15%—30%的肝脏长着脓疮[①]。应付这些疾病没有他法，只能投入更多的抗生素、荷尔蒙等药物，由于有这些污染物，饲养场产生的牛粪也无法作为肥料，这些污染物随着水流也导致下游环境污染。

集约化畜牧业背后的逻辑是：通过现代科学技术可以改变环境，以适应计划和规划好的制度政策。即让环境适应制度，而不是让制度适应环境。而牧区的牲畜品种改良也遇到了同样的情况。比如，改良的牲畜品种在很大程度上依赖于对饲料公司配置的人工饲料的依赖，一旦因为市场、交通等原因而中断供应[②]，则当年的畜牧业收入将面临失去所有收益的风险。在某种程度上，现代科技让农牧民从此踏上了一条不归路，命运从此受制于垄断的商业公司和似乎无所不能的科学技术[③]。

由于暖棚的建设使得不耐寒的改良羊的繁殖成活率提高；移动性的减少也使得不习惯长距离移动的外来品种能够更适应生产环境；防疫技术的提高使得牲畜的抵抗力似乎可以不那么重要，内蒙古绵羊改良的比例逐年上升。例如，在苏尼特左旗，绵羊的改良比例从1958年的0.29%增加到了1981年的38.92%，在苏尼特右旗，

---

① ［美］迈克尔·波伦：《杂食者的两难：食物的自然史》，邓子衿译，中信出版集团2017年版。

② 对于气候变化剧烈、冬天发生雪灾的频率很高的地方，这是经常发生的情况。

③ 李文军、张倩：《解读草原困境：对于干旱半干旱草原利用和管理若干问题的认识》，经济科学出版社2009年版。

改良绵羊的比例从1958年的0.80%增加到了1981年的52.03%。然而，改良羊毕竟不适应当地的自然环境和生产条件，到20世纪80年代初，牲畜承包到户，牧民拥有了自主经营的权利后，纷纷抛弃了改良品种，又改回了土种羊，全自治区推广了20多年的绵羊改良自行终止。表6—1总结了三个历史时期畜种改良的社会经济情况，可以看到畜种改良是从集体化经济时期开始的，当时通过集体的力量，政策动员，畜种改良得到一定的发展。80年代初草场承包之后，牲畜改良则更多基于政府项目大量的投资支持以及牧民的选择，有时牧民的选择也是被动的，因为放牧方式的改变，以及基础设施的改善，选择改良畜种是有可能的，但一遇到灾害，损失也更大。

表6—1 三个历史时期中畜种改良的社会经济情况

	1956年之前	1957—1982年集体化时期	1983年承包之后
经济系统	维生型经济	计划经济	市场经济
畜牧业目标	维持家庭生计	满足国家对于羊毛、皮革、肉和奶制品的需求	商业产出
主流话语	适应自然	支持国家建设和现代化	现代化、生态保护、增加牧民收入
放牧方式	游牧	游牧加补饲、初级兽医服务和暖棚	在牧户个人承包的草场上放牧，圈养，严重依赖于补饲、兽医服务和暖棚
外来畜种	没有	细毛羊	肉羊
政府促进畜种改良的办法	没有政府干预	财力物力投入，政治动员，行政命令和控制，中央经济计划	政策和经济鼓励、宣传
改良畜品种管理	从本地种选育，通过社会网络与优良品种交换	外来公畜品种引进，人工授精，从外部增加投入	外来公畜和母畜品种引进，对外界投入的需求不断增加

续表

	1956 年之前	1957—1982 年集体化时期	1983 年承包之后
效果 1：畜种	多样的本地种，很好地适应环境	本地基因资源大量失去，牧民不愿改良畜种	许多本地畜种丢失，在新的政策和经济激励下，牧民选择饲养改良种，不管是主动还是被动
效果 2：社会系统与生态系统的关系	社会系统嵌入在生态系统内	畜牧业开始与生态系统分离	社会系统越来越与生态系统分割，并且试图控制生态系统

资料来源：Li, Wenjun and Li Yanbo, "Managing Rangeland As a Complex System: How Government Interventions Decouple Social Systems from Ecological Systems", *Ecology and Society*, Vol. 17, No. 1, 2012.

总之，正如生态学家刘书润教授所讲，养畜要想高产、集约化，一方面要保证饲料生产，另一方面依靠家畜改良，这两方面是一整套体系。但在草原上推行这一套是不划算的，因为需要补充的饲草料和高产的牲畜，都是天然草原提供不了的。先说种草，饲料作物一般都是中生植物，而草原不满足农耕条件，草原植物都是旱生植物，也不可能像农业那样持续种植。再说舍饲，承包之后牧民没有冬季草场了，在全年有 200 多天枯草期的内蒙古草原上搞舍饲，意味着这么长一段时间内都得喂料，能不赔钱吗？家畜改良的方向也有问题，家养动物多年后自然退化，投入会越来越高，所以牧民养畜时，隔若干代就要让畜种和野牛、野马、大头羊再配种，是往野了改，不是往人工了改，而现在为了高产引进的是完全不适应当地的外来种[①]。正是因为违反了自然条件，建设养畜才一直在草原难以找到成功案例，不仅浪费了大量的人力财力，更重要的是丢失了很多有优势的当地种，对于草原畜牧业的发展造成深远的

① 杨帆：《多视角下的农牧之别》，转引自韩念勇主编《草原的逻辑——国家生态项目有赖于牧民内生动力》，北京科学技术出版社 2011 年版。

影响。

第五节 移民和城镇化：去牧民化造成的问题

2017年，内蒙古常住人口为2528.6万人，其中城镇人口为1568.2万人，常住人口城镇化率达62.0%，高于全国同期的58.5%。改革开放以来，内蒙古的城镇化率一直保持较快的增长趋势，2017年与1978年相比城镇化率提高了40.2个百分点，年均增长1.03个百分点。如此之快的城镇化步伐事实上来自三个方面的力量，一是草场租赁市场的发展；二是结合草原恢复的各种项目中的移民项目；三是撤乡并镇后牧民为了解决孩子上学问题迁到城镇。

随着前几年政府倡导规模化经营，牧区开始出现草场租赁市场，通过租入草场缓解自家草场不足，成为牧业大户解决发展问题的又一选择。但草场作为牧民最主要的生产资料，并且在草场普遍稀缺的状况下，除非面临破产等严重状况，牧民都不愿出租草场，仅有部分牧民迫于生计压力出租草场来维持生计。达林太基于2018年对12个纯牧业旗的抽样调查，对嘎查调查资料的汇总，调研牧户的草牧场流转在政府部门备案的只有4%，通过嘎查委员会备案的不到10%，私下里交易占大部分（2018年访谈）。土地确权带来了一个新的市场，也带来了依赖出租草场和水资源为生的新一代农牧民。尽管这带来了一些新的机会，但也导致了永久性的不平等。总而言之，实践已经证明，通过市场调节这些资源的配置，对于适应干旱区的变异性而言，不够灵活和快速[①]。

内蒙古许多地区的生态治理项目，随着禁牧政策的实施，很多

---

① 国际环境与发展研究所：《珍视变异性：气候变化下干旱区发展的新视角》，李艳波译，中国环境出版社2017年版，第59页。

禁牧区牧民都被鼓励离开牧区，进城打工，被看作是牧民发展、走向现代化的一个必由之路。例如本书第三章讲述的退牧还草和公益林保护项目的执行就是在这样的背景下提出的。阿拉善的生态治理项目，背景可以追溯到20世纪90年代北方的沙尘暴问题，2000年3月席卷北京的特大沙尘暴主要尘源地之一被认定为阿拉善，从那时起，保护和治理生态成了阿拉善的头等大事，优先于其他一切事务被推进着。被划入退牧还草或公益林保护区的牧民都被要求禁牧、退出放牧生产，政府按规定给予经济补偿并安排生态移民迁入城镇生活[①]。但是，将牧民移出牧区进入城镇，表面看来牧民可以立即享受到城镇的社会化服务，但由于牧区居民原有的生产生活体系遭到破坏，新的生产体系又不能及时建立等原因，导致移民产生了失去草地、房屋、无法享有公共财产和服务的权利以及边缘化等一系列贫困风险[②]。

2003年，为了精简行政支出，内蒙古实施了撤乡并镇，将原来的1236个苏木乡镇合并为641个。有的地方几个苏木合并成一个镇，苏木里的学校撤销后，孩子上学必须去镇里，离家很远，家里必须有大人跟着陪读。这不仅带来生活成本的剧增，而且还引发了更多的社会问题，下文详细论述。

一　贫困

牧民搬入城镇后，生活开支猛增，但收入就是补贴和不确定的打工收入，很多牧民入不敷出。禁牧后的牧民虽然能够拿到补贴，但是补贴的数额不足以支付进入城镇后的生活开销，一些牧民变成城市贫民，甚至有的牧民在城里依靠乞讨或拾荒为生，据一些老牧

① 雪晴：《禁牧下的草原——阿拉善牧民调查》，转引自韩念勇主编《草原的逻辑——国家生态项目有赖于牧民内生动力》，北京科学技术出版社2011年版。

② 姜冬梅等：《草原牧区生态移民的贫困风险研究——以内蒙古苏尼特右旗为例》，《生态经济》2011年第11期。

民说这是历史上从未有过的事情。禁牧补贴的发放也刺激了年轻人从大家庭中分户独立，在分得草场的基础上，掌握自己的补贴收入。但是，由于草场面积小，补贴金额远远不能支持其日常生活的花销。而且个别牧户原来被划为生态公益林区享受禁牧政策补偿，并已在城镇租房度日，几年之后草场又被划为非公益林区，补贴被取消，但在禁牧时家里的牲畜已经处理掉了，是继续住在城里还是回到牧区使他们进退两难[①]。

根据笔者对达林太教授的访谈，2018 年对内蒙古 12 个纯牧业旗的抽样调查，调研牧户 2017 年家庭生活消费总支出均值为 67312 元，牧户消费支出排在第一位的是礼金支出，后面依次是食品、医药和教育支出。那些牧民迁到城镇后，天天都得花钱，租房、取暖、交通、教育、食品、水电等各方面的花销，在牧区生活成本上升的基础上，又增加了很多项内容。牧户食品消费结构在变化，传统民族饮食正在被大众饮食所取代，猪肉等肉食品大量取代牛羊肉，究其原因，主要是与牧民收入递减有关。事实上，牧民迁入城镇是一个去牧民化的过程，与全球去农民化的现象相同，贫困问题在这一过程中也是不断加剧的。这一问题后文还有论述。

二 失业

在政府项目的支持下，迁入城镇是一件相对简单的事情，但如何在城镇中生存下来，对于牧民来说是一件非常困难的事情。一位当地干部告诉我们，某全面禁牧嘎查的 40 多户牧民曾在嘎查长的带领下，组织起来一起去工地找工作，结果竟无一人被录用。即使是这样的简单体力劳动，工地都不愿意要牧民，其他行业就业之难

① 韩念勇：《草原生态补偿的变异——国家与牧民的视角差异是怎样加大的》，转引自韩念勇主编《草原的逻辑——国家生态项目有赖于牧民内生动力》，北京科学技术出版社 2011 年版。

可想而知，牧民们在城市找不到适合自身技能和素质的工作[1]。劳动力市场提供的机会增加，理论上可以增加劳动力管理的灵活性，从而增加进入和退出干旱区农牧业生产系统的机会。但实际上，这种效果并不明显。在干旱区农牧业生产系统之外找到工作是一个漫长、困难而充满风险的过程，并且具有很高的交易成本，尤其是对于生活在偏远地区的人而言[2]。

禁牧的牧民进城后不是市民身份，不能获得贷款，创业机会受到限制，同时因语言和文化障碍，在就业机会原本就十分紧张的情况下更是难以找到职业，尤其是40岁以上的牧民就业更加困难。政府为牧民寻找各种新的谋生方法的努力也鲜见成效，许多人在牧区是能干的牧民，进了城镇却找不到工作，无法适应新环境，从而变得贫穷。

三　社会问题

对于那些不得不陪孩子到镇里上学的家庭来说，形成了“牧区一口锅、城里一口锅”的畸形家庭模式，不仅让家庭开销大大增加，也对夫妻感情破裂乃至弃儿等问题的出现有直接影响[3]。这些牧民移入城市，先是把生活安排了，但如上所述，他们很难找到工作，因此生活也受到很大的影响。迁入城镇后，家里老人或女人陪着孩子读书，男人甚至年轻夫妇两人都在外打工，分居后离婚率迅速提高。据民政局统计，有一个苏木移民出来300多户，没过几年

---

① 雪晴：《禁牧下的草原——阿拉善牧民调查》，转引自韩念勇主编《草原的逻辑——国家生态项目有赖于牧民内生动力》，北京科学技术出版社2011年版。

② 国际环境与发展研究所：《珍视变异性：气候变化下干旱区发展的新视角》，李艳波译，中国环境出版社2017年版，第59页。

③ 雪晴：《禁牧下的草原——阿拉善牧民调查》，转引自韩念勇主编《草原的逻辑——国家生态项目有赖于牧民内生动力》，北京科学技术出版社2011年版。

离婚率就达到50%[①]。

一些禁牧后的牧民迁到农业开发区，因不适应和负债而大批离去，失去了草场之后，又再次失去农地，其中有些牧民在几经周折之后连户口记录都遗失了，成了无身份人，失去了各种社会保障；更令人忧虑的是，禁牧后许多牧民找不到自食其力的机会，游离于牧区和城市之间，缺乏社会组织管理，失去道德约束，许多年轻牧民无所事事，追求消费和娱乐，酗酒、赌博、偷窃在一些地方盛行；禁牧补偿还使合理利用草场的联户经营和一些正在萌动的牧民合作组织，因为新的按户补偿政策而遇到解体的危机[②]。

四　生态问题

牧民迁到城镇以后，很难从根本上实现禁牧，因为在城镇上生活不下去，找不到工作的禁牧区牧民只有想方设法绕过禁牧限制，或租草场放牧或偷牧，才能维持已经进城的孩子和陪读老人的城市生活，即城市生活形成对牧区的进一步压力。政府投入是草原生态保护的重要基础，但保护政策在地方层面却遇到一种尴尬的局面：要想实现严格保护就要通过一系列禁牧休牧罚款来实现，这不仅进一步降低了牧民收入，甚至使得牧民生计难以维持，结果就是当地有关部门与牧民达成共谋，通过支付一定的“罚金”继续放牧[③]。

正如第三章所述，腾格里沙漠的牧民迁走后，工业园区企业将废水未经过任何处理就排入沙漠，如果没有记者深入沙漠，可能这种违法行为一直不会被发现，因为周边牧民已经通过禁牧和生态移

---

① 郑宏、杨帆：《牧区基层干部评说牧区政策》，转引自韩念勇主编《草原的逻辑——国家生态项目有赖于牧民内生动力》，北京科学技术出版社2011年版。

② 韩念勇：《草原生态补偿的变异——国家与牧民的视角差异是怎样加大的》，转引自韩念勇主编《草原的逻辑——国家生态项目有赖于牧民内生动力》，北京科学技术出版社2011年版。

③ 王晓毅：《环境压力下的草原社区：内蒙古六个嘎查村的调查》，社会科学文献出版社2009年版，第134—135页。

民政策迁出此地。事实上，除了工业排污以外，还有外来人进入草原搂发菜、抓蝎子和挖石头，对于地表土壤、植被和生态的破坏都是极为严重的。牧民迁走，草原上没有人看守，这些破坏活动乘虚而入，生态破坏更加严重。

此外，由于没有牲畜放牧，当地植被在禁牧三四年以后明显老化，且大面积遭受病虫害与鼠害侵害，对此牧民早有强烈反应，而禁牧政策的实施无法改变，甚至期限还在延长。由于多年停止放牧，大面积的枯死植物层存在，也增加了火灾的风险。尤其是降水较好的年份过后，由于放牧不足，未利用的植物更多，也造成了资源的浪费。

第六节　不同层次的代谢断裂

基于以上讨论，原来从物质循环上较为封闭的草原社会生态系统循环不断被打开，各种资源外流，却得不到补充。我们可以看到在微观层面上，代谢断裂起源于畜与草的分离，这里不仅包括减畜和禁牧这种简单的分割，更重要的是建设养畜带来的系统的变化，一方面是所谓的草地改良，人工种植饲草和青贮饲料，虽然种植成本高，但每增加一块种植地，就意味着当地原生植被的彻底改变。在资本进入后，个别地区的人工草地变为土豆种植基地，产品完全外销。另一方面是随着牲畜改良这种看似局部的变化，整个放牧系统都变化了，原有的与草原植被共同进化多年的本地畜种逐渐消失，外来畜种进入，造成畜草关系的变化，当地传统的放牧知识再无用武之地，而对于畜草关系如何变化的研究还需要时间。

其次是人与畜草系统的分离，移民和城镇化使牧民离开草原和畜牧业，进入一个完全陌生的环境，这是一个去牧民化的过程，虽然也有个别牧民在进入城市后，能够找到自己的发展道路，但绝大多数牧民都难以适应城市生活，就业困难而只能依靠补贴生活。在文化上也难以适应，居住的密集、城市的嘈杂等都是他们需要适应的方面。此外，孩子进城上学也从根本上改变了牧民后代与草原的关系，他们与牧业生产完全隔绝，日常对于生产技能的学习机会也已经没有了，在他们心里，唯一的出路就是考学毕业后留在城市。

最后，从宏观层面上来看，随着市场化的渗透，草原的各种资源被商品化，被输出草原系统。近年来，内蒙古政府努力提升草产业效益，带动农牧民脱贫，引入一批现代化龙头企业发展现代草牧业，2018 年 1 月 27 日，首届“内蒙古草产业与精准扶贫论坛”上，有专家指出内蒙古可利用草原面积 10.2 亿亩，居全国第一位，可以将内蒙古建设成为“中国草产业先行试验区”，从而积极探索现代“草业”“草牧业”发展道路，然后进行推广①。此外，还有羊粪等也作为优质的天然肥料输入内地，事实上，将羊粪作为资源输入内地在集体经济时期就有，例如一位牧民回忆在 1957 年，苏木派下任务，让初级社的社员每户交 5 麻袋羊粪送到二连浩特，通过铁路运到内地当肥料，最后 4 个牧民凑了 20 多辆牛车拉上羊粪走的②。近些年来，羊粪销售也被认为是牧民增加收入的一个渠道。以西乌珠穆沁旗的一个牧民为例，他将牧民送来的羊粪按 100 元/吨收购，2013 年他的公司完成 3.45 万吨有机化肥的生产出售，2014 年 4 万吨左右。

从整个草原社会生态系统来看，宏观层面上大量的能量物质外流，而系统得不到补充，微观上各部分又分割存在，进城牧民失业和贫困问题严重，这种多层面的代谢断裂是草原管理面临的根本问

① 赵杰：《内蒙古：一棵小草的大产业》，《中国经济时报》，2018 年 2 月 5 日（www.sohu.com/a/220930832_115495）。

② 郑宏：《承包，牧民的集体记忆》，转引自韩念勇主编《草原的逻辑——国家生态项目有赖于牧民内生动力》，北京科学技术出版社 2011 年版。

题，也是全球能量物质代谢断裂的一个组成部分。

面对这些问题，我们应该如何应对，一些学者也给出了答案，例如第一章提到的 Defries 和 Nagendra 发表在《科学》杂志上的文章，提出五种应对生态系统管理这一难缠问题的方法，包括多部门决策、跨行政边界的决策、适应性管理、将自然资本和生态系统服务市场化以及平衡不同利益相关者的各种意识形态与政治现实，事实上这五种解决办法在复杂的社会经济系统中面临着很多障碍。下面几章基于实地调研，分别对后三种应对方法进行探讨，即适应性管理、生态补偿以及合作社发展，从而反思草原管理的政策需求。

第三部分

草原管理难缠问题的对策讨论

第七章

气候变化需要适应性治理：内蒙古草原案例分析与对策探讨*

除了代谢断裂，草原社会生态系统还面临外部的压力，即气候变化。在未来的30年里，由于气候变化及其导致的不确定性增加，关注适合干旱区的政策很有必要。人们往往认为干旱区的农业经济处于危机之中，因缺水而长期面临粮食安全问题。很多政府寻找能替代当前生计模式的解决方案，试图通过创建绿洲来“稳定”自然，掌控自然①。然而，从我们上文的讨论可以看到，这种做法几乎没有成功的，且往往引发很多其他问题。适应性治理通过边学边做，针对各地方的社会经济条件、自然生态系统、地方知识文化等基本特征，基于一个动态、自下而上和自组织的过程不断测试和修正制度安排与知识体系，形成一个旨在解决实际问题的循环过程。本章通过内蒙古三个地区案例的对比分析研究，基于对其气候变化风险和社会脆弱性的评估，发现其在气候变化影响下形成的不同程度的社会脆弱性正是源于不同的草原利用机制和基于此的社会合作机制。正是因为三个案例地的牧民有着不同的社会资本和社会记

---

* 本章内容已发表在2018年第4期的《气候变化研究进展》。

① 国际环境与发展研究所：《珍视变异性：气候变化下干旱区发展的新视角》，李艳波译，中国环境出版社2017年版。

忆，所以他们面对极端天气导致的自然灾害时，采取了不同的应对方式，有的牧户可以依赖于社会资本移动牲畜来渡过难关，有的牧户则可以在嘎查范围内重启社会记忆，通过合理安排草场利用和移动牲畜提高自身的抗灾能力，而有的牧户则只能通过买草料独立抗灾。这样不同的结果有力证明了适应性治理在提升这些地区气候变化应对能力方面的必要性和可行性。在地区层面引入适应性治理，可以满足各利益相关方的需求，有利于自然、社会及管理的多学科协同。

第一节 研究背景

在强调减缓的同时，提高气候变化适应能力是2015年《巴黎协定》加强《联合国气候变化框架公约》的重要内容，对气候变化适应的研究也越来越引起学者和政策制定者的关注[①]。对于经济基础严重依赖农、林、牧等产业的发展中国家，适应气候变化的对策尤为重要。在《国家应对气候变化规划（2014—2020年）》和《国家适应气候变化战略》[②]中，中国提出了全面适应气候变化国家战略，包括提高城乡基础设施适应能力，加强水资源管理和设施建设，提高农业与林业、海洋与海岸带、生态脆弱区、人类健康等领域的适应能力，加强防灾减灾体系建设。同时，国家投入大量物

---

① IPCC：《气候变化2014：综合报告》，政府间气候变化专门委员会第五次评估报告第一工作组、第二工作组和第三工作组报告［核心撰写小组、R，K，Pachauri和L，A，Meyer（eds,）］，瑞士日内瓦IPCC，2014；IPCC，*Climate Change 2012：Managing the Risks of Extreme Events and Disasters to Advance Climate Change Adaptation*，Cambridge：Cambridge University Press，2012；Engle，N. L.，Lemos M. C.，"Unpacking Governance：Building Adaptive Capacity to Climate Change of River Basin in Brazil"，*Global Environmental Change*，Vol. 20，No. 1，2010。

② 中华人民共和国国家发展和改革委员会：《国家应对气候变化规划（2014—2020年）》，2014年，www. sdpc. gov. cn/gzdt；中华人民共和国国家发展和改革委员会：《国家适应气候变化战略》，2013年，www. gov. cn/gzdt/att/att/site1。

力财力，采取一系列积极的政策行动，提高中国适应气候变化的能力。

但是从国内外气候变化适应对策的实施情况来看，地区层面的落实还存在很大问题，主要有三个方面的原因。首先，目前出台的气候变化适应对策都是从全球尺度到区域再到国家层面，这种自上而下、针对大尺度宏观层面的战略对策，较少考虑各个地区自然条件和经济基础的特殊性。这种缺乏地区或局域情景的政策一旦落地，会经常出现水土不服、治理混乱的局面，很难达到提高基层气候变化适应能力的目标①。其次，针对地区层面适应气候变化的方法研究和实践经验总结还远远不够，尤其是与气候变化相关的社会/人文科学研究亟待进一步充实和完善。在推动适应气候变化决策的跨学科研究，提高各利益相关方的参与意识和主动性，提高地区气候变化适应对策的可操作性、纠错能力和可持续性等方面亟待改进②。最后，目前地区层面的气候变化适应对策往往忽略了当地民众的传统智慧，对当地传统的农、林、牧业缺乏纵深了解和科学分析。生活在独特自然生态环境中的农牧民，长期以来形成了一套与自然和谐相处、对抗极端天气和灾害的地方智慧，这些智慧隐含在当地的社会记忆和传统知识当中。社会记忆的概念，最初由法国社会学家哈布瓦赫（Maurice Halbwachs）在1925年提出，首次将记忆社会学化，指在一个群体里或现代社会中人们所共享、传承以

① Hurlbert M. Gupta J.，"Adaptive Governance, Uncertainty, and Risk: Policy Framing and Responses to Climate Change, Drought, and Flood"，*Risk Analysis*, Vol. 36, No. 2, 2016; Adger, W. N.，Arnell N. W.，Tompkins E. L.，"Successful Adaptation to Climate Change Across Scales"，*Global Environmental Change*, Vol. 15, 2005; Wilbanks T. J.，Kates R. W.，"Global Change in Local Places: How Scale Matters"，*Climatic Change*, Vol. 43, 1999.

② 艾丽坤、杨颖：《可持续性科学中与利益相关者的协同》，《世界科技研究与发展》2015年第4期；艾丽坤、王晓毅：《全球变化研究中自然科学和社会科学协同方法的探讨》，《地球科学进展》2015年第11期。

及一起建构的事或物[①]，本文的社会记忆是指农牧区社会应对各种自然和社会变化的经验。由于这些传统智慧与现代科学的语境和思维方式截然不同，在教育水平低下和沟通能力欠缺的背景下，这些存在于基层的强调人与自然关系的智慧往往被政策制定者和科学家忽略。

同时，诸多气候变化适应研究指出了提高适应能力的几个关键因素，Engle 等与 Brooks 等[②]提出治理和制度机制非常重要，这涉及复杂的治理挑战、新机制以及制度安排。面对气候变化的复杂性、不确定性和长期性，适应能力的提高要求有不断改进的风险管理战略；在这一过程中，确认和引入重要的利益相关者，从国家和地方政府到私营行业、研究机构和民间社团，其中包括各社区组织；承认多重压力、不同的优先价值和各利益相关方相互竞争的政策目标，才能使适应策略更加有效；协调利益相关方的不同功能，通过确定的职能和能力来管理风险，使利益相关方发挥不同但又互补的作用[③]。在这样的背景下，适应性治理（adaptive governance）逐渐成为气候变化研究的一个重要方面。

第二节 适应性治理

适应性治理的概念于1998年被提出，是指在不同尺度上通过协作、灵活和以学习为导向的管理方式来提高恢复力，从而形成一

---

① French Scot A.，“What is Social Memory?”，*Southern Cultures*，Vol. 2，No. 1，1995.

② Engle，N. L.，Lemos M. C.，“Unpacking Governance：Building Adaptive Capacity to Climate Change of River Basin in Brazil”，*Global Environmental Change*Vol. 20，No. 1，2010；Brooks，N.，Adger，W. N.，Kelly M. P.，“The Determinants of Vulnerability and Adaptive Capacity at the National Level and the Implications for Adaptation”，*Global Environmental Change*，Vol. 15，2005.

③ IPCC，*Climate Change 2012：Managing the Risks of Extreme Events and Disasters to Advance Climate Change Adaptation*，Cambridge：Cambridge University Press，2012.

整套发展、管理和分配资源的政治、社会、经济和行政系统[①]，制度安排和生态知识在一个动态、持续和自组织的过程中被检验和修正[②]。适应性治理强调实验性的管理，在管理过程中不断地检验和修正管理方法；注重多个利益相关方的参与和合作，在科研—政府—社会互动下形成一个持续不断的问题解决过程[③]；它承认相互矛盾的目标、知识的不确定性、非对称的权力分配和额外的管理成本，因此参与、实验和学习是适应性治理的关键[④]。适应性治理依赖于多中心的制度安排，其间相互叠套、半自治的决策单位在多个层级上共同运作[⑤]。

根据 Munaretto 等[⑥]的归纳，适应性治理包括以下几个特征：（1）多中心的制度，这是多维的、嵌套的和多重的权利中心，是官僚体系、市场和社区自治的集合。（2）合作，包括网络和伙伴关系、共享权利和责任、自组织和冲突解决机制。（3）实验，政治和管理都是实验，边做边学。（4）弹性、渐进性和可逆性，当新信息可得时，特别是出现了很高的不确定性时，允许有各种调整。（5）集体审议，

---

① Berkes, F., Folke C., "*Linking Social and Ecological Systems: Management Practices and Social Mechanisms for Building Resilience*", Cambridge: Cambridge University Press, 1998.

② Folke C., Hahn T., Olsson P., et al., "Adaptive Governance of Social-Ecological Systems", *Annual Review of Environment and Resources*, Vol. 30, 2005.

③ Plummer R., Armitage D., "A Resilience-based Framework for Evaluating Adaptive Co-management: Linking Ecology, Economics and Society in a Complex World", *Ecological Economics*, Vol. 61, No. 1, 2007.

④ Huitema D., Mostert E., Egas W., et al., "Adaptive Water Governance: Assessing the Institutional Prescriptions of Adaptive (co-) Management from a Governance Perspective and Defining a Research Agenda", *Ecology and Society*, Vol. 14, No. 1, 2009; Armitage, D. R., Berkes F., Doubleday N. Introduction: moving beyond co-management In Armitage D. R., Berkes F., Doubleday N. C. edited, *Adaptive Co-management: Collaboration, Learning, and Multi-level Governance*, University of British Columbia Press, Vancouver, British Columbia, Canada, 2007.

⑤ Ostrom, E., "Crossing the Great Divide: Coproduction, Synergy, and Development", *World Development*, Vol. 24, 1996.

⑥ Munaretto S., Siciliano G. E., Turvani M., "Integrating Adaptive Governance and Participatory Multicriteria Methods: a Framework for Climate Adaptation Governance", *Ecology and Society*, Vol. 19, No. 2, 2014.

集体寻找社会问题的解决方案。(6) 参与，包括科学家、资源使用者、有兴趣的公众、政策制定者参与，带来多样的立场、偏好、利益和价值。(7) 多样性，发展多维度的问题框架和找到多维度的解决方案。(8) 多种知识的融合，基于当地和传统知识与科学知识建立获得、综合和共享知识的机制。(9) 社会记忆，在变化中调动和利用过去的经验。(10) 学习，通过了解事实来改进日常和管理实践，对假设、价值和规范提出挑战，建立信任、欣赏和尊敬。(11) 基于生物区域尺度的行动，将生态系统的尺度和治理的尺度对应起来。(12) 弹性管理，关注系统承受变化和自组织的能力。(13) 适应能力发展，关注社会适应能力的提高。适应性治理的优势在于它接受不确定性，将不确定性看作是信息来源并作为行动的依据，因此它可以为变化甚至突变做准备，而不会因为不确定性而不作为。这一特点也决定了适应性治理在小尺度和明确定义的资源系统中更加有效。

适应性治理需要一系列的步骤来实现，一是创建多学科和多层级的气候风险评估，培养领导力和综合持续学习过程以发展适应性战略。二是认识到目前的气候风险和脆弱性，以及预测未来变化。三是通过已知的适应能力来适应现有的气候极端事件，通过探索非传统的适应策略来适应新的影响。四是与其他社会目标综合，适应气候变化。五是与正式组织连接，促进沟通、合作和学习。六是寻找跨学科、跨部门的途径以培养当地领导力，促进当地政府机构确定潜在的解决办法[①]。

---

① Bronen, R., Chapin III F., "Adaptive Governance and Institutional Strategies for Climate-induced Community Relocations in Alaska", *Proceedings of the National Academy of Sciences of the United States of America*, Vol. 110, No. 23, 2013.

目前适应性治理如何提高气候变化适应能力的研究还不多[①]。Brunner 等[②]评价了一些试图建立气候变化适应性治理的案例，包括基于社区的创新不断增加、如何融入社会网络以及社区领导要理解利益共享原则，这一研究将适应性治理放到具体的情境下，强调成功需要什么条件。邓敏等[③]结合哈密地区水权转让实例，讨论了水资源适应性治理的规则。如上所述，任何气候变化适应策略都需要考虑决策是为了满足哪些利益相关方的需求，适应要深入到基层，尤其是提高当地民众的适应力[④]。而适应性治理的小尺度和明确定义的资源系统恰恰能够满足这一要求，只有在局地层面将两者联结起来，才能对气候变化适应能力的提高有所贡献。

本章通过内蒙古干旱半干旱区草原三个案例地的对比研究，基于上文提到的适应性治理实现步骤，首先评估三个案例地的气候风险；其次分析其社会脆弱性，包括对过去气候极端事件的应对方式；再次通过对比剖析其气候变化应对和适应能力不同的原因，指出适应性治理在提升这些地区气候变化适应能力方面的必要性和可行性；最后对如何建立适应性治理的制度和组织保障提出初步的设想。总之，通过适应性治理的实践减少这些地区应对气候变化的社会脆弱性，尤其是在干旱半干旱草原，应对气候不确定性方面有很多地方知识和社会记忆可以借鉴，这也为适应性治理的发展提供了可能。

---

① Munaretto S., Siciliano G. E., Turvani M., "Integrating Adaptive Governance and Participatory Multicriteria Methods: a Framework for Climate Adaptation Governance", *Ecology and Society*, Vol. 19, No. 2, 2014.

② Brunner, R., Lynch A., *Adaptive Governance and Climate Change*, Boston: American Meteorological Society, 2010.

③ 邓敏、王慧敏：《气候变化下适应性治理的学习模式研究：以哈密地区水权转让为例》，《系统工程理论与实践》2014 年第 1 期。

④ Vasseur L. Jones M., *Adaptation and Resilience in the Face of Climate Change: Protecting the Conditions of Emergence Through good Governance*, Brief for GSDR, 2015; Tanner T., Lewis D., Wrathall D., et al., "Livelihood Resilience in the Face of Climate Change", *Nature Climate Change*, Vol. 5, No. 1, 2014.

第三节 案例地介绍与研究方法

本章的三个案例研究地都在内蒙古，分别是锡林郭勒盟苏尼特左旗的巴彦塔拉嘎查、呼伦贝尔市新巴尔虎右旗的克尔伦嘎查和赤峰市克什克腾旗的岗更嘎查。三个地区的基本情况如表7—1所示，根据长期气象观测资料数据，岗更嘎查的年降水量最高，达到383.3毫米，由于其地处浑善达克沙地边缘，草场类型多样，沙地占51.5%，平原丘陵占32.3%，沼泽化草甸占4.2%，湖泊占11.9%；其他两个嘎查的草场类型则比较单一，大部分都是地势平坦的草场。

表7—1 三个案例地的自然条件、人口和草场基本情况

案例地	草原类型	年降水量/毫米	嘎查面积/平方千米	草场承包时间	人口情况	抽样牧户	主要植被
巴彦塔拉嘎查（苏尼特左旗）	荒漠草原	183.5（1970—2016年）	670	1984年，1996年	105户372人（2006年）	37	小针茅、沙葱、多根葱、红砂、珍珠猪毛菜
克尔伦嘎查（新巴尔虎右旗）	典型草原	243.0（1958—2016年）	453	1996年，2000年	97户277人（2010年）	40	羊草、针茅、披碱草、冰草
岗更嘎查（克什克腾旗）	典型草原	383.3（1959—2016年）	141	1982年，1998年	100户405人（2010年）	38	羊草、大针茅、冰草、糙隐子草、冷蒿

注：气象数据来源于内蒙古气象局，下同；人口数据来源于案地调研。

为了解当地的气候变化特征和当地社区对这些变化的应对能力，笔者对巴彦塔拉嘎查（2007年和2010年）、克尔伦嘎查（2010年和2011年）及岗更嘎查（2010年）进行调研，采取分层抽样的办法，尽量使抽样牧户覆盖不同经济水平，抽样数量如表7—1所示。访谈都采用半结构式问卷调查，除了上一年度畜牧业生产的各项成本收益，开放式问题包括牧民对气候变化的感知、灾害损失、对抗灾害的策略、草场利用方式、水资源利用情况、承载力管理和禁牧政策效果等。此外，调查还邀请了嘎查的老人和前任、现任当地领导进行开放式的小组访谈，获取有关嘎查草场管理政策和利用方式、水资源开发、畜牧业生产的社会组织以及灾害应对的历史数据。在实地调研过程中，还对当地气象、农业、林业和草原管理部门等的相关人员进行访谈，收集了相关数据。

第四节　三个案例地适应性治理的现状与未来发展

适应性治理的主要目标就是减少系统的脆弱性，脆弱性是指一个系统易受气候变化或难以应付气候变化（包括气候变异和极端事件）负面影响的程度。它是系统所面临的气候变异的特征、数量和变率，以及系统自身敏感性和适应能力的函数[①]。可以看到，脆弱性由系统的生物物理特征和社会经济条件决定，而适应性治理主要针对后者，因此本章主要关注系统的社会脆弱性，即生计受到灾害和环境风险冲击和压力时，受害者应对能力的大小[②]。

---

① IPCC, *Climate Change 2001: The Scientific Basis*, Cambridge: Cambridge University Press, 2001.

② Adger, W. N., "Social and Ecological Resilience: Are They Related?", *Progress in Human Geography*, Vol. 24, No. 3, 2000; Cutter, S. L., "Vulnerability to Environmental Hazards", *Progress in Human Geography*, Vol. 20, No. 4, 1996.

一　三个案例地的气候变化风险

内蒙古地区近几十年来气温呈现明显上升趋势[①]，同时大部分地区的降水却在减少，呈现出较强的变干趋势[②]。三个案例地所在地区的气象资料统计结果证明了变暖结果，如图 7—1 所示，

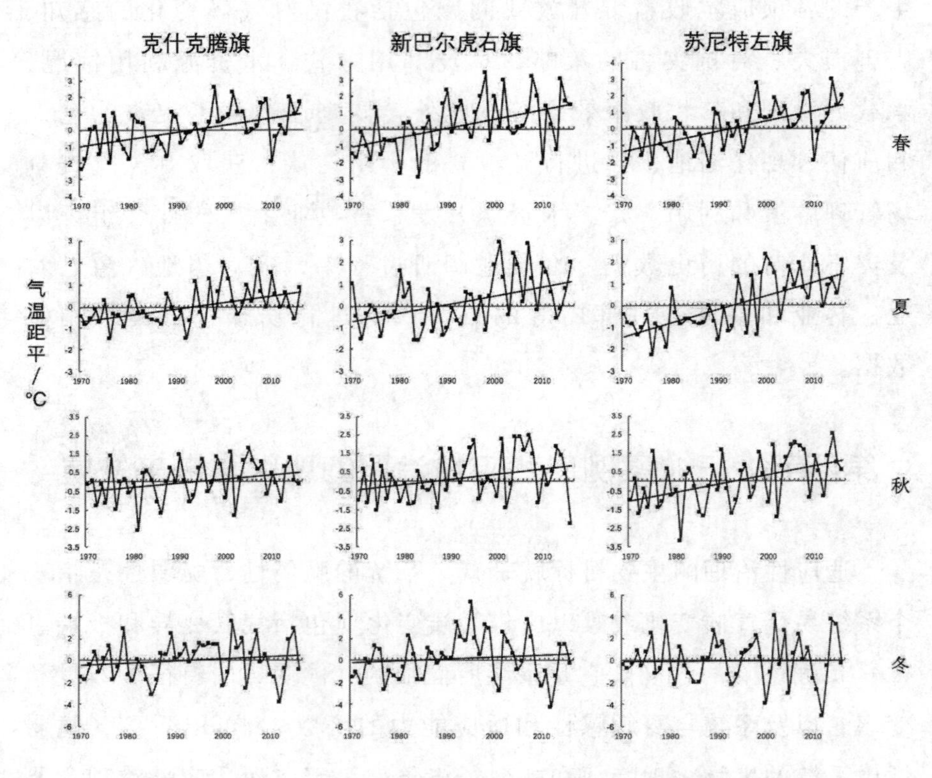

图 7—1　1970—2016 年三个案例地所在旗县分季节气温距平变化

---

① 裴浩、Cannon A.、Whitfield P. 等：《近 40 年内蒙古候平均气温变化趋势》，《应用气象学报》2009 年第 4 期；路云阁、李双成、蔡运龙：《近 40 年气候变化及其空间分异的多尺度研究：以内蒙古自治区为例》，《地理科学》2004 年第 4 期。

② 赵媛媛、何春阳、李晓兵等：《干旱化与土地利用变化对中国北方草地与农牧交错带耕地自然生产潜力的综合影响评价》，《自然资源学报》2009 年第 1 期；高涛、肖苏君、乌兰：《近 47 年（1961—2007 年）内蒙古地区降水和气温的时空变化特征》，《内蒙古气象》2009 年第 1 期。

1970—2016 年三个地区四季的气温都有上升，呈现明显的变暖趋势。降水的变化则比较复杂，如图 7—2 所示，三个案例地的春季降水都有增加；夏季降水却都在下降；秋季降水则呈现不同的状态，克什克腾旗增加，新巴尔虎右旗下降，苏尼特左旗持平；冬季降水是苏尼特左旗持平，另两个旗增加。总体表现就是雨热越来越不同步，不利于牧草生长。

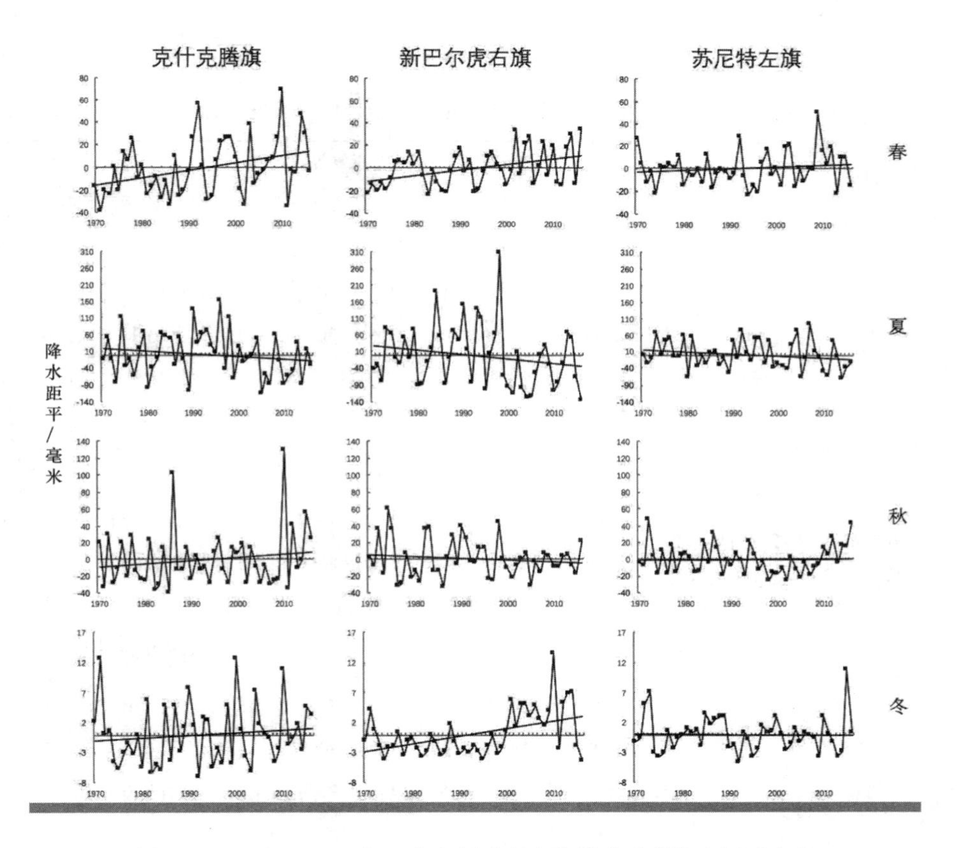

图 7—2　1970—2016 年三个案例地所在旗县分季节降水距平变化

从三个地区气温、降水以及极端灾害的情况（表 7—2）可见，近 10 多年来的灾害主要有两个特征：一个是时间上的连续性，如表 7—2 所示，不论旱灾还是雪灾，都是多年连续的，苏尼特左旗

2000—2006年总降水量都维持在较低水平，新巴尔虎右旗2000—2010年的冬季降雪都高于多年平均水平，克什克腾旗2007—2010年的春季降雪也是连续高于多年平均水平，连续的灾害使牧民难有喘息之机。另一个是旱灾与高温、雪灾与低温同时发生，表7—2中虽然苏尼特左旗21世纪初旱灾和雪灾次数都少于20世纪80年代，但这几次灾害都伴随着极端高温和寒潮，这无疑给畜牧业造成更大损失。

表7—2　三个案例地所在地区的气候变化特征和自然灾害发生情况

案例地	气温	降水	春夏连旱/（次数/10年）	雪灾/（次数/10年）
苏尼特左旗	春、夏、秋明显上升，冬季上升幅度较小	夏季减少趋势，秋冬变化不明显，春季上升趋势，但2009年极端值在其中的贡献很大	20世纪80年代：7 20世纪90年代：3 21世纪初：4	20世纪80年代：5 20世纪90年代：4 21世纪初：3
新巴尔虎右旗	春、夏、秋、冬四季明显上升，2000年后大波动且连续高温	夏旱冬雪：冬春增加，2000—2010年冬季连续高于平均值；夏秋减少，连续低于平均值	20世纪60年代：5 20世纪70年代：4 20世纪80年代：6 20世纪90年代：3 21世纪初：6	20世纪60年代：2 20世纪70年代：4 20世纪80年代：3 20世纪90年代：2 21世纪初：9
克什克腾旗	春、夏、秋、冬明显上升，波动增大	春雪秋旱：2005—2009年春季降雪连续高于平均值，秋季降水连续低于平均值	20世纪70年代：3 20世纪80年代：2 20世纪90年代：1 21世纪初：5	20世纪70年代：1 20世纪80年代：3 20世纪90年代：1 21世纪初：5

注：春降水量是从4月中旬到6月中旬，夏降水量是从6月下旬到8月上旬。春旱标准是4月中旬到6月中旬的降水量低于相应案例地数据年份范围内的平均值，夏旱标准类似。春夏平均气温是各旬平均气温的平均值。为了与畜牧业经营周期相对应，本书将降雪量进行跨年度的统计，即将本年度11月、12月的降雪量与下一年度1月、2月的降雪量进行连续统计。雪灾的标准为当年降雪量高于相应案例地数据年份范围内的平均降雪量。

二　案例地应对气候变化的社会脆弱性分析

脆弱性评估是提高适应能力必不可少的前提条件，社会脆弱性指当地社区、群体或个人在气候、环境和社会经济制度变化下的暴露性、敏感性和适应性，包括对群体或个人生计的干扰和对变化的物理环境的被迫适应[①]。Adger 和 Kelly[②] 提出了一套衡量社会脆弱性特征的指标：主要包括贫困、不公平性和制度适应性。贫困意味着应对策略减少和权利受限；不公平性表示可利用资源集中在少数人手里，同时这些人又影响着集体权力，这种不公平性也会进一步导致贫困；制度适应性是指当地制度结构的响应性、进化和适应性。本章就用这三个指标衡量案例地的社会脆弱性。

灾害导致的最直接影响就是牲畜损失。巴彦塔拉嘎查 2000—2006 年发生的连续干旱，牲畜数量连续下降，平均每年下降 10%，虽然牲畜损失比起 1977 年不算很高，但这是以高昂的草料成本为代价的，从 2000 年以后几乎所有牧户开始买草料，多年储蓄全部消耗，还需要举债，甚至借高利贷[③]。克尔伦嘎查的牲畜数量从 2000 年的 4.5 万头（只）下降到 2010 年的 2.5 万头（只），大畜（牛和马）比例急剧下降，从 2006 年的 36% 下降到后来的不足 5%。岗更嘎查因灾害发生时间较前两个嘎查晚，大约在 2005 年才开始旱灾，因此总体牲畜数量减少不多，但与巴彦塔拉嘎查类似，也是以高草料成本为代价。

在这样的背景下，三个案例地应对气候变化的社会脆弱性如表

---

① Füssel H.，Klein R.，"Climate Change Vulnerability Assessments: an Evolution of Conceptual Thinking"，*Climatic Change*，Vol. 75，No. 3，2006；Adger，W. N.，"Social Vulnerability to Climate Change and Extremes in Coastal Vietnam"，*World Development*，Vol. 27，No. 2，1999.

② Adger，W. N.，Kelly，P. M.，"Social Vulnerability to Climate Change and the Architecture of Entitlements"，*Mitigation and Adaptation Strategies for Global Change*，Vol. 4，No. 3，1999.

③ 张倩：《牧民应对气候变化的社会脆弱性：以内蒙古荒漠草原的一个嘎查为例》，《社会学研究》2011 年第 6 期。

7—3所示。巴彦塔拉嘎查和克尔伦嘎查的贫困户数量明显增加，岗更嘎查稍有增加但不是很多。不公平性也是前两个嘎查较为严重，它们有一个共同点，就是草场承包经过两轮实施（表7—1），草场全部划分到户，虽然巴彦塔拉嘎查单独划出三块集体草场，但2000年后连续旱灾之后，也逐渐放弃集体管理和利用。这些草场被嘎查领导占用，引起了村民的极度不满。与前两个嘎查不同，岗更嘎查除了打草场明确划分到户外，其他放牧场包括沙地（冬季放牧场）、湖边草甸（春秋放牧场）和平原丘陵温性草原（春秋放牧场）则都是全嘎查或小组集体使用。相应地，面对与气候变化相关的极端天气，前两个嘎查只能靠牧户自己应对，而岗更嘎查则可以采取一些集体行动，通过制度调整增强牧民对气候变化的适应能力。

表7—3　　三个案例地应对气候变化的社会脆弱性

	贫困	不公平性	制度适应性
巴彦塔拉嘎查	无畜户从2001年的4户增加到2006年的11户，贫困户从16户增加到38户	草场承包面积与实际面积不符，集体草场占用和集体草场补贴去向不明	无制度调整，牧户自己找应对办法
克尔伦嘎查	贫困户2006年35户，无畜户2010年43户，多数出现在2000年后	贫富分化，抽样牧户中贫困户的牲畜数量占抽样牧户牲畜总量的比例从19%（2000年）降到12%（2010年）。富户得到多数畜牧业支持项目	无制度调整，牧户自己找应对办法
岗更嘎查	2009年雪灾后贫困户有所增加，但数量较少	较低，因为草场承包程度小，有较多集体放牧地	恢复牲畜移动，对外来牲畜的限制加强，集体放牧场的管理加强

资料来源：案例调研。

三　案例地适应性治理的对比分析

通过内蒙古三个案例的对比分析，发现巴彦塔拉嘎查和克尔伦嘎查的社会脆弱性远高于岗更嘎查，在应对自然灾害的草场管理方面，岗更嘎查比另外两个嘎查更具有灵活性，而且灾后的恢复力也更强。这主要源于三个案例地对社会记忆和社会资本的不同程度的应用。

恢复力的社会资源，包括社会资本（信任和社会网络）和社会记忆（处理变化和极端灾害的经验），是社会生态系统适应变化和形成转变的根本要求。巴彦塔拉嘎查在2001—2005年连续五年的旱灾后，2006年又遭遇严重旱灾，在这样的情况下，牧民依靠其个人的社会资本走“敖特尔”（将牲畜移动到亲戚朋友的牧场以避灾）（表7—4），才在旱灾中得以生存，虽然成本高昂，但如果不走就会损失全部牲畜。而岗更嘎查面对连续雪灾，依靠社会记忆逐渐恢复牲畜移动性（表7—5），1982年草场承包之后，牲畜移动性明显降低，由于搬迁时劳动力不足，冬季草场（沙地）常住户增多，导致一部分牛一年四季都在沙地，对沙地破坏很大；而南部更远的冬季草场因与相邻农区有土地划分的矛盾无法使用，牲畜都集中在北部沙地，放牧压力加大；同时，由于草场相对够用，前往夏季草场放牛的牧户减少。2000年以后面对连续灾害，岗更嘎查的牧民开始恢复移动性，首先是沙地常住户在5月1日至9月1日搬离沙地，其次是一些牧户开始在夏季将牛移到夏季草场，这样撤出沙地的牛就占到50%。移动性的增加不仅能改善牲畜膘情，还使草场资源得到更合理利用，从而提高抗灾能力，岗更的产权安排也具有更大的灵活性，放牧场共用也为移动性的恢复提供了基础。相比之下，克尔伦嘎查由于草场彻底划分到户，牧民个体经营畜牧业，原有的互相帮助共同应对灾害的条件已经消失，在连续雪灾中难以依靠社会资本避灾，又无社会记忆恢复的基础，导致其无畜户的比例最高。

表 7—4　　2006 年巴彦塔拉嘎查 28 户牧民走“敖特尔”地点的相关信息表

旗/市	苏木/镇	嘎查/地方名	走“敖特尔”户数	距离/千米
苏尼特左旗	满都拉图镇	白音宝力道	9	> 50
	贝勒镇	白音淖尔	7	> 75
	满都拉图镇	白音哈拉图	2	> 75
	满都拉图镇	白音温都尔	1	> 100
	满都拉图镇	萨如拉塔拉	1	> 40
	白音乌拉	阿拉善宝力格	1	> 25
锡林浩特市		达布希拉图	3	> 200
苏尼特右旗			2	> 100
阿巴嘎旗			1	> 200
乌兰察布市察右后旗			1	> 1000
共计			28	

资料来源：案例调研。

表 7—5　　岗更嘎查不同历史阶段中牲畜移动情况

不同历史阶段	牲畜	时间	草场
1958—1981 年集体经济	牛、马、羊	6—8 月	夏季草场
	牛、马、羊	4—5 月和 9—10 月	春秋草场
	羊	10 月—次年 3 月	冬季草场
	牛、马	10 月—次年 3 月	冬季草场（更远）
1982—2000 年草场承包	马、羊和 20% 的牛	6—8 月	夏季草场
	80% 的牛	6—8 月	春秋草场和冬季草场
	牛、马、羊	4—5 月和 9—10 月	春秋草场
	牛、马、羊	10 月—次年 3 月	冬季草场
2001—2010 年移动恢复	50% 的牛、马、羊	6—8 月	夏季草场
	50% 的牛	6—8 月	春秋草场
	牛、马、羊	4—5 月和 9—10 月	春秋草场
	牛、马、羊	10 月—次年 3 月	冬季草场

资料来源：案例调研。

四　适应性治理的制度和组织保障

综观这三个案例地影响适应性和恢复力的主要因素，本章针对在干旱半干旱草原地区建立适应性管理时如何实现制度保障和组织保障，提出一些初步的思考。

（一）建立适合当地社会生态系统特点的草原管理制度

由草和畜组成的干旱半干旱草原生态系统是复杂多变的生态系统。首先，从“草”来看，降水量少且波动大使得植被生长剧烈波动，这是草原生态系统的最大特点，也是牧民进行畜牧业生产时的首要考虑因素。其次，从“畜”来看，不同牲畜种类都有不同的习性，而且牲畜对水草的需求也随着季节变化而变化。最后，自然灾害频发也是草原畜牧业经营的关键影响因子，灾害发生不仅对草场植被产生强烈的作用，而且也是牲畜数量下降的首要影响因素。正是这种易变性、极端性和多样性，迫使当地牧民长期以来选择“逐水草而居”的游牧生产方式。由此决定了这里的“人”的特点，他们都分散居住在地理位置边远的地区。对外界来说，这些因素都使得其社会生态系统的可控性和可观察性很低，从而给自上而下的草原管理带来了极大的挑战。在这样的条件下，更加需要多种来源知识的整合，以增强对草原生态系统的理解和认识。

如前所述，岗更嘎查的草场资源类型多样，如果各种草场都划分到户，则面积太小，无法放牧，岗更嘎查在草场承包时就没有把放牧场全部划分到户。在第二轮承包时，草场只是做了数字上的划分，没有实际分到户，每户只有草场承包面积，并没有确定其所承包草场的物理边界，还是保持放牧场的集体使用。当遇到连续极端灾害时，岗更嘎查在集体使用草场的基础上，就能迅速地恢复牲畜移动性。而另外两个嘎查由于草场彻底划分到户，多数牧户将自己的草场安装了围栏，大大限制了牧户开拓相互的网络合作能力，适应性治理也就难以实现。事实上，加强联户或合作牧场建设，是牧区建设的基础和关键，换句话说，也是牧区的社会、行政、经济和基层建设[①]。在现有条件下，如何加强牧户间的合作能力，是减少牧区应对气候变化的社会脆弱性的根本。2006年10月颁布《中华人民共和国农民专业合作社法》之后，牧区合作社发展迅速，为牧民加强网络合作提供了可能，但要实现适应性治理，必须与利益相关者开展多尺度、多层级的合作。

（二）建立多层级的管理

多层级的管理作为适应性治理的重要特征，也是牧区草场管理和畜牧业发展的现实要求，这也需要不同组织层级的领导力。表面看来，适应气候变化主要是提高牧民应对极端天气的能力，但正常时期草场的有效管理和牲畜的合理放牧也是提高适应能力的重要环节，因为健康的草原和牲畜是整个系统恢复力的基础。图7—3是基于干旱半干旱草原生态系统特点建立的适应性治理的多层级管理框架，该框架纳入各个利益相关者，并对他们的地位、作用和彼此关系做了初步的描述。这个框架分为三个层次：牧户小组、互惠合作网络和当地政府。由于干旱半干旱草原的水草资源分布具有很大的时空异质性，需要促进单户经营的牧民联合形成牧户小组，在较大的空间范围内实现水草资源的合理利用，这样不仅可以满足牲畜对水草的日常需求，而且可以实施轮牧，有效保护草原植被。更重要的是，也可以利用当地人应对气候变化和极端事件的本土知识，因为多年来的实践已经证明很多地方性知识具有很强的适应能力。在此基础上建立互惠合作网络，当一个嘎查发生灾害时，牧户小组可以通过互惠网络寻找未受灾地区的牧户小组接受他们走“敖特尔”避灾。同时，政府各业务部门和科研单位也要发挥作用，促进

① 《杨廷瑞“游牧论”文集》，陈祥军编，社会科学文献出版社2015年版。

网络内的信息沟通，对制度安排及时进行检验和修正，实现集体学习的目的。当地政府则要提供相关的政策和服务，协调不同利益相关者的目标，最终促进互惠合作网络各项职能的发挥，同时在极端事件发生时，也要负责对外的应急资源调配。

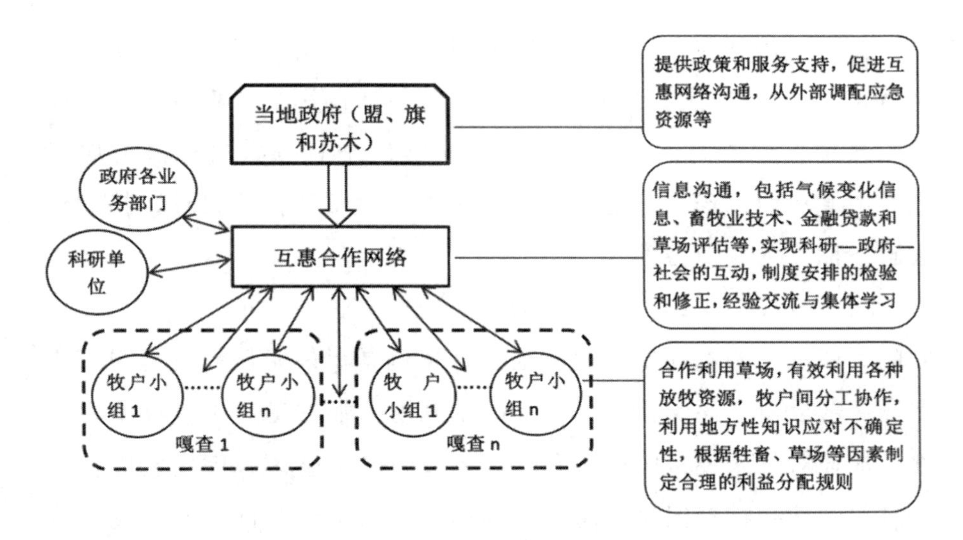

图 7—3　适应性治理的多层级管理框架

从本章的三个案例地来看，岗更嘎查在牧户小组的建设方面已有基础；巴彦塔拉嘎查在牧户个体经营多年的基础上，有个别牧户已经开始拆除围栏，合作放牧；最困难的是克尔伦嘎查，因为很多无畜户、贫困户已经离开草原，迁入城镇。2011 年开始实施的草原生态补助奖励政策也给一些想要恢复畜牧业的牧民提供了机会，这些牧民可以利用补贴购买母畜，而这与生态保护的目标并不矛盾，因为草原保护从根本上是要通过合理利用来实现，而不是丢弃不管。这些牧民也只有通过畜牧业，才有可能脱离贫困。对于另两个更高层次的管理，则应该成为目前我国适应气候变化战略的实施重点，这一方面也有国际经验借鉴，例如红十字会实施的“十亿联盟”项目，只有加强了地方基层对气候变化的适应能力，才能从根本上提高整个国家的气候变化适应能力。

第五节 案例比较的结果与不足

基于对内蒙古三个案例地的调研和对比分析，看到即使是在同一省份，气候变化也在局地层面产生着不同的影响，但统一的趋势是雨热越来越不同期，雪灾与旱灾次数增加且与极端气温同时发生。由此决定气候变化的适应策略必须针对具体情况设计，推动形成自下而上的适应方案。

面对连续灾害，三个案例地不同的社会脆弱性正是源于它们不同的草原利用机制和基于此的社会合作机制。最明显的就是岗更嘎查在一部分草场还保持集体利用的基础上，能够迅速恢复牲畜移动性、加强对外来牲畜的限制和对集体放牧场的管理，因此它能在这一过程中减少牲畜损失和防止草场退化。而资源条件最好的克尔伦嘎查，在草场彻底分到户之后，抗灾只能依靠牧户自己，面对连续雪灾，单个牧户难以有效保护牲畜，结果导致近一半的牧户成为无畜户。相比之下，更加干旱的巴彦塔拉嘎查虽然也是草场划分到户，但还能依赖于长期积累的各种社会资本渡过难关，无畜户的增长率不高。这样不同的结果，正是因为三个案例地的牧民有着不同的社会资本和社会记忆，这是社会生态系统适应变化和形成转变的根本要求。

不可否认的是，案例中岗更嘎查年降水量383.3毫米，是巴彦塔拉的2倍，是克尔伦的1.5倍。就降水来讲，岗更的自然条件远好于巴彦塔拉和克尔伦，脆弱性也小很多，似乎三个嘎查的可比性较小。但本书主要探讨的是通过适应性治理的实践减少这些地区应对气候变化的社会脆弱性，更加强调这些地区不同的制度适应性，这些适应性治理的实践在干旱半干旱草原，具有重要的借鉴意义。那么在现有的草场产权制度下如何提高牧民的社会资本和保护牧民的社会记忆，从而提高牧民对气候变化的适应能力呢？本书根据干旱半干旱地区草原生态系统的特点和畜牧业的要求，建立了一个多层级的治理框架，协调利益相关方的不同作用，通过确认其职能和能力来管理风险，使利益相关方发挥不同但又互为补充的作用[①]。

由于数据和案例有限，这样的案例对比也有诸多不足之处。首先，三个案例分析中体现的适应性治理的含义还很狭隘，主要涉及社会记忆和社会资本，如前所述，适应性治理有十多个维度的特征，还需要更多案例研究的支持，对每个特征都能有更深入的探讨。其次，三个案例地的适应性治理机制还没有真正建立起来，尤其是没有得到当地政府的承认和重视，还是分散的自下而上的应对策略，只是具有一些适应性治理的特征，还需要进一步地努力。最后，本章提出的适应性治理多层级管理框架还只是停留在理论阶段，且有很多不足，适应性治理只有通过一个个局地层面的实验，才能逐步建起科研—政府—社会互动下的一个持续不断的问题解决过程。基于此，未来针对适应性治理的研究也如适应性治理本身的含义一样，重视理论框架和实践研究的同时发展，边做边学。同时加强与已有相关研究计划的合作，例如适应性治理与“未来地球计划”的协同设计、协同实施和协同推广理念不谋而合，是“未来地球”思想在气候变化适应研究中的实践。

① IPCC，*Climate Change 2012*：*Managing the Risks of Extreme Events and Disasters to Advance Climate Change Adaptation*，Cambridge：Cambridge University Press，2012.

第八章

商品化悲剧：生态补偿后草原过度利用的逻辑*

如表 1—1 所示，应对生态系统管理这一难缠问题的一个方法是将自然资本和生态系统服务市场化，后者就是生态补偿，这也是中央政府采取的一个重大举措，自 2011 年以来，我国开始在 13 个省区实施草原生态保护补助奖励机制，其目的是通过给农牧民发放补贴，鼓励他们减少牲畜以保护草原生态系统，巩固北方草原的生态屏障功能。但这一政策实施五年后，除了难以决定非市场的生态系统服务的价值之外，我们发现一些地区的牲畜不但没有减少，反而还有所增加，一些农牧民甚至通过增加贷款扩大牲畜数量。很明显，这一结果与该政策的预期目标背道而驰。这一章以内蒙古锡林郭勒盟的一个苏木为例，分三个层次探讨牲畜不降反升的原因。第一个层次的问题是分析该政策为何没有形成预期的经济激励，除了补偿标准太低，还有哪些因素影响牧民的减畜决策。第二个层次的问题是即使牧民得到足够补偿，也没有外界因素干扰的条件下，牧民是否就能够认真减畜。第三个层次

---

* 本章根据三篇已发表文章改写而成，包括：（1）2016 年第 5 期《甘肃社会科学》上的文章《草原生态补助奖励机制的经济激励效果分析》；（2）2018 年第 4 期《学海》上的文章《生态补偿补给谁？——基于尺度问题反思草原生态保护补助奖励政策》；（3）2017 年第 4 期《社会发展研究》上的文章《商品化悲剧：生态补偿与草场资源过度利用的逻辑》。

的问题是生态补偿给社会系统以及人与自然的关系带来哪些深远的影响。

第一节　草原生态补助奖励机制的实施

生态补偿机制是以保护生态环境、促进人与自然和谐发展为目的，根据生态系统服务价值、生态保护成本、发展机会成本，运用政府和市场手段，调节生态保护利益相关者之间利益关系的公共制度[①]。它承认生态保护地的居民拥有正当权利，因为他们的行为保护了付费者所定义的生态系统服务功能，因此要给予他们补偿[②]。在碳汇、生物多样性保护和水流域管理等方面，生态补偿机制得到广泛应用[③]。自2005年国家“十一五”规划首次提出“按照谁开发谁保护、谁受益谁补偿的原则，加快建立生态补偿机制”以来，生态补偿近些年来越来越成为国家保护生态和平衡利益的重要举措[④]。2013年，国务院将生态补偿的领域从湿地、矿产资源开发扩大到流域和水资源、饮用水水源保护、农业、草原、森林、自然保护区、重点生态功能区、区域、海洋领域。

为加强草原生态保护，从2011年开始，国家每年拨付100多亿元专项资金，在内蒙古、新疆、西藏、青海、四川、甘肃、宁夏和云南等8个主要草原牧区省（自治区）和新疆生产建设兵团，后

---

① 李文华、刘某承：《关于中国生态补偿机制建设的几点思考》，《资源科学》2010年第5期。

② Swallow, B. M., Kallesoe, M. F., Iftikhar, U. A., van Noordwijk, M., et al., “Compensation and Rewards for Environmental Services in the Developing World: Framing Pantropical Analysis and Comparison”, *Ecological Economics*, No. 14, 2009.

③ 李晓光、苗鸿、郑华等：《生态补偿标准确定的主要方法及其应用》，《生态学报》2009年第8期；Kosoy, N., and Corbera, E., “Payments for Ecosystem Services as Commodity Fetishism”, *Ecological Economics*, Vol. 69, 2010。

④ 欧阳志云、郑华、岳平：《建立我国生态补偿机制的思路与措施》，《生态学报》2013年第3期。

又扩展到13个省（自治区），全面建立草原生态保护补助奖励机制（以下简称草原补奖机制）。政策措施主要包括：（1）对生存环境非常恶劣、草场严重退化、不宜放牧的草原，实行禁牧封育，中央财政按照6元/亩/年的测算标准对牧民给予补助，初步确定五年为一个补助周期；（2）对禁牧区域以外的可利用草原，在核定合理载畜量的基础上，中央财政对未超载的牧民按照1.5元/亩/年的测算标准给予草畜平衡奖励；（3）给予牧民生产性补贴，包括畜牧良种补贴、牧草良种补贴（10元/亩/年）和每户牧民500元/年的生产资料综合补贴。这一机制试图通过政府补贴的方式，对那些为草原保护做出贡献的牧民提供补偿。

2016年，经国务院批准，“十三五”期间，国家将继续在这13个省（自治区）启动实施新一轮草原生态补奖政策。这是中央统筹我国经济社会发展全局做出的重大决策；是深入贯彻“创新、协调、绿色、开放、共享”理念，促进城乡区域协调发展的具体体现；是加快草原保护，建设生态文明的重要举措[①]。与第一轮草原生态补奖政策相比，这一轮政策主要有三方面改进：一是实施范围又增加了河北省5县以构建和强化京津冀一体化发展的生态安全屏障；二是补贴标准提高，禁牧补助从原来的每年每亩6元增加到每年每亩7.5元；草畜平衡奖励从原来的每年每亩1.5元增加到每年每亩2.5元，生产性补贴取消；三是划分两类地区实施不同政策，在8省区实施禁牧补助、草畜平衡奖励和绩效评价奖励；在5省实施“一揽子”政策和绩效评价奖励。

草原生态补奖政策是新中国成立以来在我国草原牧区实施的投入规模最大、覆盖面最广、补贴金额最多的一项政策。这是一项生态补偿政策，它承认草原牧区的牧民拥有正当权利，因为他

---

① 农业部办公厅、财政部办公厅：《新一轮草原生态保护补助奖励政策实施指导意见（2016—2020年）》，农办财〔2016〕10号。

们的行为保护了付费者所定义的生态系统服务功能，因此要给予他们补偿[①]。但是，五年多的执行效果显示草原生态补奖政策没有避免目前生态补偿项目的通病，即生态保护者的权益和经济利益得不到保障，生态破坏和生态服务功能持续退化的问题还没有得到有效遏止[②]。具体到这一政策主要体现在牧民落实草原保护政策尤其是实施禁牧的积极性不高、补偿额度远低于牧民损失、牧民就业渠道有待拓宽、草原管护员工资偏低以及草原执法监管工作水平有待强化等问题[③]。在这些问题中，最根本的就是政策实施效果与当初政策设计的逻辑完全背道而驰，草原生态补奖政策本意是想通过给牧民发放补贴，鼓励牧民减少牲畜，但根据我们的调查，一些地方的牲畜不降反增，草原继续退化。以内蒙古自治区为例，草原补奖机制实施的前三年里，牲畜数量从2010年的9694万个羊单位下降到9337万个羊单位，下降了4%，但2014年牲畜数量增长到9769万个羊单位，超过政策实施之前的2010年（图8—1）。为何牧民拿到补贴却反而增加牲畜数量？这种激励是如何形成的？草原生态补偿如何实现生态保护的目标？这就是这一小节试图解答的问题。

---

① Swallow, B. M., Kallesoe, M. F., Iftikhar, U. A., et al., "Compensation and Rewards for Environmental Services in the Developing World: Framing Pantropical Analysis and Comparison", *Ecological Economics*, No. 14, 2009.

② 戴其文、赵雪雁：《生态补偿机制中若干关键科学问题：以甘南藏族自治州草地生态系统为例》，《地理学报》2010年第4期；马爱慧、蔡银莺、张安录：《耕地生态补偿实践与研究进展》，《生态学报》2011年第8期。

③ 内蒙古自治区草原监督管理局：《草原生态保护补助奖励机制典型牧户调查报告》，《草原与草业》2014年第2期；额尔敦乌日图、花蕊：《草原生态保护补奖机制实施中存在的问题及对策》，《内蒙古师范大学学报》（哲学社会科学版）2013年第6期；哈斯、周娜：《草原生态保护补助奖励政策落实情况调研报告》，《北方经济》2012年第7期。

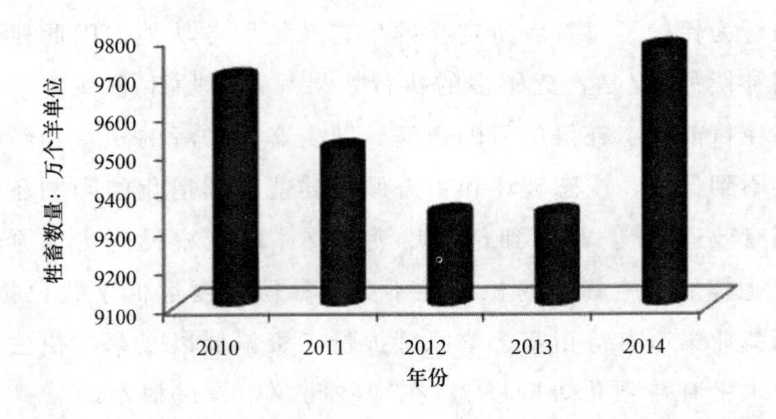

图8—1 2010—2014年内蒙古自治区牲畜数量（羊单位）变化

（内蒙古统计局数据）

第二节 案例研究地及调查方法

锡林郭勒草原是中国境内最有代表性的草原之一，也是欧亚大陆草原亚洲东部草原亚区保存比较完整的草原部分。位于锡林郭勒盟最南端的太仆寺旗，与河北省交界，距北京350公里，是一个半农半牧区。G苏木是该旗的牧业苏木，位于西南部，西北和东部分别与河北两县为邻。G苏木总面积850平方公里，辖19个嘎查，其中蒙古族约占总人口数的71%。畜牧业是G苏木最主要的收入来源，全苏木草场面积117万亩，其中可利用草场面积106万亩，占总面积的92%。

自2011年起，内蒙古锡林郭勒盟太仆寺旗实施草原生态补奖政策。G苏木共有106万亩草场实施生态保护措施，其中实施禁牧面积52万亩，涉及9个嘎查，681户1692人，草场禁牧补贴资金507.6万元，禁牧区要求每户牲畜数量不超过25个羊单位[①]，作为自食畜，补助标准为3000元/人/年[②]；实施草畜平衡面积54万亩，涉及11个嘎查，669户1603人，草畜平衡补贴资金92.32万元，草畜平衡标准为13亩/羊单位，奖励标准为1.71元/亩。此外，牧草良种补贴面积39万亩，牧民生产资料补助1300户。

本章选取G苏木的三个嘎查进行案例调查，包括两个禁牧区嘎查和一个草畜平衡区嘎查。由于实施禁牧比草畜平衡对牧户生产生活影响更大，所以在调研中多选择一个禁牧嘎查。每个嘎查选择约20个牧户作为案例，占各嘎查牧户总数的近1/3。在选取牧户时，尽量覆盖不同经济水平的样本。根据牲畜数量，将牧户分为无畜户、少畜户、中等户和富裕户，划分标准是基础母畜数量折算成羊单位：0—200个羊单位的为少畜户；200—500个羊单位的为中等户，500个羊单位以上则为富裕户。最后禁牧区两个嘎查分别成功调查20个牧户，草畜平衡区的嘎查成功访问21个牧户，总共成功访问61个牧户。调查内容包括两个方面，一是填写家庭调查表，包括牧户基本情况、牲畜数量及历史变化、2014年家庭收入支出、牧户贷款情况和牧户对于草原补奖政策实施效果的评价及建议等；二是深度访谈，即根据调查表信息展开有价值的连续追问。同时还选择村里一些关键人物进行重点访谈，包括前任村干部和村里比较有威望的老牧民，主要了解村里近十多年有关草场利用与管理、水资源利用与管理和牧民生产生活变化，尤其是贫困人口的变化，以及草原补奖项目实施以来，牧民的看法和政策执行情况。此外，笔者于2014年和2015年分别在内蒙古呼伦贝尔市和阿拉善盟也对草原生态补助奖励政策的实施效果进行了相关调查，文中对于三个地区遇到的类似问题也进行了对比分析。

---

① 由于大畜（牛、马和骆驼）对牧草的需求量是小畜（绵羊和山羊）的几倍，为统一标准，大畜被折合为羊单位来统计，通常一只大畜等于5个羊单位。

② 为了保证补助发放的公平性，当地政府将6元/亩/年的标准调整为按人头发放禁牧补助。

一 草原补奖机制实施后牲畜不降反升

经过调查，我们发现草原生态补奖政策不但没有实现减畜目标，牲畜数量不降反增。《锡林郭勒盟2011年草原生态保护补助奖励机制实施方案》规定禁牧区和草畜平衡区减畜工作分三年完成，第一年完成减畜40%，第二、三年各完成30%，2013年底前实现减畜目标。但G苏木的统计数据显示其牲畜数量并没有如期下降，反而还有增加：从2010年的69402个羊单位增加到2013年的72215个羊单位。牧户调研也印证了这一增长趋势：21个草畜平衡户中，只有7户在2011年遵守减畜规定，比常年多出售牲畜。有10户牧民的牲畜数量在2015年达到其家庭历史最高峰，尤其是富裕户和中等户，多数都是2015年牲畜最多。其中有4户是2009年到2010年牲畜最少，到2015年变为最多，说明其牲畜增长就集中在草原补奖机制实施的这几年，这样的结果完全与政策目标相反。在40个禁牧户中，只有6户在2011年遵守减畜规定，比常年多出售牲畜；只有3户达到了禁牧所规定的每户不超过25个羊单位的标准；有17户的牲畜数量在2015年反而达到其家庭历史最高峰。

二 牧民增加贷款以保持牲畜数量

一些牧民宁可增加贷款，也不愿意多出售牲畜，“贷款也得买畜增加牲畜数量，不讲理了，不顾后果”（2015年访谈）。从抽样的40个禁牧户来看，户均贷款数量从2010年的1.8万元增加到2015年的6.5万元，而且这些增加的贡献主要来自中等户和富裕户（图8—2和图8—3）。G苏木抽样的40个禁牧户和21个草畜平衡户中，只有5个禁牧户和4个草畜平衡户没有贷款，其他牧户都有贷款，如遇自然灾害或市场波动收入下降无法还贷，还需要借高利贷还款，从而陷入贷（高利贷）了还、还了贷（银行贷款）的困境。2014年，这些牧户的利息支出就占其畜牧业总成本的12%，购买饲草料成为牧民贷款的主要原因。如果遇到比较严重的自然灾害，那这些牧户将会面临很大的还贷风险。从贷方来看，牧民现在可以拿到的草原生态补奖补贴也在一定程度上增强了还款能力，因此，也愿意多放贷给牧民。在没有贷款干预的畜牧业系统中，牧民需要现金就出售牲畜，在一定程度上有限制牲畜数量的效果，现在，过多贷款的介入给牧民提供了缓冲之计，但无形中给草原生态带来了更大压力，而且牧民越来越依赖这种外部投入，进一步造成对草原的过度利用。

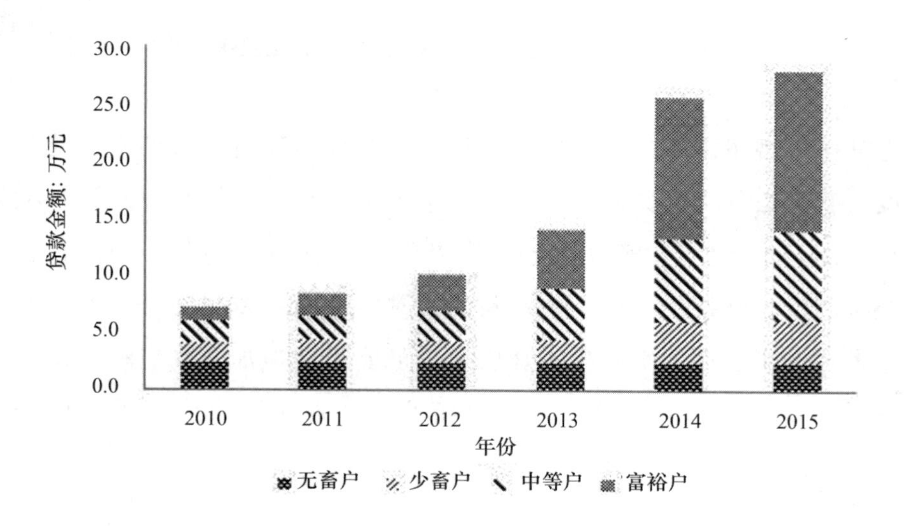

图8—2　不同种类禁牧户的户均贷款数量变化

很明显，这一结果与该政策预期的减畜和保护生态的目标背道而驰。过去几十年中，生态补偿逐渐由惩治负外部性行为转为激励正外部性行为[①]。作为一种促进生态环境保护的经济激励手段，生

① 秦艳红、康慕谊：《国内外生态补偿现状及其完善措施》，《自然资源学报》2007年第4期。

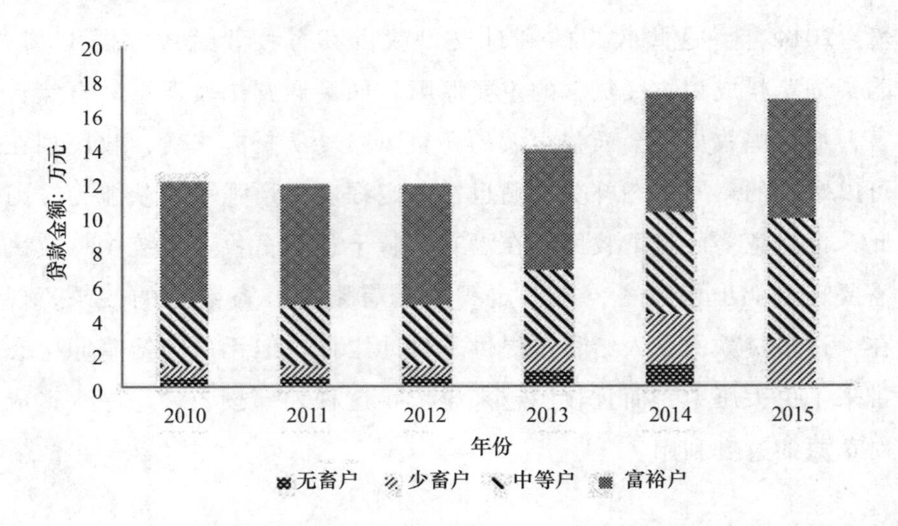

图 8—3 不同种类草畜平衡户的户均贷款数量变化

态补偿体现了激励的重要性、转移的直接性与环境服务的商品化程度，其补偿的力度关系到制度的激励效果，也是政策得以达到预期目的的基本条件[①]。事实上，生态补偿在实施过程中与当地的社会经济制度相互作用，产生一些新的问题，从而导致生态补偿难以有效发挥作用。例如实施生态补偿项目可能潜在地加强现有权力结构的不平衡和脆弱性，通过改变市场条件和强化形成当地差异的条件，引发一系列的土地占用和冲突[②]。

第三节 草原生态补助奖励机制的经济激励效果分析

基于案例调研，本节试图从两个方面分析该政策没有达到预期

---

① 马爱慧、蔡银莺、张安录：《耕地生态补偿实践与研究进展》，《生态学报》2011 年第 8 期。

② Chhatre, A., Agrawal, A., “Trade-offs and Synergies Between Carbon Storage and Livelihood Benefits from Forest Commons”, *Proceedings of the National Academy of Sciences*, Vol. 106, No. 42, 2009.

的正面经济激励的原因。首先以草原补奖机制的补贴标准和补贴的公平性来评估牧民减畜的直接激励作用；其次分析政策实施过程中，当地社会经济条件，主要是畜产品市场变化，对农牧民减畜的间接激励作用，从而解释牲畜数量不降反升的政策激励过程；最后对于政策改进提出一些相应的思考和建议。

一　草原补奖机制的直接经济激励效果

（一）补偿标准远低于牧民减少牲畜的损失

生态补偿如果不能形成一种有效的市场机制，不能及时反映真实的或公认的机会成本，就不能引起利益相关者的参与兴趣。在调研中，不论是禁牧户还是草畜平衡户，都反映补贴太低，远不能弥补他们按规定减畜所承担的损失。例如禁牧户补贴标准是 3000 元/人，40 户抽样牧户平均拿到的补偿金额是 8800 元/户，以 2015 年 G 苏木抽样牧户的平均出栏价格 470 元/大羊[①]计算，约等于 19 只大羊，如果按 2013 年的出栏价格，也就是 10 只大羊。而禁牧户如按草原补奖机制的规定是每户减到 25 个羊单位，那么抽样牧户平均每户就需要减少约 110 个羊单位。也就是说，现在的补偿标准只是牧户牲畜减少损失的不到 1/5。再看草畜平衡户，21 个抽样牧户的牲畜总量是 4821 个羊单位，其草场总面积为 18226 亩，实际草场载畜量约为 4 亩/羊单位。如果按草畜平衡要求的 13 亩/羊单位，则只能饲养 1402 个羊单位，这意味着这 21 户平均每户要减少 162 个羊单位，而目前每户平均 1833 元的补贴，只能补偿不到 4 个羊单位的损失。如果再加上作为基础母畜的畜牧业生产资料价值，那现有补贴标准就相对更低了。

---

① 牧民出售羊时一般分为羔子和大羊，羔子是指当年出生的羊羔经过近半年的饲养出售，大羊则是指年龄超过两岁的，这里包括淘汰母羊、大羯羊等。

（二）政策监管不力造成政策实施的不公平性

草原补奖机制除了补偿过低之外，还无形中鼓励了少畜户和无畜户，打击了有畜户的生产积极性。面对同样的政策，拥有不同牲畜数量的牧户对于政策产生的反应是不同的。对于无畜户和少畜户来说，他们不必为此政策的执行付出任何代价，就能得到补贴，因此对这一政策非常欢迎，补贴再高些当然更好，但现在这样也比以前收入高，生活有一定保障。因此，他们离开草原，迁到城镇，靠打工和补贴维生。在监管不力的条件下，个别无畜户还将草场租给外来户，反而造成对草场的过度利用，在整个社区也形成草场保护的负面激励。正如一些牧民所说：“真要是公平，我们也愿意减畜，现在外地畜比本地畜都多，没人管。”对于中等户和富裕户来说，过低的补贴对他们执行此政策的损失来说是杯水车薪，如果按规定减少牲畜，根本不可能维生，更关键的是，由于语言和技术的限制，他们短期内也不可能转业。因此，在减畜没有监督执行的条件下，他们反而继续增加牲畜。抽样牧户尤其是禁牧户在 2015 年都呈现出更强的牲畜拥有量两极分化的趋势，即牧户家庭历史上牲畜最多或牲畜最少的年份大多集中在 2015 年。

所以现在形成了一种有悖常理的现象，如表 8—1 所示，G 苏木抽样牧户的收入随着牲畜数量的增加呈降低趋势，无畜户和少畜户净收入比中等户和富裕户要高。前者收入高的原因在上文已有解释，富裕户净收益为负值主要是因为草料成本过高，2014 年抽样牧户的草料成本约占其畜牧业总成本的 68%。因为 2014 年畜产品价格开始下降，牧民出栏数量低于往年，所以草料成本剧增缘于留存牲畜多导致的草料需求多于往年。虽然赔钱，但由于 G 苏木放牧场还保留集体使用，多养牲畜就意味着多占用草场，中等户和富裕户抱有机会主义的态度等待牲畜价格上升，这样就能扭亏为盈。不可否认的事实是，牧民确实正在陷入一个越养越赔、越赔越养的陷阱里：过度放牧导致草场退化，草料不足引起畜牧业成本上升，赔钱饲养就通过增加牲畜数量弥补，从而又导致过度放牧。

表 8—1　　　　不同种类草畜平衡户与禁牧户 2014 年净收入　（单位：元）

补奖类型	无畜户		少畜户		中等户		富裕户	
	户数	平均收入	户数	平均收入	户数	平均收入	户数	平均收入
草畜平衡户	3	9239	6	5420	11	4531	1	-1200
禁牧户	2	3450	18	9998	15	5728	5	-21606

注：草畜平衡户，一户出租草场，收入 6000 元/年，再加上打工收入 5000 元。另一户是其中一人拿退休补贴 12000 元/年。

总之，草原补奖机制本意是想通过对草原生态服务的提供者或保护者支付补偿，将草原保护行为的正外部性内部化，让长久以来对草原保护做出贡献的当地牧民得到更公平的待遇。但目前来看，过低的补贴标准使得草原补奖机制不仅没有按照预期实现经济激励下的生态保护，反而还引发了一系列新的问题，包括牲畜不降反增、鼓励过牧和贷款增加，这一过程改变了牧民与草原相存相依的关系，导致资源的无序竞争和过度利用。这些问题的出现需要我们对草原补奖机制的设计和执行依据做更深入的理论思考。

二　畜产品市场变化对农牧民减畜的间接激励作用

如上所述，生态补偿在实施过程中与当地的社会经济制度相互作用，产生一些新的问题，从而导致生态补偿难以有效发挥作用，其中最明显的影响就是畜产品的价格波动带来的影响。从 2001 年开始，牛羊肉价格连续上涨了 13 年，其中，2007—2013 年上涨明显，牛肉价格年均上涨 17.9%，羊肉价格年均上涨 18.7%[①]。就内

---

① 中国产业信息网：《2014 年中国各省肉类产量变化最新情况》，2015 年，www.chyxx.com/industry/201509/345467.html。

蒙古牛羊肉市场价格变化来看，2006 年牛羊肉价格运行较为平稳；2007 年随着猪肉价格的大幅上涨，牛羊肉价格出现一轮大幅快速上涨；2008 年至 2009 年牛羊肉价格呈小幅波动上涨态势；2010 年羊肉价格首先出现持续大幅上涨，牛肉价格相对稳定；2011 年至 2013 年牛羊肉价格持续上涨。2013 年牛肉、羊肉全区平均零售价格分别为每 500 克 27.72 元、31.63 元，较 2012 年平均价格分别上涨 28.00%、12.46%，较 2011 年平均价格分别上涨 57.32%、31.70%，较 2006 年平均价格分别上涨 237.64%、233.52%①。但这种上涨态势从 2014 年戛然而止，农业部的监测数据显示，从 2014 年开始，内蒙古、新疆等牧区羊肉价格出现了环比和同比下降的态势②。至 2016 年 1 月，河北、内蒙古、山东、河南和新疆等主产省区羊肉平均价格为每公斤 50.66 元，环比下跌 0.5%，同比下跌 14.4%③。

面对如此大的价格落差，牧民短期内难以接受，因此自 2014 年开始减少牲畜销售数量，“去年牲畜价格低，所以今年牲畜数量多了”（2015 年访谈）。牧民都期待着畜产品价格恢复后再增加销售，因此，即使增加贷款和支付越来越高的饲草料成本，也不能赔本出售牲畜。但是从长远来看，这种牲畜数量的维持是不可持续的，如果牲畜价格继续下跌，待牧民完全支付不起饲草料成本时，也只得出售牲畜，甚至基础母畜。

综上所述，几方面因素共同作用促使牧民减少牲畜销售数量和增加牲畜，草原补奖机制的补贴标准相对于牧民减畜损失过低，使

---

① 内蒙古农牧业信息网：《我区牛羊肉市场价格情况调查》，2014 年 6 月，www.nmagri.gov.cn/fwq/fxyc/384030.shtml。

② 新浪网：《羊肉连涨 13 年之后价格下跌》，2016 年 7 月，sh.sina.com.cn/news/m/2014-12-08/detail-iavxeafr6096598-p4.shtml。

③ 中国畜牧兽医报农业部畜牧业司监测分析处全国畜牧总站行业统计分析处：《生猪产品价格上涨 牛羊肉价格下跌》，《中国畜牧兽医报》2016 年 2 月 28 日第 2 版。

得牧民整体遵守政策减畜的积极性不高；无畜户和少畜户出租草场引发了社区内该政策实施的不公平现象，不用承担多少减畜责任的无畜户和少畜户不仅可以拿到补贴，还可以出租草场拿到草场租金，草场出租和外来畜的进入引发了当地社区草场占用的无序竞争，进一步刺激了牲畜增加；畜产品市场价格的突然下降，也导致牧民一时无法接受价格，不愿意按计划出售牲畜。在整个过程中，草原补奖机制实施的监督形同虚设，1 名管护员负责 10 万亩草场，每年却只能得到 4000 元的工资，用牧民的话说“还不够摩托车一年的油费”。因此，草原补奖机制虽然实施五年，但其预期的减畜目标不但没有达到，反而在一些地区还刺激了牲畜进一步增加。需要说明的是，虽然本书的案例研究地仅仅是在内蒙古的一个苏木，但补贴标准过低、市场价格波动以及政策实施监管不力这些问题在该机制实施范围内普遍存在，这也说明以上的分析对于其他地区的政策实施也具有一定的解释性和借鉴意义。

三　再思考：生态补偿怎么补？

（一）畜牧业环境保护补贴的可能性

生态补偿的原则之一就是谁保护、谁受偿（Provider Gets Principle），根据中国的实际情况，政府补偿保护者是目前开展生态补偿最重要的形式，也是目前比较容易启动的补偿方式[①]。这里需要先明确一个问题：谁才是真正的生态服务提供者？目前草原补奖机制将项目区内的所有牧民都看作是提供者，这个假设是有很大问题的。从 G 苏木的执行结果看，一些少畜户和无畜户拿到补贴后放弃畜牧业，进城打工，在监管不力的条件下，有些牧户把草场出租给外来户，再赚得一份收入。这造成了资源使用的极度不公平：对于

① 李文华、刘某承：《关于中国生态补偿机制建设的几点思考》，《资源科学》2010 年第 5 期。

富裕户和中等户来说，他们需要承担减少牲畜的损失，还要与租用草场的外来户竞争草场资源；而放弃畜牧业的少畜户和无畜户不需要为补奖机制的执行付出多少代价，还能得到补贴甚至是草场租金。

目前草原补奖机制在实施过程中，尤其是针对禁牧区，生态保护与畜牧业发展被对立起来，要想保护草原，就要求牧民退出畜牧业甚至迁出草原，但结果是迁出草原并不一定能保证草原得到保护，反而还引起更坏的结果。因此，如何让草原生态补偿准确指向草原生态服务的提供者，或者是能激励牧民提供更好的草原生态服务，是草原生态补偿政策所面临的重要挑战。如果换一种角度，即从单纯生态保护的角度换成通过保护生态来保护农业生产的角度，我们还是要保护生产者和资源使用者，鼓励他们对草场资源的保护性使用，而不是鼓励他们对自然资源放任不管，这就是农业环境保护补贴的角度，即《WTO 农业规则》“绿箱政策”（Green Box Policies）中的“环境保护计划补贴”[①]。针对继续从事畜牧业的牧户，应根据当地草原生态系统条件和农村发展的需求，制定具体的环境保护条件，满足这些条件后发放畜牧业生产的环境保护补贴，让牧民跳出前文所述的越养越赔、越赔越养的陷阱；针对已经退出牧业的牧户，就不需要再给他们提供畜牧业损失的机会成本补贴，而是提供相应的产业结构调整补贴。

（二）通过社区集体行动建立牧民参与的渠道

自 2011 年开始实施的草原补奖机制，主要以自上而下的政策制定和执行为主。中央政府首先确定政策执行区域和每年给各省的拨款总额，同时制定了禁牧和草畜平衡两种补贴标准。到省一级政府再制定各自的执行方案，如内蒙古自治区经过讨论发明了标准亩

① 黄河：《论我国农业补贴法律制度的构建》，《法律科学》（西北政法学院学报）2007 年第 1 期。

的概念[①]，按折算比例和草场面积将资金再分给各盟市，各盟市再根据自身具体情况制定各自的执行方案。在这一过程中，牧民没有参与政策制定，只是被动地接受和执行政策。当然，由于监管不力，很多牧民也没有按照规定实现禁牧或草畜平衡。

生态补偿是自然资源管理中旨在使个体或（和）集体土地使用决策与社会利益一致，而提供激励的社会活动参与者之间的一种资源转移[②]。我们看到，正是由于草原补奖机制是自上而下制定的，五年的执行过程里并没有形成与社会利益一致的土地使用决策，也没有形成正面的生态保护的激励。目前草原补奖政策是直接给牧民个人补贴，这样操作最简单，资金管理成本低，对牧民生活的帮助也最大。但这种做法不利于本地管理组织的形成，也不利于保护目标的宣传；而由地方组织参与的计划，虽然推进缓慢一些，但更容易得到本地居民的广泛理解和支持，才具有制度效应[③]。事实上，只有当地牧民才了解如何使用草场，基于社区参与的草场管理如果能在生态补偿机制下建立起来，既能促成草原的可持续利用，也能将一些想继续从事牧业的贫困户联合起来，促进社区发展，减少贫困。更重要的是，牧民明白保护草原是为了自己，而不只是为了得到补贴，不是为了别人才保护草原。

总之，草原补奖政策之所以没有实现预期的减畜目标，首先是因为该政策简单化了畜与草的复杂关系，认为减畜就是保护，但在实施过程中，减畜在实际操作中也很难实施；即使减了畜，但减了

---

① 将锡盟平均产量系数定为1，称为标准亩，其他盟市根据草产量折算，例如呼伦贝尔市的草产量相对较高，1亩相当于1.59个标准亩，阿拉善盟1亩相当于0.52个标准亩。补贴金额按此折算比例发放。

② Muradian R., Corbera E., Pascual U., et al., "Reconciling Theory and Practice: An Alternative Conceptual Framework for Understanding Payments for Environmental Services", *Ecological Economics*, Vol. 69, No. 6, 2010.

③ 袁伟彦、周小柯：《生态补偿问题国外研究进展综述》，《中国人口·资源与环境》2014年第11期。

谁的畜，是不是这样草原的利用程度也能相应减轻，都有很大的疑问。其次是草原补奖政策还是要通过激励畜牧业生产中的草原保护行为，才能实现可持续的效果。否则，补贴还有可能通过贷款能力增强，从而维持较高的牲畜数量，进一步加剧草原的过度利用。最后是草原保护的基层组织和管理能力还是要加强，这一块是目前这一轮草原补奖政策完全忽略掉的部分。

第四节　生态补偿应该补给谁：基于尺度问题的分析

如果提高补贴标准，完善政策监督机制，而且外界的畜产品市场价格没有急剧下降，是不是牧民就能够做到减畜呢？基于对生态系统服务提供者的进一步分析，以及G苏木放牧场共用的草场使用制度，我们发现牧民的牲畜不降反升不是仅仅因为该政策实施缺乏监督，而是源于没有弄清生态系统服务的提供者到底是谁。本节结合当地草原使用和管理现状，指出草原生态补偿项目要考虑是在村庄集体还是牧户个体的尺度上给予补偿，事实上，草原生态系统服务功能是在村庄集体的尺度上得以发挥的，因此在很大程度上，村庄集体才是生态系统服务的提供者，在这样的条件下，给牧民个体发补贴的"一刀切"政策最终导致"公地悲剧"的产生。

一　生态补偿与生态系统服务的提供者

如上所述，生态补偿机制是调节生态保护利益相关者之间利益关系的一种公共制度，生态补偿项目是一种自愿交易，即一种定义明确的生态系统服务被一个以上的服务使用者从至少一个服务提供者手里"购买"，而该生态系统服务也只有提供者才能真正保证其供应[①]。因此，准确找到生态系统服务的提供者是生态补偿项目成功实施的重要环节。

生态系统服务这一概念最早出现于20世纪70年代末，Westman[②]警告世人：生态系统如果由于人类活动而退化，那么这些生态系统为社会提供的极其多样且重要的利益也随之消失，其恢复是非常困难且成本高昂的。生态系统服务这样一个简单化的隐喻词开始吸引公众的注意力，逐渐成为一个科学名词[③]。2005年，来自95个国家的1300多位学者在千年生态系统评估（Millennium Ecosystem Assessment，MEA）中将生态系统服务划分为四种：（1）供给服务（如食品、薪柴、饮用水、鱼）；（2）调节服务（如气候调节、洪水控制、水质调节）；（3）文化服务（如审美和娱乐价值、精神滋养）；（4）支持服务（如碳循环、土壤形成）[④]。

如果仔细考虑生态系统服务的最简单且最普遍使用的概念：人们从生态系统中得到的利益[⑤]，这里有一个潜在的判断就是生态系统服务的提供者是自然，人类只是受益者，这也是生态系统服务概念最初产生时人们的基本判断[⑥]。但与此同时，也有一批学者提出人类通过其对于生态系统产生正面影响的活动也为生态系统服务的提供发挥着重要作用，这主要体现在农业生态系统中，例如牲畜放

---

① Wunder, S., *Payments for Environmental Services: Some Nuts and Bolts*, CIFOR Occasional Paper, 2005.

② Westman, W., "How Much Are Nature's Services Worth", *Science*, Vol. 197, No. 4307, 1977.

③ Norgaard, R. B., "Ecosystem Services: from Eye-opening Metaphor to Complexity Blinder", *Ecological Economics*, Vol. 69, No. 6, 2010.

④ MEA, *Ecosystems and Human Well-being: Current States and Trends*, Washington, DC: Island Press, 2005.

⑤ Ibid..

⑥ Costanza, R., d'Arge, R., de Groot, R., Farber, S., Grasso, M., Hannon, B., Limburg, K., Naeem, S., O'Neill, R. V., Paruelo, J., Raskin, R. G., Sutton, P., van den Belt, M., "The Value of the World's Ecosystem Services and Natural Capital", *Ecological Economics*, Vol. 25, No. 1, 1998.

牧对于草原生物多样性的保护，农业土地利用对于农业景观美学价值的保护等[①]。事实上，这一论断，即人类与自然共同提供生态系统服务，也就成为生态补偿项目的立论依据。"谁受益，谁补偿"（Beneficiary Pays Principle，BPP）和"谁提供，谁受偿"（Provider Gets Principle，PGP）是生态补偿的两个主要原则。"谁受益，谁补偿"就是要求生态系统服务的受益者给提供者补偿，但由于生态系统服务交易存在信息不对称问题，会削弱交易双方的谈判能力，因此在这一原则下，生态系统服务交易双方的自愿程度不高。Hanley等[②]将生态系统服务的购买主体从实际受益者扩大到包括政府和国际组织的第三方，也就为第二个原则提供了依据。事实上，OECD国家早已普遍使用"谁提供，谁受偿"原则，基于这一原则，政府确认一个"适合"水平的农村公共物品提供者，然后根据提供服务的边际机会成本将公共资金发给这些提供者[③]。

这个概念中提到的"适合"水平的农村公共物品提供者，强调了我们不仅要搞清生态系统服务的提供者是谁，更要明确这些提供者是在什么尺度上提供这些服务，因为生态系统服务类型是多样的，不同类型的服务，其提供者的构成也是不同的。如上所述，生态系统服务可能包含私人物品（有竞争性和排他性，如林木）、俱乐部产品（无竞争性但有排他性，如保护区的美景）、公共池塘资源（有竞争性但无排他性，如公共牧场）或者公共物品（无竞争

---

① Engel S.，Pagiola S.，Wunder S.，"Designing Payments for Environmental Services in Theory and Practice: An Overview of the Issues"，*Ecological Economics*，Vol. 65，No. 4，2008；FAO，*The State of Food and Agriculture: Paying Farmers for Environmental Services*，Food and Agriculture Organization of the United Nations，Roma，2007.

② Hanley，N.，Hilary Kirkpatrick，Ian Simpson and David Oglethorpe，"Principles for the Provision of Public Goods from Agriculture: Modeling Moorland Conservation in Scotland"，*Land Economics*，Vol. 74，No. 1，1998.

③ Barnaud，C.，Antona，M.，"Deconstructing Ecosystem Services: Uncertainties and Controversies around a Socially Constructed Concept"，*Geoforum*，Vol. 56，2014.

性也无排他性，如气候调节或害虫控制）[①]。例如林木的提供者可以是农户个体或者林场，保护区美景的提供就需要当地社区与保护区管理者共同努力，气候调节则是更大尺度上不同利益相关者的协调合作。事实上，许多生态系统服务是在景观的尺度上被提供的，其供给需要在整个景观尺度上通过合作来管理农民，而不是将农民当作一个个独立的个体来管理[②]。如果生态补偿项目所购买的生态系统服务是在景观尺度上，而补偿发放是给农民或牧民个体，这种尺度上的不匹配必会出现问题，最终影响生态补偿项目的实施效果。

本节仍以 G 苏木为例，结合当地草原使用和管理现状，提出草原生态补偿项目要考虑草原生态系统服务的提供者是村庄集体还是牧户个体，只有准确认识提供者是在什么尺度上提供生态系统服务，才能保证生态补偿达到预期目标。基于此，在了解上节介绍的 G 苏木草原补奖机制实施的问题之后，本节从两个方面具体论述，首先解释 G 苏木的草场共用机制如何引发公地悲剧的产生，最终导致草原生态补奖政策的失败，其次基于尺度问题讨论草原生态补偿到底应该补给谁。

二　G 苏木的草场共用机制和公地悲剧的形成

（一）保持多年的草场共用机制

虽然内蒙古自 20 世纪 80 年代初就开始实施畜草双承包责任制，在 1996 年又开始第二轮承包，将草场承包落实到户，但 G 苏木一直保持着放牧场共用的制度。图 8—4 就是 G 苏木每个嘎查草

---

① Goldman, R. L., Thompson, B. H., Daily, G., C., "Institutional Incentives for Managing the Landscape: Inducing Cooperation for the Production of Ecosystem Services", *Ecological Economic*, Vol. 64, No. 2, 2007.

② Stallman, H. R., "Ecosystem Services in Agriculture: Determining Suitability for Provision by Collective Management", *Ecological Economics*, Vol. 71, 2011；王羊、刘金龙、冯喆等：《公共池塘资源可持续管理的理论框架》，《自然资源学报》2012 年第 10 期。

场利用的一般模式，嘎查内牧民集中居住，草场分为打草场和放牧场，嘎查里还有一些水源地，如小湖泊或河流，水源地附近有饲料地，每户有 10 亩到 30 亩不等。嘎查间的边界有些是自然边界，有些则安装了网围栏。例如一个抽样嘎查与其东边相邻嘎查的边界，北部是一个小湖泊，南边是敖包山，从而形成天然的边界；西边与农区相邻，嘎查的打草场正好在西边，打草场用围栏围封，一方面保护了打草场，另一方面也形成了与西边农区的分界线。每个嘎查的打草场都已统一安装了网围栏，并且划分到户，户与户之间没有围栏。嘎查安排专人看护打草场围栏，例如一个抽样嘎查的打草场分两块，1 万亩的一块由 2 人负责，1.4 万亩的一块由 4 人看护。放牧场没有划分到户，一直保持着共用，但多数牧户在房屋附近围几十亩的一块接羔地，便于春季接羔使用。

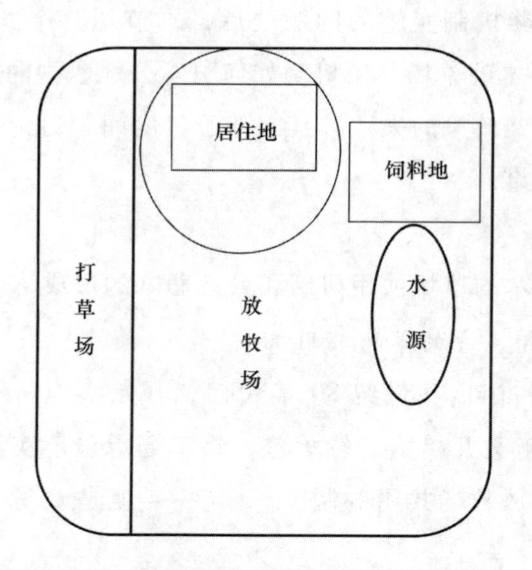

图 8—4 G 苏木每个嘎查的草场利用示意图

放牧场没有划分到户而保持共用的原因很简单，就是户均草场面积太小。从抽样的 61 户牧民的草场面积来看，户均放牧场是

1040亩。如果划分到户，用围栏围成小方格，牲畜在围栏内来回采食，其踩踏作用要比大范围自由采食的踩踏作用严重好多倍。用牧民的话说，没吃完也先踩完了。因此，在两轮草场承包过后，G苏木的放牧场仍保持共同使用。从牲畜放牧方式来看，牧户统一雇用羊倌放羊，一个嘎查有四到五群羊，每群羊有四百到五百只，由十几户的小羊群组成，羊倌工资按照羊的数量和放牧时间分摊。马和牛则是牧户自己管理，因为牛和马的放牧不用跟人，尤其是牛。

在草原生态补奖政策实施之前，牲畜数量有其内在的控制机制，这源于三方面因素，一是自然灾害损失，2000年以后多发的旱灾和雪灾，是牲畜死亡的最大原因，这一过程中，牧民不但把多年储蓄消耗殆尽，而且还开始借款买草。二是牧民需要出售牲畜满足其现金需求，牧民每年秋天必须出售适当数量的牲畜才能满足其生活、教育和看病等需求。三是对外场[①]的限制，对于少畜户来说，他们没有其他收入来源，即使牲畜数量很少，也只能依靠牧业，因此极少有少畜户出租草场离开牧业，这样村外的人很难在这里租到草场。虽然村内确实存在草场使用不公平，即“大户吃小户”的现象，但鉴于大户数量较少且增畜能力有限，牲畜数量基本保持稳定，甚至在20世纪头十年间还有下降，G苏木的牲畜总量1999年为114835个羊单位，2010年为69402个羊单位，下降达40%。

（二）公地悲剧的形成

自2011年草原生态补奖政策实施之后，这种牲畜数量控制机制被破坏，公地悲剧随之产生。首先是外场失去控制。如前所述，无畜户和少畜户牲畜数量少，很容易达到草原生态补奖政策的减畜标准，他们不必为草原生态补奖政策执行付出多少代价，就能得到补贴，因此对这一政策非常欢迎，现在比以前收入高，生活有一定

---

① 出租草场给村外人被称为外场。

保障。因此，他们离开草原，迁到城镇，靠打零工和补贴维生。在监管不力的条件下，一些无畜户还将草场租给外来户，造成对草场的过度利用。例如一个抽样嘎查的包村干部一户一户清点牲畜时，发现外来畜已经占其嘎查牲畜总量的1/10，这些草场租用户多来自周边农区。奥斯特罗姆定义的公共池塘资源管理的第一个原则被打破了，即有权从公共池塘资源中提取一定资源单位的使用者失去了清晰边界。这样，在整个社区也形成草场保护的负面激励，正如一些牧民所说：“真要是公平，我们也愿意减畜，现在外地畜比本地畜都多，没人管。”其次是中等户和富裕户增加牲畜的能力大大增强。草原生态补奖政策发放的现金补贴，可以补贴家用，可以买草料，也可以给还贷提供保障，所有这些都促使有畜户减少牲畜出售，增加牲畜数量。每个牧户增加牲畜带来的收入是自己享有，而由此造成的草场过度利用的成本却由全社区甚至更大范围的人群承担，“公地悲剧”发生。一些牧民已经认识到这个问题，“贷款也得买畜增加牲畜数量，不讲理了，不顾后果”，但却无能为力。从抽样的40个禁牧户来看，户均贷款数量从2010年的1.8万元增加到2015年的6.5万元，而且这些增加的贡献主要来自中等户和富裕户（表8—2）。

表8—2　　不同类型牧户的户均贷款数量增加情况　　（单位：万元）

年份 / 牧户	2010	2011	2012	2013	2014	2015
无畜户	2.5	2.5	2.5	2.5	2.5	2.5
少畜户	1.8	2.0	1.9	2.1	3.7	3.8
中等户	1.9	2.0	2.6	4.5	7.3	7.8
富裕户	1.2	2.0	3.2	5.0	12.2	14.0

三　基于尺度问题探讨草原生态补偿应补给谁

从以上分析可以看到，一直以来G苏木各嘎查的牲畜数量控制事实上是由一个草—畜—人构成的社会生态系统完成的，而不是单纯由牧民个人决定的，也就是说，草原保护及其生态屏障功能是由整个系统而不是牧民个体提供的。但是，草原生态补奖政策却把生态补偿资金发放给牧民个体：通过“一卡通”或“一折通”将补奖资金及时足额发放给牧民，并在卡折中明确政策项目名称。正是这种尺度上的不匹配，扰乱了原有的系统运行机制，牲畜数量无法控制，公地悲剧随之产生，最终导致草原生态补奖政策不但达不到减畜的预期目标，反而刺激牲畜大量增加。由此可见，问题的根源就在于对管理尺度的把握有失准确。

要谈尺度问题，首先要搞清社会生态系统的概念。社会生态系统是指由一个或多个生态系统和社会系统相互影响、相互关联组成的复合系统，其中，“生态系统”由相互依赖的生物体或生物单元构成，“社会系统”暗含着人与人之间通过合作而形成的相互依存关系[①]。G苏木的生态系统就是由草原生态系统以及依赖于此的牲畜放牧系统组成的，而社会系统就是牧区社会，牧民通过管理牲畜放牧系统对草原生态系统产生间接影响。在社会生态系统的管理中，尺度非常重要，因为不同的过程发生在不同的尺度上。生态系统的尺度是指格局或过程的时间和空间维度；社会系统的尺度则是指制度控制对资源获得和管理责任的时间和空间维度。因为社会经济和生态是相互耦合的，关注单一维度不可能解决可持续性的问题，因此匹配性就是探讨这两个方面如何相互影响和相互依赖。

---

① Wilbanks T. J., Kates R. W., “Global Change in Local Places: How Scale Matters”, *Climatic Change*, Vol. 43, 1999.

如前所述，草原生态补奖政策实施前，G苏木各嘎查的草场使用是共用的，其管理也是以小组为单位集体安排，此时的管理尺度是以嘎查为单位，这与嘎查生态系统服务提供的尺度也是相互匹配的。草原生态补奖政策的实施改变了社会系统的管理尺度，这主要体现在给牧户补偿这一行为放大了牧户的个体决策权，弱化了整个嘎查的集体决策权，从而导致管理尺度与生态系统服务提供的尺度不再匹配。首先是少畜户和无畜户可以不再依赖于放牧，他们可以选择继续放牧，更可以离开牧业、出租草场和迁入城镇，原有的一个通过合作形成的相互依存的“社会系统”破碎化了。其次是外来户的涌入引发了“公地悲剧”，中等户和富裕户对草场使用出现逐底竞争，大家不顾草场过度利用的后果，即使贷款也要尽可能增加牲畜数量，草—畜系统原有的制约平衡关系遭到破坏。由此可以看到，草原社会生态系统管理的尺度直接影响着牧民的放牧决策行为，正是由于草原生态补奖政策的实施改变了G苏木草场管理的尺度，才导致了该政策实施结果与预期背道而驰的后果。

基于以上分析我们看到，草原生态补奖政策本意是想通过给牧民发放补贴，鼓励他们减少牲畜数量甚至放弃牧业，恢复退化草原，巩固北方草原的生态屏障功能。但该政策并没有考虑到“谁提供，谁受偿”原则中生态系统服务提供者的“适合”水平，误以为生态屏障这种生态系统服务的提供者就是牧民个体，将补贴直接发放给牧户，从而导致牲畜不降反增的后果。事实上，生态屏障功能的保障是由草—畜—人三者构成的草原社会生态系统提供的，从范围来看，至少是牧户小组甚至是更大的嘎查或苏木，把这个系统维护好，它还能提供其他多种服务，包括独立生产（防灾、保畜），种植草树、建修房舍，普及草原、育种、兽医科技与牲畜科学统计管理，以及在商贸、医药、文教、通信、扶贫、治安中的互助作用，分工修房、盖圈等基建工程和草原改良，草料种植、收割、运储、加工，甚至牲畜统计、草原测量，甚至安置待业青年和扶贫济穷[①]。

正是由于草原生态补奖政策错误地判断了草原社会生态系统的管理尺度，误以为调整牧民个体的放牧行为就可以达到减畜目的，忽略了牧民之间通过合作形成的相互依存关系，以及牧民整体与畜—草系统的相互作用机制，最终导致政府花了大量资金想减少牲畜，但实际效果却是牲畜不降反升，草原继续退化。基于这一判断，我们也可以预测新一轮的草原生态补奖政策提高补贴标准：禁牧补助从原来的每年每亩 6 元增加到每年每亩 7.5 元，草畜平衡奖励从原来的每年每亩 1.5 元增加到每年每亩 2.5 元，其结果必定会进一步导致牲畜增加。基于此，我们提出草原生态补偿应针对村庄集体，即把当地整个社会生态系统看作一个整体，应以促进系统和谐运行为目标，而不是扰乱这个系统的组织结构。

因此，草原生态补奖政策应该划拨一部分资金，鼓励牧民间的集体行动。因为社会生态系统管理的集体行动能够很好地替代市场和政府管理[②]。也就是说，草原生态补偿不仅是针对牧民个体，在集体层面也要有补偿措施，而且可能越来越会成为主要组成部分。事实上，Cranford 和 Mourato[③] 已经提出一个同时将居民和所在社区作为补偿对象的两阶段补偿方法，即首先对社区或地区进行补偿，以激励集体形成积极的态度与行为，其次再通过市场机制对个人提供进一步的激励。这样就要求在该政策实施之前，对各嘎查草场使用和管理现状以及牲畜数量的控制机制进行详细评估。如果是像 G 苏木这样一直合作利用草场的地区，草原生态补偿资金应考虑如何保护和鼓励这种合作，在改善牧民生活水平的同时，维持原有的牲

---

① 《杨廷瑞“游牧论”文集》，陈祥军编，社会科学文献出版社 2015 年版。

② Ostrom, E., *Governing the Commons*, Cambridge: Cambridge University Press, 1990.

③ Cranford M., Mourato S., “Community Conservation and a Two-stage Approach to Payments for Ecosystem Services”, *Ecological Economics*, Vol. 71, No. 15, 2011.

畜控制机制。如果是草场彻底分配到户，嘎查里没有任何集体行动，那给牧民个体发放补偿资金的同时，要加强牧户间的相互监督机制，然后再根据具体条件鼓励牧民间的相互合作，建立有效的牲畜控制机制。

第五节 商品化悲剧：生态补偿与草场过度利用的逻辑

虽然哈丁提出的“公地悲剧”模型说明了资源过度利用的形成机制，但他并没有解释公地悲剧何以形成，也就是说，其背后人与人的关系以及人与生态系统的交流如何变化从而导致自然资源过度利用的后果。尤其是从社会学的角度来看，这一模型过于简单地解释了人的社会行为和人的能动性，却没有对社会组织的历史发展有彻底的理解[①]。如果再看G苏木的案例，这里有意义的问题不是公地悲剧本身的作用机制如何导致草场退化，而是其为何发生在草场共管坚持30年之后。草原生态补助奖励政策实施后到底给当地草原共管带来了什么影响，公地悲剧的产生机制是什么？这还得从自然资源或生态系统服务的价值在经济学和政策制定过程中的角色变化说起。

一 生态系统服务的商品化过程

在古典经济学中，自然资源被看作是独立于土地和资本的生产过程中的一个因素，此时自然资本之所以被重视，是因为其使用价值，而且这些服务是免费的[②]。受到李比希和摩莱萧特（Mole-

---

① Bonnie, J., McCay and Svein Jentoft, “Uncommon Ground: Critical Perspectives on Common Property”, In *Human Footprints on the Global Environment: Threats to Sustainability*, ed., Eugene A., Rosa et al., Cambridge, MA: MIT Press, 2010, p. 207.

② Ricardo, D., *On the Principles of Political Economy and Taxation*, Batoche Books, Ontario, 2001.

schott）对于植物营养循环分析的启发，马克思使用了代谢一词，来分析人与自然的相互关系[①]。他认为劳动和自然都是财富的来源，但仅有劳动是交换价值的来源，自然只是助其完成这一过程[②]。到了20世纪后半叶，土地或者更一般的自然资源，在生产函数中完全消失，因为自然投入可以被生产资本所替代，这源于索洛的增长理论[③]。为了纠正市场失灵，环境经济学自20世纪60年代早期就发展了一系列评估外部环境成本和效益的方法，它扩大了传统的新古典经济学的分析范围，通过发展一系列方法来评价和内部化经济对环境的影响，使其进入决策[④]。

如前文所述，生态系统服务这一概念最早提出是为了警告世人：生态系统如果由于人类活动而退化，那么这些生态系统为社会提供的极其多样且重要的利益也随之消失，其恢复是非常困难且成本高昂的。因此开始的研究多专注于生态系统服务损失造成的经济损失，以强调其重要性。随着越来越多的研究专注于评估生态系统服务的货币价值，人们对基于市场工具的设计来创造保护的经济激励也更有兴趣[⑤]。其中这一方面最主要的工具就是生态系统服务市

---

① Martínez-Alier, J., "Social Metabolism and Ecological Distribution Conflicts", *Australian New Zealand Society for Ecological Economics*, Massey University, Palmerston North, Dec. 2005.

② Marx, K., "Capital, Volume One, The Process of Production of Capital", In: Tucker, R. C., (Ed.), The Marx-Engels Reader, W. W., Norton & Company, London. Available online at: http://www. marxists. org/archive/marx/works/1867 - c1/, 1887.

③ Hubacek, K., van der Bergh, J., "Changing Concepts of Land in Economic Theory: from Single to Multi-disciplinary Approaches", *Ecological Economics*, Vol. 56, 2006.

④ Gómez-Baggethun, E., Rudolf de Groot, Pedro L. Lomas, Carlos Montes, "The History of Ecosystem Services in Economic Theory and Practice: From Early Notions to Markets and Payment Schemes", *Ecological Economics*, Vol. 69, 2010.

⑤ Daily, G. C., Matson, P. A., "Ecosystem Services: from Theory to Implementation", *PNAS*, Vol. 105, No. 28, 2008; Jack, B. K., Kousky, C. Sims, K. R. E., "Designing Payments for Ecosystem Services: Lessons from Previous Experience with Incentives-based Mechanisms", *PNAS*, Vol. 105, 2008.

场①和生态补偿②。货币化和商品化生态系统服务在一定程度上导致了一种缓慢的转变，即从原有的古典经济学理论所定义的从自然获益是基于其使用价值的最初经济概念，转变为新古典经济学基于生态系统服务的交换价值的概念化③。强调生态系统服务的货币价值和支付体系有助于增强对保护的政治支持，但也使越来越多的生态系统服务被商品化，复制了应对环境问题的新古典经济学的机制和市场逻辑④。通过设计和实施生态系统服务评估和交换的制度结构，科学家和决策者努力将生态系统服务在真实的市场中商品化。

二 商品化悲剧

从主流经济学的观点来看，生态补偿能够在一定程度上解决外部性的问题。不同组织和学者都提出生态系统服务的退化可以通过生态补偿来扭转，而且还能发挥减贫的作用，通过把资金从“消费者”转移给这些服务的“提供者”，建立新的城乡一体化渠道⑤。但是，另外一些学者则认为如果期望生态补偿在环境退化和减贫方

---

① Bayon, R., “Making Environmental Markets Work: Lessons from Early Experience with Sulfur, Carbon, Wetlands, and other Related Markets”, *Forest Trends*, http://www.forest-trends.org.2004

② Landell-Mills, N., Porras, I. T., *Silver Bullet or Fool's Gold? A Global Review of Markets for Environmental Services and their Impact on the Poor*, IIED, London, 2002; Wunder, S., Engel, S., Pagiola, S., “Taking Stock: a Comparative Analysis of Payments for Environmental Services Programs in Developed and Developing Countries”, *Ecological Economics*, Vol. 65, 2008.

③ Gómez-Baggethun, E., Rudolf de Groot, Pedro L. Lomas, Carlos Montes, “The History of Ecosystem Services in Economic Theory and Practice: From Early Notions to Markets and Payment Schemes”, *Ecological Economics*, Vol. 69, 2010.

④ Spash, C., “How much is that Ecosystem in the window? The one with the Biodiverse Trail”, *Environmental Values*, Vol. 17, No. 2, 2008; Child, M. F., “The Thoreau Ideal as Unifying Thread in the Conservation Movement”, *Conservation Biology*, Vol. 23, 2009.

⑤ Pagiola, S., Arcenas, A., Platais, G., “Can Payments for Environmental Services Help Reduce Poverty? An Exploration of the Issues and Evidence to Date from Latin America”, *World Development*, Vol. 33, No. 2, 2005; Gutman, P., “Ecosystem Services: Foundations for a New Rural-urban compact”, *Ecological Economics*, Vol. 62, No. 3－4, 2007.

面发挥作用，就会引发相反结果。因为生态补偿可能改变人们的决策逻辑，从考虑做什么以适合社会生态系统变为考虑做什么是对个人最有利的[①]。基于经济激励的政策设计将相关的个人选择作为行动反应的信号，可能会破坏原有保护的道德出发点[②]。

Peterson 等[③]注意到一个转变，原有的强调生态系统服务是作为一个教育和沟通概念，让大家注意生物多样性保护，但现在人们却越来越强调如何将生态系统服务货币化，从而成为潜在市场上的商品。商品化过程导致了社会代谢的失序，即社会系统与生态系统的相互交换与内部关系，产生了不可持续的社会和生态结果，由此导致商品化悲剧。商品化悲剧是指由于竞争性市场在相应政府行动的支持下扩大资本对自然的影响，从而导致生态破坏[④]。这一过程有两个阶段，先是环境退化，然后是政府管理下的保护失败。一旦从商品的视角理解资源的价值，那些意在解决生态问题的政府管理规则就优先考虑那些基于市场的解决方案，从而给资源的过度利用提供了机会。对于生态系统服务价值的商品化并不能体现生态系统更广泛意义上的价值，它把嵌入到这些服务中的其他社会和生态内容都清除掉了，而这些内容恰恰在不同的尺度上给人们提供着生态系统服务[⑤]。

---

① Vatn, A., "An Institutional Analysis of Payments for Environmental Services", *Ecological Economics*, Vol. 69, No. 6, 2010.

② Bowles, S., "Policies Designed for Self-Interested Citizens May Undermine 'The Moral Sentiments': Evidence from Economic Experiments", *Science*, Vol. 320, 2008.

③ Peterson, M. J., Hall, D. M., Feldpausch-Parker, A. M., Peterson, T. R., "Obscuring Ecosystem Function with Application of the Ecosystem Services Concept", *Conservation Biology*, Vol. 24, No. 1, 2010.

④ Clausen, Rebecca, Stefano B., Longo, "The Tragedy of the Commodity and the Farce of AquAdvantage Salmon", *Development and Change*, Vol. 43, 2012.

⑤ Kosoy, N., and Corbera, E., "Payments for Ecosystem Services as Commodity Fetishism", *Ecological Economics*, Vol. 69, 2010.

三 扭曲的市场：商品化悲剧带来的问题

Longo 等[①]在其著作《商品化悲剧：海洋、捕鱼业和水产养殖》中系统分析了渔业资源的商品化如何引发社会生态系统的代谢断裂，并最终导致环境退化和相应的社会问题。对交换价值的无限追求不仅导致过度捕捞，更刺激了养殖业的发展，这对海洋环境又造成更大的破坏，两位学者基于案例研究详细阐释了这一恶性循环过程。对照这一案例，G 苏木则面临更大的问题，因为虽然渔业资源被商品化后受到过度利用和人为干扰，其交换价值是实实在在的市场交易，而 G 苏木在生态补偿实施后，其生态系统服务功能的交易是通过政府补贴迅速实现的，即使说形成了生态系统服务功能的市场，这一市场也是扭曲的，主要表现在以下三个方面。

（一）草原生态系统服务功能被忽视，纸面上的草场面积更有用

草原生态补助奖励政策实施之后，牧民反映的一个最大变化就是草原对于牧民，从家园变为一种得到补偿金的凭据，纸面上承包到的草原面积比草原本身更加重要，草原生态系统与牧业社会的相互依存关系出现代谢断裂。这也印证了上文所说的生态补偿改变了牧民的决策逻辑。在 G 苏木，这种断裂体现在无畜户和少畜户可以脱离牧业依靠补偿金生活，因此草原好坏可以与他们无关，他们有动力退出草原共管的组织，迁入城镇，再把其承包的草场租给外来户。由于放牧场一直共同使用，所以这些被出租的草场也没有清晰的边界，租入草场的外来户增加牲畜的收入归个人所有，而破坏草场的成本却由大家分担，也激励他们增加牲畜。

从更大范围来看，根据在内蒙古其他地区的调研，这种断裂还引发两个矛盾的结果。一是有些过去已经退出草原的人又返回来要

---

① Longo, Stefano B., Rebecca Clausen and Brett Clark, *The Tragedy of the Commodity: Oceans, Fisheries, and Aquaculture*, Rutgers University Press, 2015.

求返还草场，“有了补贴，农牧民（人数）反而更多了，20 世纪 80 年代好多人自动出去创业了，现在又往回跑，要求返还草场”（2014 年访谈）。这些人对于减少草原压力确实做出过贡献，但他们现在所要求的不是草原本身的使用价值，而更多是纸面上的草原面积，从而凭此得到草原生态补偿金。二是为了减少草原生态补偿金划分时出现的家庭内部矛盾，大家庭在几年之间迅速分成几户小家庭，例如内蒙古阿拉善盟某嘎查在不到四年时间内从原来的 120 户增加到 310 户。相应地，草原也被进一步划分成小块，小面积的草场和小规模的家庭给干旱半干旱地区的牲畜养殖带来了更大的限制。

（二）不可持续的生态影响：牧民决策逻辑的改变

如前所述，草原生态补助奖励政策实施后，G 苏木的统计数据显示其牲畜数量不降反增，牧户调研也印证了这一增长趋势。事实上，这一数据只反映了一部分问题，外来户的牲畜数量还没有统计在内。在调研过程中，很多牧户反映本嘎查的大畜尤其是马的数量已经很少，但现在实际放牧的马却越来越多，都不知道是哪家的牲畜。

如果说无畜户和少畜户放弃牧业依赖补偿金生活，已经不关心草原生态，那么依然坚持牧业的中等户和富裕户为何也是不惜一切代价增加牲畜而不顾后果呢？这一方面当然与目前草原畜牧业成本高、收益低，只能靠数量维持的现状有关，更重要的是，依靠着补偿金，他们有能力得到银行贷款，用以维持甚至扩大牲畜数量，进一步增强了对草原过度利用的可能性。其他地区也有类似的牧民贷款增加的情况，例如呼伦贝尔市陈巴尔虎旗农牧业局的调研发现，与国家发放补偿金后牧民会减少贷款的预期相反，2012 年农牧民贷款总额就增加了 2000 万元，“贷款通过信用社发放，不需要任何抵押物，只要把一卡通压在这，就能贷”（2014 年访谈）。

外来户进入和牧民依靠金融贷款这两种来自系统外的干扰，都导致草原生态系统承受着无法控制的过度利用的问题，产生了不可持续的生态后果。而这些外界干扰之所以可能发生，就是因为草原生态系统服务的商品化。生态补偿金改变了牧民的决策逻辑，在以前草原共管条件下，他们的决策依据是如何可持续地依靠草场资源养畜，其社区内部有一系列相应的规范和相互支持系统。但生态补偿政策的实施破坏了原有保护的道德出发点，在某种程度上，草原上动植物的生命过程已经与很多牧民的生计维持无关。

（三）不可持续的社会结果：牧民无规制，社区无保护

虽然牧民可以得到生态补偿，但如前所述，补偿额度远低于牧民损失，牧民就业渠道更有待拓宽，绝大多数退出牧业迁到城镇的牧民还是主要依赖于补偿金生活。一些当地领导反映有些牧民拿到补偿金后，没有长远打算，不能做生产资本的积累，有些牧民花费大额资金购买汽车，生活上变得懒散，甚至个别开始赌博。很多牧民反映好多无畜户和少畜户退出牧业劳动，不用支付极高的草料成本，其净收入甚至比中等户和富裕户还要高。如果不及时引导这样不劳而获的现状，可能会出现社会问题。访谈中很多牧户也提出现在离婚率增高，牧民本色没有了。从短期来看，补偿金花完之后，牧民可以找些临时工作补贴家用；从长期来看，生态补偿政策是否可能一直延续下去，还是一个未知的问题。如果生态补偿政策停止，牧民不再有补偿金，那这些失去畜群和草原的牧民该如何维持他们的生计。

除了牧民个人遇到的持久生计问题以外，牧业社区也是持续衰落。原有的基于草原共同管理和牲畜合作放牧聚集起来的社区，已经解散，与之相随的牧民那种合作精神和集体的身份认同感也逐渐消失。在G苏木，这种衰落带来的影响显而易见，原有的能够维持草场资源合理利用的社区规范不再有效，留下来放牧的牧民不仅对

外来户的进入和牲畜增长毫无办法，而且自己也争相贷款增畜，陷入“公地悲剧”所描述的情景中，不能自拔。

第六节　脱嵌：草原难以成为家园

本节基于内蒙古锡林郭勒盟太仆寺旗G苏木的案例研究，试图解释为何G苏木在草原生态补助奖励政策仅实施几年之后，原有的维持近30年的“草原共管”就被瓦解，出现公地悲剧。首先要明确的是，公地悲剧模型只是描述了问题的现状，并不足以解释问题产生的原因。现代很多的生态问题都会被认为是公地悲剧，但其实商品化悲剧对生态退化原因提供了更加综合的和合乎历史的分析[①]。

从G苏木的案例中，我们看到本来生态系统服务最初作为一个用于沟通的概念是要强调其对人类和生物多样性保护的不可替代性，但是在生态补偿的框架下，人们却越来越强调生态系统服务可以货币化和商品化，这对生态系统服务所谓的提供者来说，成为一个很好的收入机会。这个过程正如波兰尼定义的，所有的交易都转变为货币交易[②]，生态补偿导致草场资源的流转从原有的社会文化和环境条件中脱嵌出来。很多案例已经表明，提出生态系统服务有价值，是为了表达其重要性，并不能最终赋予其价值，尤其是交换价值[③]。

G苏木生态补偿政策实施后，草原生态系统服务功能的商品化

---

① Longo, S. B., Rebecca Clausen and Brett Clark, “Ecological Crisis and the Tragedy of the Commodity”, July 21, https://www.counterpunch.org/2015/07/21/ecological-crisis-and-the-tragedy-of-the-commodity/, 2015.

② ［英］卡尔·波兰尼：《大转型：我们时代的政治与经济起源》，刘阳、冯钢译，浙江人民出版社2007年版。

③ Daily, G. C., Polasky, S., Goldstein, J., et al., “Ecosystem Services in Decision Making: Time to Deliver”, *Frontiers in Ecology and the Environment*, Vol. 7, 2009.

和其市场交易几乎是同时发生的，这进一步导致了生态系统服务功能市场的扭曲。生态补贴发放之前，G苏木的无畜户和少畜户还是需要依赖养畜和牧业社区来维持生计，他们的未来取决于草原能否可持续利用，因此，一系列的村规民约对于他们有很强的规制作用，例如不能将草场出租给外来户，这一过程中他们也能得到社区的支持，如通过当羊倌或者看护打草场赚得一些收入。但生态补偿实施后，少畜户和无畜户依赖于纸面上的草场承包面积就能得到补偿金，完成生态系统服务功能的市场交易，原有的生态和社区方面的限制已经失去效果，这导致外来户的侵入。而中等户和富裕户面对外来牲畜的增加，也放弃了控制牲畜数量保护草原的规范，依赖于补偿金取得贷款来增畜。补偿金和金融资本这些外来资本的进入，造成了G苏木在草场资源保护和商品交换之间的新矛盾，进一步加深了生态断裂①。

基于以上分析，我们看到G苏木所发生的问题并非“公地悲剧”，而是草场资源的商品化悲剧。要想解决这一问题，还是需要当地社区依靠集体行动把公共物品收回来，将其放在那些与草原关系最密切的人的控制之下，依靠这些人来满足社会福利要求，必须把自然去商品化②。正如在一次与文森特·奥斯特罗姆的对话中，他说森林不仅是木材，而是生物多样性、清洁水源和文化的保护区。经济活动必须嵌入到社会整体和生物物理世界的整体代谢之中，让再生产过程、营养循环和能量流动的持续存在成为所有生命的支持③。联想到近两年来有关“环境威权主义”的讨论，草原生

---

① Clark, B., Richard York, “Rifts and Shifts: Getting to the Roots of Environmental Crises”, *Monthly Review*, Vol. 60, No. 6, 2008.

② Longo, S. B., Rebecca Clausen and Brett Clark, “Ecological Crisis and the Tragedy of the Commodity”, July 21, https: //www. counterpunch. org/2015/07/21/ecological - crisis - and - the - tragedy - of - the - commodity/, 2015.

③ Longo, Stefano B., Rebecca Clausen and Brett Clark, *The Tragedy of the Commodity: Oceans, Fisheries, and Aquaculture*, Rutgers University Press, 2015.

态补助奖励政策在全国牧区大范围长时间地实施，显示了国家治理草原退化的决心，也是环境威权主义的一个典型案例。这种观点认为，为了更好地应对主权国家内和全球的环境危机，威权主义可能比以利益集团政治为核心的民主政治系统更有效[①]。基于本章的案例研究，我们看到对于环境威权主义是否能更有效地解决中国环境问题，还是需要回到环境问题本身的特性来分析，不能一概而论。

---

① 冉冉：《中国地方环境政治：政策与执行之间的距离》，中央编译出版社2015年版。

第 九 章

多维挤压：牧区社会结构的个体化过程及再嵌入的可能

党的十九大报告提出，实施乡村振兴战略。要坚持农业农村优先发展，按照产业兴旺、生态宜居、乡风文明、治理有效、生活富裕的总要求，建立健全城乡融合发展体制机制和政策体系，加快推进农业农村现代化。这为农村社会学、农村自然资源管理和农业技术推广提出了新的要求。在城市化过程中，去农（牧）民化与贫困已经成为北方牧区的两大主要社会问题。调查发现，中国牧区的去牧民化不仅是成本—价格的挤压问题，更是多个因素共同作用的结果，气候变化与商品化抗灾方式是去牧民化的推力，草原保护项目下的各种补贴则是牧民退出牧业的拉力。这些变化的不可忽视的背景之一就是中国正在经历的个体化过程。本章基于个体化的视角，提出牧民被多种因素挤压出草原和畜牧业正是社会结构个体化的结果，同时基于贝克提出的个体化的三重维度的概念，分析草原退化、牧民贫困与牧区衰落几大挑战背后的原因，尝试探讨合作社在再嵌入过程中的作用及其未来发展的可能路径，即让畜牧业生产重新嵌入自然与社区的思想，解决草原牧区面临的多重问题，实现草原的可持续利用。

第一节　城镇化过程中的去农（牧）民化与贫困

2012年1月17日，国家统计局公布的数字显示，2011年末中国大陆城镇人口为69079万人，占总人口数量的51.3%，城镇人口首次超过农村人口。与30年前城镇人口只占总人口数量的25%相比[①]，这一快速发展也标志着中国社会结构的历史转型。事实上，城镇化的发展趋势也是全球发展的一个组成部分，根据联合国粮农组织的统计数据，全球城镇人口比例从1970年的38%（37亿中的14亿）增加到2012年的65%（68亿中的44亿）。

在城镇化的过程中，两个不可忽视的社会问题就是去农（牧）民化与贫困。根据联合国粮农组织的保守估算，20世纪90年代世界贸易组织成立后只有2000万到3000万农民离开土地[②]，农民工数量在2016年增加到2.82亿[③]。同时，长期处于饥饿状态的人口数量几乎增加了10亿，也就是说，每六人中就有一人会面临饥饿，其中多数是农村的妇女儿童[④]；每七人中就有一人住在城市贫民区[⑤]。与这一趋势不同的是，中国在城镇化迅速推进的同时，全国范围内的减贫工作也取得了巨大成功，农村地区的贫困现象显著减少，但与全国平均收入的提高相比，从事农业生产的农户收入差距

---

① 潘家华、魏后凯编：《中国城市发展报告 No.5：迈向城市时代的绿色繁荣》，社会科学文献出版社2012年版。

② Madeley, J., *Hungry for Trade*, London: Zed Press, 2000.

③ NBSC, "Urban Population in China Exceeded Rural Population for the First Time", *France Medias Mond.* (http://cn.rfi.fr/中国/20120117-中国城市人口首次超过农村人口), 2012。

④ La Vía Campesina, "The People of the World Confront the aAdvance of Capitalism: Rio +20 and beyond", La Vía Campesina, Retrieved May 6, 2017, (https://viacampesina.org/en/index.php/actions-and-events-mainmenu-26/-climate-change-and-agrofuels-mainmenu-75/1248-the-people-of-the-world-confront-the-advance-of-capitalism-rio-20-and-beyond), 2012.

⑤ UN-HABITAT, Global Urban Observatory Database, 2005.

自90年代以来却一直稳步扩大[1]。

对于中国北方牧区来说，去农（牧）民化与贫困在2000年以后也成为非常突出的问题。随着20世纪80年代初畜草双承包责任制将牲畜和草场承包给牧民之后，在生态、政治和经济力量的作用下，牧民的贫困问题越来越严重。例如，锡林郭勒盟1999年至2001年三年连续自然灾害，导致返贫人口大幅度增加，以锡林郭勒盟苏尼特右旗为例，牧民人均纯收入由1998年的2152元下降到2001年的847元，在长期抗灾自救过程中，95%的牧户耗尽积蓄，70%以上的牧户负债经营[2]。对于这些债务，多数家庭无力偿还[3]。根据内蒙古东部地区的一位官员估算，当地富裕户所拥有的牲畜数量占到当地牲畜总量的70%[4]，一些村庄有超过一半的牧户成为无畜户迁到城镇[5]。将牧民移出牧区进入城镇，表面看来牧民可以立即享受到城镇的社会化服务，但由于牧民原有的生产生活体系遭到破坏，新的生产体系又不能及时建立等原因，导致移民面临失去草地和房屋、不再享有公共财产和服务以及被边缘化等一系列贫困风险[6]。自2011年起实施的草原生态补助奖励机制，按照草场面积补偿牧民，在一定程度上缓解了牧民贫困的问题，但进一步促成贫困户和少畜户放弃草原畜牧业，迁入城镇，增加就业压力，使他们面

---

① Zhang, Forrest Qian, Carlos Oya and Jingzhong Ye, “Bringing Agriculture Back In: The Central Place of Agrarian Change in Rural China Studies”, *Journal of Agrarian Change*, Vol. 15, No. 3, 2015.

② 陈洁、罗丹：《内蒙古苏尼特右旗草原生态治理与牧区反贫困调查报告》，《北方经济》2007年第21期。

③ 云宝君：《内蒙古贫困牧业旗经济现状研究》，《内蒙古师范大学学报》（自然科学汉文版）2007年第3期。

④ 龙远蔚：《呼伦贝尔草原畜牧业与牧民收入问题研究》，转引自杨思远、张丽君主编《中国民族地区经济社会发展与公共管理调查报告》，中央民族大学出版社2007年版，第246—251页。

⑤ 张倩：《贫困陷阱与精英捕获：气候变化影响下内蒙古牧区的贫富分化》，《学海》2014年第5期。

⑥ 姜冬梅等：《草原牧区生态移民的贫困风险研究——以内蒙古苏尼特右旗为例》，《生态经济》2011年第11期。

临潜在的生产和生活上的风险[1]。

草原牧区近40年来的变化发生在去集体化倾向的背景下，原来集体面对的各种决策和风险，现在需要由个体家庭来决定，甚至包括是否继续留在草原从事畜牧业的决定。十多年的经验已经证明，牧民退出草原与草原恢复保护并没有同时发生，这一现实使我们不得不反思畜牧业到底对于草原保护有何意义，草原的可持续发展需要什么样的态度与行动。本章通过分析牧民被挤压出草原的各种原因，分析草原退化、牧民贫困与牧区衰落几大挑战之间的关系，并且提出草原牧区未来发展的可能路径。第一部分首先介绍全球的去农（牧）民化和贫困趋势，第二部分探讨个体化的相关理论及其对解释草原管理面临的诸多问题的意义，第三部分分析牧民被挤压出草原的多种原因，第四部分基于对农业小生产者自我决策的要求，解释食物主权运动如何提供一种启发性视角来重新思考草原及其畜牧业的价值，探讨通过牧民合作社使牧业再回归社区和自然的可能性。

第二节　个体化的三重维度

进入改革时代以来，集体化逐渐解体，在社会生活的许多方面出现了个体的崛起，“个体化”亦成为近年来解释中国社会转型的视角之一[2]。草原牧区也经历着个体化的过程，但由于草原牧区资源禀赋的限制，由草场划分到户和市场化所带来的个体化和互助关系的瓦解，削弱了牧民利用草原和经营畜牧业的能力，继而引发了草原管理的诸多问题，包括草原退化、牧民贫困、牧区衰落等。

全面地从个体化视角研究草原管理的研究并不多见，多数研究

---

① 张浩：《草原生态保护补助奖励机制的贫困影响评价——以内蒙古阿左旗为例》，《学海》2015年第6期。

② Yan, Y. X., “The Chinese Path to Individualization”, *The British Journal of Sociology*, Vol. 61, No. 3, 2010.

是探讨草场承包后，草场由集体化管理变为牧户个体管理，出现了各种问题[①]，包括（1）公共池塘资源的特点和草场质量与水资源分布的不均衡使得划分草场本身就很难；（2）个体化阻碍了移动性，而移动性恰恰是在干旱半干旱草原中适应气候高度变异性的重要方法[②]；（3）个体化草场也破坏了弹性（flexibility），削弱了牧民抵御灾害的能力，进一步提高了他们应对气候变化的社会脆弱性[③]；（4）个体化草场导致对贫困人口的排斥；（5）个体化与游牧文化和社会背景不相适应；（6）个体化也破坏了畜群，降低了规模养殖效率、增加了劳动强度、破坏了社会资本；（7）个体化本应刺激牧户对草场进行投资，但在低产量且降水变率大的干旱半干旱地区，高投入不一定带来高产出；（8）牧民在生态补助奖励政策下，得到补贴还把集体使用的草场出租给外来户，造成草场过度利用，由此可见，牧户不得不进入一种“为自己而活”的状态，无暇顾及集体利益和草场保护。

21世纪以来，个体化进程演变为两个层面的社会转型：一方面是个体的兴起，另一方面是社会结构的个体化。个体的兴起主要反映在个人生涯模式的变化上，社会结构的变迁则是体制改革、政策变化以及市场经济带来的后果[④]。从以上研究可以看到，以往相关研究多聚焦于草场承包后失去集体支撑的牧户个体管理草场和经营畜牧业所面临的问题，对于社会结构的个体化则分析较少。同

① Regina Neudert, “Is Individualized Rangeland Lease Institutionally Incompatible with Mobile Pastoralism? - A Case Study from Post - Socialist Azerbaijan”, *Human Ecology*, Vol. 43, No. 6, 2015.

② 李文军、张倩：《解读草原困境：对于干旱半干旱草原利用和管理若干问题的认识》，经济科学出版社2009年版；Fernandez-Gimenez, M. E., “Spatial and Social Boundaries and the Paradox of Pastoral Land Tenure: A Case Study from Postsocialist Mongolia”, *Human Ecology*, Vol. 30, No. 1, 2002。

③ 张倩：《牧民应对气候变化的社会脆弱性：以内蒙古荒漠草原的一个嘎查为例》，《社会学研究》2011年第6期。

④ 阎云翔：《中国社会的个体化》，陆洋等译，上海译文出版社2016年版。

时，对于个体化发生后如何应对其产生的问题，研究更少。贝克在1992年阐述了个体化的三重维度：抽离，即从历史限定的、在支配和支持的传统语境意义上的社会形式与义务中撤出（解放的维度）；与实践知识、信仰和指导规则相关的传统安全感的丧失（去魅的维度）；以及再嵌入——其意义在此已转向完全相反的一面——一种新形式的社会义务（控制或重新整合的维度）[①]。其中再嵌入的过程常常被人们忽视，然而这一维度对于解释内蒙古草原牧区所面临的问题和思考未来出路具有重要意义。

所以本章试图基于个体化视角从两个方面讨论内蒙古牧区的草原和牧民所面临的问题和思考未来发展。一方面，从社会结构的个体化来分析牧民所面临的多维挤压问题，如本章开头所述，在城市化过程中，越来越多的牧民陷入贫困、放弃畜牧业、离开草原迁入城镇，这种变化并不是仅仅受到畜牧业价格—成本的挤压，而是包括多种因素，本章称之为多维挤压，这种多维挤压正是社会结构个体化的结果。另一方面，基于目前面临的多种挑战，如何寻找再嵌入的途径，本章尝试用食物主权运动所提出的原则来思考草原可持续发展的选择。

第三节　多维挤压：牧区社会结构的个体化

表面看来，牧民贫困的发生是价格—成本挤压的结果以及灾害的打击，但调查发现，目前发生的去牧民化及其连带的贫困问题，更多是社会因素和生态因素共同挤压的结果，其中推力包括气候变化、草原退化和牧民生计各方面的商品化，而拉力主要是指各种保护政策和相应的补贴。

---

① Beck, U., *Risk Society: Towards a New Modernity*, Trans. Mark Ritter, London: Sage Publications, 1992, p. 128.

一 草原管理政策变化造成的价格—成本挤压

过去30年里，中国北方牧区的产权制度、经济发展和环境保护政策发生了巨大的变化，这给牧民生计带来很大影响，也改变了当地的政治经济结构。1947年内蒙古自治区成立之后，内蒙古所有草场都保持集体利用，1984年畜草双承包责任制开始实施时，绝大多数草场是划分给牧户小组使用的。1996年，第二轮草场承包开始实施，草场进一步被分配给每个牧户。畜草承包到户带来的第一个影响就是畜牧业经营成本明显提高：为了防止其他牧户的牲畜进入自己承包的草场，尤其是在2000年左右草料生长不利的旱灾中，越来越多的牧户花费高额成本将自己承包的草场用围栏围封起来，例如在锡林郭勒盟的苏尼特左旗，人均草场承包面积是3000亩，当时一个牧户的围栏成本相当于约100只羊的出售价格。此外，承包打破了牧户间原有的合作机制，劳动力互补无法再发挥作用，雇佣劳动力也成为很多牧户养畜的重要成本之一。

此外，近年来内蒙古重要的经济发展政策在国家政策引导下，发生诸多变化，影响了当地的政治经济结构。首先是自2000年开始的西部大开发战略，其目标之一是西部地区要引进和利用东部地区的资金和技术，这为西部地区工业发展提供了机会，也给环境污染带来了潜在的巨大压力。其次是2003年开始的大规模的撤乡并镇，其目标是减少地方人口的税负，减员增效。再次是自2004年起实施的税改，取消了所有农牧业税，这导致地方政府不得不寻找其他的收入来源。最后是2005年以来的农业现代化，试图启动新的农村发展政策来解决社会问题。这些政策都在一定程度上挤压着当地畜牧业的发展，农牧业税的取消和西部大开发战略促使当地政府重招商引资、轻畜牧业发展，以弥补减少的畜牧业税收收入；撤乡并镇后牧民需要维持孩子教育就需要在乡镇租房安排家长陪同，削弱了畜牧业的劳动力投入，在特定阶段还需要雇用工人，无疑增加了畜牧业成本。

二　气候变化给畜牧业带来的挤压

正如第七章所述，内蒙古地区近几十年来气温呈现明显上升趋势，同时大部分地区生长期的降水却在减少，呈现出较强的变干趋势。根据笔者在内蒙古锡林郭勒盟、赤峰和呼伦贝尔市的案例调查，三个案例地所在旗的气象资料统计结果证明了变暖结果，1970—2016年三个地区四季的气温都有上升，呈现明显的变暖趋势。降水的变化则比较复杂，三个案例地的春季降水都有增加；夏季降水却都在下降；秋季降水则呈现不同的状态：克什克腾旗增加，新巴尔虎右旗下降，苏尼特左旗持平；冬季降水是苏尼特左旗持平，另两个旗增加。总体表现就是雨热越来越不同步，不利于牧草生长。

从三个地区气温、降水以及极端灾害的情况可见，近10多年来的灾害主要有两个特征：一个是时间上的连续性，不论旱灾还是雪灾，都是多年连续的，苏尼特左旗2000—2006年总降水量都维持在较低水平，新巴尔虎右旗2000—2010年的冬季降雪都高于多年平均水平，克什克腾旗2007—2010年的春季降雪也是连续高于多年平均水平，连续的灾害使牧民难有喘息之机。另一个是旱灾与高温、雪灾与低温同时发生，虽然苏尼特左旗21世纪初旱灾和雪灾次数都少于20世纪80年代，但这几次灾害都伴随着极端高温和寒潮，这无疑给畜牧业造成了更大损失，牧民损失大量牲畜，同时也因在灾害中花费高额成本购买草料而陷入贫困。

三　牧民生计商品化的挤压

根据Friedmann[①]所强调的，商品化一词主要是指商品关系对

① Friedmann, Harriet, "Food Regime Analysis and Agrarian Questions: Widening the Conversation", *The Journal of Peasant Studies*, Vol. 43, No. 3, 2016.

农牧民生计的渗透。同时，土地和劳动的商品化又进一步影响着牧民的生产生活。有关生计商品化，Zhang[①] 总结了中国农村生计商品化的三个特点：越来越需要购买农业投入和出售农业产出；以前由社区提供的教育和医疗服务现在需要花钱购买，还要支付新的消费品；雇用劳动力工资，以及农业产业及外出打工等游离于农业之外的劳动力普遍存在。除了这三个表现外，牧民还越来越依赖于贷款以维持畜牧业生产。

如第六章所述，根据对内蒙古的调研可知，多数牧户已经依赖于市场。首先，最明显的变化是多数牧户从2000年开始购买草料，这意味着他们正在逐渐失去天然草原放牧的优势。面对自然灾害，原有的移动策略即将牲畜移动到无灾或灾害较轻的地区已经无法实施，因为草场承包后原来集体使用的草场被划分到个体牧户，因此牧民遇灾后需要购买草料以减少牲畜损失。根据调研，有些嘎查灾害时购买草料的成本占其全年畜牧业总成本的1/3以上，灾害发生时，拥有一定数量的现金非常重要，因为售草商贩在草料短缺时不仅提高草料价格，还要求只收现金。

其次，牧民需要支付教育和医疗费用，还要支付许多新的消费品[②]，虽然以前教育也收取一定费用，但嘎查小学取消后，牧民需要在乡镇租房陪读，教育成本因此剧增。以锡林郭勒盟苏尼特左旗的一个嘎查为例，2007年其人均医疗成本是225元/年，人均生活成本是2000元/年，孩子的人均教育成本为5750元/年。教育成本提高已经成为一个新的重要致贫因素。随着牧民生活水平的提高，一些家长想花更多的钱送孩子去城市里的学校接受较好的教育。但多数家庭是在2003年村级小学撤销之后，迫不得已花费更多成本

---

① Zhang, Forrest Qian, "Class Differentiation in Rural China: Dynamics of Accumulation, Commodification and State Intervention", *Journal of Agrarian Change*, Vol. 15, No. 3, 2015.

② 达林太、郑易生：《牧区与市场：牧民经济学》，社会科学文献出版社2010年版。

送孩子到乡镇小学上课。虽然九年制义务教育免收学费，但他们需要租房和安排家庭中一个成人陪读，导致生活和交通成本的急剧上升。

最后，越来越多的牧民需要贷款来维持畜牧业，特别是在自然灾害之后。许多贫困户在需要资金周转时难以借到足够贷款，不得不借高利贷。有些牧户借高利贷不是为了畜牧业生产投入或购买生产生活的必需品，而是用来偿还银行贷款。偿还银行贷款后，再申请银行贷款来还高利贷，由此陷入银行贷款与高利贷来回倒用的恶性循环中。他们的大部分收入也是用来偿还贷款和利息。根据在赤峰市的一个嘎查的调研，富裕、中等和贫困各组 10 户的抽样牧户中，富裕户有 1 户、中等户有 6 户、贫困户有 4 户都有借用高利贷的记录。

四　保护政策和补贴推动牧民离开草原畜牧业

由于过牧被普遍认为是草原退化的主要原因，所有的草原保护项目都试图通过减少牲畜数量、控制放牧时间、空间以及调整牲畜结构来恢复退化草原。在内蒙古地区，保护项目主要包括以下几种：（1）承载力管理即草畜平衡管理；（2）季节性休牧禁牧和移民；（3）草原生态补偿。尤其是 2011 年开始国家每年拨付 100 多亿元专项资金，对全国 13 个牧区省（自治区）和新疆生产建设兵团，全面实施草原生态保护补助奖励政策。中央和地方政府根据牧户的草场承包面积或家庭人口数给牧户提供补偿。得到补偿后，许多无畜户和贫困户从草原搬到乡镇。

正如上一章所述，这种搬迁变动给当地社区和草原管理带来诸多问题。根据笔者在锡林郭勒盟一个苏木（乡）的调查，首先无畜户和贫困户迁出，一些牧户并没有按照草原生态补奖政策的要求实施保护，反而把草场违规出租给外来户，造成当地牲畜数量迅速增加，草场过度利用。其次外来户的牲畜进入刺激了本地牧民无限增加牲畜，在放牧场集体使用的条件下，每个人增加牲畜的收益由个人获得，但草场退化的成本却由社区共担，公地悲剧发生。再次绝大多数退出牧业迁到城镇的牧民还是主要依赖于补偿金生活。一些当地领导反映有些牧民拿到补偿金后没有长远打算，不能积累生产资本，还有些牧民花费大额资金购买汽车，生活上变得懒散，甚至有个别牧民开始赌博。最后一个潜伏的危机是：如果生态补偿政策停止，牧民不再有补偿金，那这些失去畜群和草原的牧民该如何维持他们的生计。

从以上分析可以看到，自2000年后，国家投入大量物力财力，试图通过降低牲畜数量和移出牧民来减少过牧现象并恢复退化草原。但是，这些努力并没有触及牧民过牧的根本原因，反而把他们挤压到一个非常困难的境地：一方面，他们变成McMichael[①]所定义的“金丝雀牧民”，因为他们最接近土地和水资源，最深切地感知着草原生态系统的退化；另一方面，他们成为草原破坏的“替罪羊”，被迫离开草原寻找其他替代生计。

第四节　牧民合作社：再嵌入的可能

牧民被挤压出草原畜牧业在世界各地都在发生，这是牧区社会结构个体化的过程，也是原有可持续的社区管理被假定为不可持续后，国家或外来企业替代社区管理传统的集体土地或者推行外来新体制的又一案例[②]。但是，这些小规模生产者在全球人口中却占有

① McMichael, P., “The Peasant as ‘Canary’? Not Too Early Warnings of Global Catastrophe”, *Development*, Vol. 51, No. 4, 2008.

② Robbins, Paul, *Political Ecological*: *Critical Introductions to Geography*, WILEY - BLACK WELL, 2012.

相当的比重，同时也是整个社会的农业基础[①]。从以上分析可以看到，牧区社会结构的个体化使牧民面临不断增强的两大风险，一是降水变化给养畜带来的灾害风险，二是市场风险；此外，草原生态系统也面临不断增加的过度利用的风险，包括时间和空间上的过度利用。这些风险的增大导致的后果是草原退化、牧民贫困和牧区衰落，产生这些生态、经济和社会问题的根本原因就是目前的草原保护政策将“草—畜—人”组成的草原社会生态系统割裂开来：要保护草场就必须减少牲畜，要减少牲畜就必须减少牧民（生态移民或生态补偿拉动的去牧民化）。事实上，草—畜—人之间不是相互对立而是相互依存的关系，因而，减少这些风险的尝试可能是一种解决以上问题的途径。

一 内蒙古牧民合作社的发展

自2000年以来，合作社在内蒙古牧区不断增加，作为一种经济主体，合作社的主要任务是衔接牧户与市场，争取将涉农二、三产业的利润回归牧户，增加牧户收入。同时提供一部分社会公共服务[②]。中央非常重视农牧业的组织化问题，2006年《中共中央、国务院关于推进社会主义新农村建设的若干意见》明确提出，要“积极引导和支持农民发展各类专业合作组织，加快立法进程”。《中华人民共和国农民专业合作社法》于2006年10月31日通过，于次年7月1日开始实施。2014年的中央一号文件中，明确提出“扶持发展新型农业经济主体。鼓励发展专业合作、股份合作等多种形式的农民合作社，引导规范运行，着力加强能力建设。允许财政项目资金直接投向符合条件的合作社，允许财政补助形成的资产转交合

---

① McMichael, P., “Commentary: Food Regime for Thought”, *The Journal of Peasant Studies*, Vol. 43, No. 3, 2016.

② 达林太、于洪霞、那仁高娃：《规模化还是组织化：内蒙古牧区发展主要困境》，《北方经济》2016年第6期。

作社持有和管护，有关部门要建立规范透明的管理制度。推进财政支持农民合作社创新试点，引导发展农民专业合作社联合社”。

在这样的背景下，2006 年到 2011 年，内蒙古牧区合作经济组织由 220 个发展到 2174 个，入社会员由 1 万人左右增加到 9 万人[①]。这样迅速的增长，一方面源于中央政府的支持，另一方面主要是源于牧民的现实需求，牧区生存环境严酷，牧民生产技能单一，面对日益激烈的市场竞争，牧民的小生产与大市场的矛盾尤为突出，牧民更需要互助合作[②]。合作社的发展提供了四种可能：首先，草场承包后导致季节性移动放牧和游牧避灾停止，从而引发草场的过度利用和灾害影响增加，合作社通过草场整合，可以解决这些问题；其次，在生产服务如草场设施的规划建设、防疫以及与市场对接方面，合作社都能在一定程度上保护牧民利益，改善生产条件和减少市场风险；再次，合作社有利于牧民深化劳动分工，扩大经营规模，提高规模效益，加速科技成果的转化和普及，提高劳动生产率；最后，合作能够在一定程度上避免同行业生产者之间的无序竞争和竞相降价带来的损失，节省内部交易费用，降低外部交易成本。在合作社的基础上，一些地区还进一步发展合作社联社，促使牧民在更大范围内合作共赢，尤其是面对大范围旱灾时，通过合作社有组织地在联社内部移动牲畜避灾，能够有效地减少牲畜损失。

二 再嵌入：让牧业回归社区和自然

目前合作社发展也面临诸多问题，虽然数量增长很快，真正能

---

① 杨蕴丽：《新时期我国牧业合作社的生成机制与发展策略》，《中国畜牧杂志》2012 年第 22 期。

② 达林太、于洪霞、那仁高娃：《规模化还是组织化：内蒙古牧区发展主要困境》，《北方经济》2016 年第 6 期。

够发挥作用的合作社却少之又少[①]。具体来看内蒙古牧民合作经济组织的发展，主要面临以下问题：（1）合作程度较低，缺乏一种紧密有效的利益联结机制，牧民的参与度较低，政府推动大户的产业化项目较多，牧民从中受益不显著；（2）多数牧民合作社的组织松散，管理不规范；（3）合作的领域不够广泛；（4）领办人的科技和经营管理素质不高，缺乏人才；（5）合作组织过多地依赖政府部门和加工企业；（6）缺乏对草原保护的足够重视；（7）合作经济组织发展资金严重不足；（8）合作经济组织与基层政权缺乏良性有效的互动。

面对这些问题，如何让合作社促成个体化之后的一种新形式的社会义务和建立重新整合的维度，即让合作社发挥再嵌入的功能，就成为合作社未来发展的重要问题。首先，要清楚内蒙古合作社的最大意义是什么，本章第三部分讨论牧区社会结构个体化造成多维挤压，其本质问题就是牧民需要风险防范和成本控制。风险来自两个方面，一是自然风险，二是市场风险，通过合作的草场利用和劳动分工，降低风险和成本，从而激励牧民保护草原文化，再通过草原文化的恢复来达到草场的可持续利用，最终实现牧民增收。

其次，合作社是要素契约与商品契约相互治理的一种混合组织形式，其中特别强调了商品契约的反向治理作用[②]。也就是说，除了降低市场风险，合作社还要尽量减少市场化对牧民的影响，这有多种方式，例如内蒙古呼和浩特市清水河县喇嘛窑女子种养殖专业合作社基于其原有的社会资本，将当地生产的有机食品直接销售给城市中产阶级，减少市场流通环节，提高产品价格，让消费者与生

---

① 邓衡山、徐志刚、应瑞瑶等：《真正的农民专业合作社为何在中国难寻？——一个框架性解释与经验事实》，《中国农村观察》2016 年第 4 期；潘劲：《中国农民专业合作社：数据背后的解读》，《中国农村观察》2011 年第 6 期。

② 刘西川、徐建奎：《再论“中国到底有没有真正的农民合作社”——对〈合作社的本质规定与现实检视〉一文的评论》，《中国农村经济》2017 年第 7 期。

产者直接建立信任关系，这类似于日本的一部分农业合作社实践的有机提携运动，即消费者与生产者合作建设独立的流通网络。

最后，除了应对风险，合作社最终的目标是实现再嵌入，即让生产再嵌入到社区和自然，让草—畜—人重新成为一体，而近些年来出现的食物主权概念能提供很好的阐释。食物主权的概念最早是由国际农民组织“农民之路”在1996年提出的。简言之，食物主权就是“在自己的土地上生产自己的食物”。之后这一观念又有进一步发展，它是针对目前食物体系和流通关系中存在的主要问题的一种反向运动，即反对在全球范围内推动“无农民的农业”和由交换价值统治的农业[①]。食物主权将农业重新中心化，使其成为反对市场关系破坏作用和生活方方面面商品化的切入点，被看作是应对已经出现的诸多全球危机的良药[②]。食物主权给小农户重新赋予价值，使其成为解决农业/生态危机的办法，因此“返农化”（re-peasantization）成为食物主权的焦点[③]。食物主权包括六个原则：（1）关注食物是为了人；（2）重视食物生产者；（3）让食物系统当地化；（4）在地区层面实施控制；（5）促进知识和技术的增长；（6）在自然界的范围内工作[④]。

首先，通过食物主权的发展可以重新建立草与畜的关系，这涉及联合国粮农组织提出的食物主权六大原则中的第三、四和六条。第三条让食物系统当地化包括牲畜草料提供当地化和畜产品生产当地化，可以降低畜牧业成本，缓解畜牧业投入商品化的问题；第四

① McMichael, P., “Commentary: Food regime for thought”, *The Journal of Peasant Studies*, Vol. 43, No. 3, 2016.

② Mann, A., *Global activism in food politics: Power Shift*, Houndsmill: Palgrave Macmillan, 2014.

③ McMichael, P., “Commentary: Food regime for thought”, *The Journal of Peasant Studies*, Vol. 43, No. 3, 2016.

④ FAO, Food Security and Sovereignty: Base Document for Discussion, FAO, Retrieved May 6, 2017, http: //www, fao, org/3/a - ax736e, pdf, 2013.

条在地区层面实施控制，即气候变化应对能在更大范围内得以调控，增强了适应能力，同时对于国家实施的一些政策可以在地区层面根据具体情况得到调整，从而减少牲畜损失，保护当地畜牧业的发展；第六条在自然范围内工作，更加体现了尊重生态系统规律的特征，草原生态系统的草与畜是相互依存、不可分割的，一方面草是畜的食物，另一方面畜的适当啃食也刺激草的再生。如果为了保护草而减少畜甚至完全消灭畜，反而会引起草的退化，对阿拉善地区长期禁牧后的植被退化就是很好的例证。

其次，通过食物主权的发展可以重新建立人与草的关系。这涉及另外三条原则。第一条关注食物是为了人，是为了人类的健康和整个生态系统的健康运转，而不是单纯为了市场上的交换价值，明确这一点有助于缓解牧民生计各方面的商品化影响；第二条重视食物生产者，畜牧业的发展不仅是为了提供给消费者畜产品，更重要的是保护牧民的生计，让他们通过合理的畜牧业经营保护草原社会生态系统；第五条促进知识和技术的增长，这不仅包含现代科技的发展与应用，也包含对于当地长期历史过程中积累的草场和水资源利用与管理以及牲畜放牧管理的当地知识，这些知识和技术都是减少畜牧业成本、提高气候变化应对能力和保护草原社会生态系统的重要支撑。

第五节　牧业回归自然：拓宽农业技术推广体系支持乡村振兴

党的十九大报告中提出，农业农村农民问题是关系国计民生的根本性问题，必须始终把解决好“三农”问题作为全党工作重中之重，实施乡村振兴战略，达到产业兴旺、生态宜居、乡风文明、治理有效和生活富裕。这是针对多年来农村地区存在的各种问题提出的非常全面的解决目标。寻找一个能将不同目标连接起来同时推进的途径也成为实现乡村振兴战略的重中之重，而农业技术推广体系恰恰能够扮演这一角色。基于对草原社会生态系统的整体认识，农业技术推广体系也是让牧业回归自然唯一可依赖的途径。

本节参考美国农业技术推广体系的发展历史，首先分析中国农业技术推广体系存在的问题；其次回顾美国农业技术推广体系的发展过程，其发挥的作用从仅服务于生产，到辅助农业参与市场化，再到扶持社区建设实现农村地区的全面发展和农业与环境的可持续发展，其中有许多中国可以借鉴的经验；最后提出中国如何发展农业技术推广体系，以帮助农业和牧业回归自然。事实上，中国也已经出现不同程度和规模的尝试，但推广体系的建设还是需要从整体上调整定位与功能，从而推动乡村振兴战略的实施。

一 中国农业技术推广体系现存的问题

农业技术推广是一项复杂的社会系统工程，不仅涉及与成果转化直接相关的成果生产供给系统，成果开发载体和成果吸收消化系统，还涉及农业教育培训系统、农业科技信息反馈系统和其他的社会支撑系统。新中国成立以来我国农业技术推广体系经历了曲折的发展过程，20 世纪 50 年代恢复发展，60 年代和 70 年代低谷徘徊，80 年代和 90 年代再恢复发展，2000 年以后进入市场化改革时期。一直以来，国家农业技术推广机构是推广体系的主体，它是在计划经济体制与传统农业生产水平基础上建立起来的，在科教兴农和农业支持保护方面发挥了重要作用。但随着市场经济发展和农村各方面情况的变化，农业技术推广体系存在一系列的问题，影响到乡村振兴目标的实现。

首先是对农业技术推广体系的作用认识不到位，忽视了农业技术推广体系在引导农业结构调整、危机与风险应对、农民主体性提高和农村环境污染控制等方面的基础性、战略性作用，片面认为加强农业技术推广体系建设就是把农业技术推广机构简单地推向市场和社会，从而导致一些地方基层农业技术推广机构转制解体。

其次是财政支持严重不足，基础设施薄弱，人才缺乏。尤其是1999年启动农村税费改革以来，大部分地方为了适应新的农村税费体制对县乡尤其是乡镇机构进行大幅度的精简，一些地方因为落实中央的政策有偏差，致使基层农技推广机构受到较大冲击。同时各地区技术推广机构的隶属关系较混乱，农技员经常忙于各种行政事务，难以顾及专业工作。

最后是推广理念不适应，习惯于就技术推广技术，技术人员多缺乏社会科学方面的训练，较少顾及农民的接受能力和需求，也缺乏大市场、大农业、大科技、大推广和以农民为本的推广理念，农民在技术推广中参与程度弱，多为被动接受。

因此，对于农民来说，大集体时期还有农机员和技术专员提供有针对性的服务，而在改革后，由于缺乏资金支持，农技员很少入村，没办法回应农民真正的需求。目前农业科技推广主要依靠各种经销商，在市场竞争的背景下，农民很难接触到农技推广人员，更无法得到可信任的无偏见的信息。在农村基础设施薄弱、公共服务供给不足、农村产业支撑乏力、农村污染日益严重以及人居环境急需改善的条件下，如何培育一批有文化、懂技术、会管理、善经营、爱农村的实用型人才，已经成为实现乡村振兴战略首要考虑的问题。

二　农业技术推广体系的社会服务和保护自然功能

与中国作为政府职能部门一部分的角色不同，美国的农业技术推广体系从建立之初就与大学教育紧密相连。1862年基于林肯总统签署的《莫里尔土地拨赠法案》，给每个州的每一位国会议员拨赠

3万英亩联邦土地，其出售资金用来支持农业和手工艺术的公立大学，由此建立了69所赠地大学，再加上1890年加入的35所传统黑人大学和塔斯基吉大学以及1994年加入的16所主要招收美国原住民的大学，形成了全国的赠地大学系统。1914年的《史密斯—莱佛法案》创建了一个现代化农业增产专员系统，派遣由各大学支持的技术专员向农民讲授新技术，农业院校和美国农业部共同提供合作式的农业技术推广服务，美国农业技术推广体系由此建立。目前美国3000个县有2900个推广中心，其中心任务包括：促进研究成果的实际应用，为现有的和改进的农业实践或技术提供指导和实际示范。2008年，基于食品、自然保护和能源法案，美国农业部建立了国家粮食与农业研究所，主要研究农业、粮食、环境和社区方面的创新性解决方案，从而形成了现代美国农业技术推广体系的架构。

美国农业技术推广体系的建立大大提高了农业生产力，对美国农业革命的发生起到了不可替代的作用。100年前美国超过50%的人口居住在农村，30%的劳动力从事农业。现在美国农民只占总人口的不到2%，只有17%的人口居住在农村。从农业生产力来看，1945年生产100蒲式耳玉米需要14个人工小时和2英亩土地，1987年只需要3个人工小时和1英亩土地，而2002年则只需要不到1英亩土地。早在1819年，《美国农民》杂志就鼓励农民将他们的成就和解决问题的办法讲出来，“推广”就是“将大学送到人民面前”。但美国农业技术推广体系的发展也不是一帆风顺，随着全国农业的发展和政策变化，大致可以分为三个阶段。

第一阶段是从“一战”到“二战”前，农业技术推广试图由简单地提高产量转向全方位的农村支持体系。“一战”期间农业技术推广员的数量迅速增加，当时的主要任务就是提高小麦产量，同时用罐装、晾晒和保存来延长食物供给期，帮助解决战时农业劳动力短缺问题。“一战”后，农业和家庭经济的技术推广项目和4－H

（脑、心、手、健康）项目扩大，应对战后农业社区的转型。在高校研究者和高校专业教师的指导下，农业技术推广专注于农民个人实践。许多有创新性和关心农业发展的技术推广人员已经认识到他们的工作不仅是简单地传递信息和技术，而是提高农民的能力，让他们能够使用信息和技术改善自身的总体生活质量。尤其在20世纪30年代大萧条和沙尘暴发生之际，美国政府主要依赖合作推广体系来帮助农村地区居民度过最困难时期。

第二阶段是从“二战”到20世纪80年代，农业技术推广片面强调通过科学技术提高产量，出现诸多问题。随着战后机械和化学科技的发展，农业技术推广员开始迷恋农药和化肥的使用，他们更多专注于告诉农民如何生产更多，赚更多的钱。在这一过程中，推广员也被当地的特殊利益集团收买，农民陷入通过不断扩大生产展开低价竞争的恶性循环中。直到80年代美国农业出口暴跌，许多农民生产过剩，农村社区陷入危机，环境问题凸显，而只关注用化肥农药提高产量的农业技术推广体系对他们已无任何价值。

第三阶段是从20世纪80年代到现在，农业技术推广的主要功能从单纯技术又回到辅助农民学习，信息传播已经成为全面教育的重要手段。目标是平衡农业的经济、生态和社会责任。帮助农民平衡增加农业收入的机会与水土保持的需求，以及他们对于家庭及其社区的个体责任之间的关系。全国的农业技术推广组织都开始考虑可持续农业的技术推广，发展一种具有全球竞争力、环境友好和社会接受的农业。目前农业技术推广体系正在从新型农民中寻找机会。这些新型农民拥有各种标签：有机、生物动力、整体、可替代、生态、实践、创新或只是家庭农民，他们都在可持续农业的范围之内。美国有机食品市场自90年代到21世纪初每年增长20%。

三　如何建设中国农业技术推广体系

对比美国农业技术推广体系的发展过程来看，中国目前的状况类似于美国的第二阶段，即片面强调通过科学技术提高产量，再加上中国的农业技术推广体系定位不清、资金不足和人才缺乏等问题，造成连提高产量这个单一目标也难以实现。基于这一复杂情况，本节提出从三个方面着手改善。

第一是定位和方向的转变，包括三个方面。首先是农业技术推广绝不是仅仅提高产量，而是真正推行可持续农业的理念，平衡农业与生态环境的关系，着重保护土地的生产力，包括减少农业面源污染，保护地下水和土壤以及处理农村有害废弃物等，这些都是农业技术推广的工作内容。其次是农业技术推广更要考虑农民和农村社区，平衡农业发展与农民及农村社区的关系。在个体层面，帮助农民在市场竞争中得到公正的咨询，为农民和农业参与者的决策提供依据，只有让那些有需求的农民能够有效地利用信息，才能实现农业的可持续发展；在社区层面，通过各种农业发展支持项目和农业教育培训项目，吸引农村社区的年轻人留在农村从事可持续农业发展，提高他们的收入，促进彼此合作以应对市场风险，增强社区凝聚力和保护农业社区的农业发展动力。最后是为实现这两种平衡，针对农业技术推广的机构改革要避免完全的市场化，因为市场化只能对个人获利提供强大激励，其过程中产生的外部性不仅对于那些有利于生态环境、全社会乃至后代的投资无任何激励，而且还产生着破坏作用。农业技术推广体系的工作就是教育，即知识的产生和有用信息的传播，推动两种平衡的实现。

第二是发挥农业大学的作用。虽然中国的农业技术推广体系是以政府为主体，但农业大学体系在其中一直发挥着重要作用。例如在“农技 110”服务系统中，有 20 多个省份与所在地的农业大学、农科院或研究所建立了合作关系。农业专家大院服务模式中鼓励专家通过成果和技术入股、带资入股、利润提成等形式，与大院结成利益共同体，加速农业科技向农业转化。还有科技入户模式是由政府牵头，通过整合农业科研、教学、推广机构和农业企业、技术服务组织等社会力量，组织农业科技人员长期定向帮扶。从政策改革层面来看，已经开展了一些工作，如2012年初，科技部和教育部为充分发挥大学在新时期农业技术推广中的重要作用，联合开展了一项旨在构建具有中国特色大学推广模式的行动计划。2012年首批10所高校，2013年又批准了第二批29所高校建设新农村发展研究院，初步实现了全国区域的全覆盖。其核心在于构建以大学为依托的新型农业技术推广服务体系，着力解决现行的以政府为主导的农业技术推广体系表现出的诸多问题，是新型农业技术推广体系的重要组成部分。因此，后续发展需要各个方面的有力支持。

第三是发挥农村社会学的服务功能。如前所述，只有让那些有需求的农民有效地利用信息和技术，才是成功的技术推广。而将信息和技术与有需求的农民对接，不光需要懂技术的人员，更需要懂农民、懂社区甚至懂生态的跨学科服务人员。一直以来，农村社会学都把“三农”问题作为研究对象，在农业技术推广的实践工作中所发挥的作用却极其有限。正如农业部农机部门的工作人员提出的问题，将农业技术推广转为社会服务，就需要有正规社会学包括社会工作专业训练的农技推广人员。因此，在新型农业技术推广体系中，把农村社会学作为基础学科，会给技术推广提供更切实的支持，使技术推广更加针对农民和农村社区的需求。具体可以从三个方面入手：一是鼓励农村社会学者在农业技术推广体系方面多做研究，多了解农民对于农业技术推广的需求，基于实地调研找问题和想办法；二是在现有的农业技术推广体系中引入农村社会学人才，更好地理解农民的决策行为和农村社区中的复杂关系，使好信息好技术与农民有更好的对接；三是在农业技术推广人员的专业培养过程中，加强农村社会学方面的教育，理解技术推广工作不是一个简单的教学过程，如何在复杂的社会、经济和生态条件中反复地实验与决策从而让好技术得到有效利用，才是农业技术推广工作的本质。

第六节 牧业回归社区：建立生产者与消费者的合作伙伴关系

事实上，牧民由于各种原因被挤压出草原的过程，是草原社会系统脱离草原生态系统的过程，更是人类作为整体离自然越来越远的一种体现。正如福冈正信在《自然农法》一书中所说："脚步接触不到土地，手远离了自然花草，眼看不到青天，耳听不到鸟鸣，鼻子嗅不出废气，舌尖失去了自然食味，现代人的感官已经完全与大自然隔绝了，就像沥青路上的车子一样，与生活的基地隔离了两三层，失去了真正的人类空间。"正是基于这样的反思，随着民间有机农业的发展，日本政府在1990年初开始接受有机农业运动，农林水产省在1992年制定了《有机蔬菜水果专门标识手册》，并在1993年开始实施。1996年又推出了《有机农业促进法》，开始对化学农业出台限制，并通过农林水产省在全国推广有机耕种。2000年，日本政府进而把"JAS标准"法定为国家有机标准，但是此项标准的推出很有政府要控制有机认证体系的嫌疑，并且受到营利性食品商的影响，标准本身并不严格，因此引起了很多消费者群体的反对和批评。日本政府推动的有机农业认证，多是商业性有机农业，大多供货给高档百货公司和高档超市，但是因为认证成本太高及认证标准的争议发展缓慢，2000年以来一直维持市场1%左右的份额，少有增长。

因此，为了将有机农业产品顺利送达消费者手中，减少流通环节，日本在有机农业的基础上又往前走了一步，即建立有机农业产品生产者与消费者之间的合作关系，形成了生产者与消费者组成的一个更大意义上的社区，更好地促进有机农业的发展。这一经验对于中国畜牧业发展来说，具有重要的借鉴意义。

一　日本有机农业提携运动

“自然农法”和“循环农法”的“有机农业”的产品销售经营方式多采取“提携”（teikei）的方式，其实践是“日本有机提携运动”的重要组成部分。1971 年日本成立了“日本有机农业提携联合会”发展有机农业提携运动。“提携”实践最大的特点是基于对“有机耕种”等环境友好型食品生产与流通的共识，消费者与生产者建立合作伙伴关系，并合作建设独立的流通网络，以“共同体/团结”式的食品互惠体系应对全球化大市场和自然灾害的挑战，发展生态农业的实践。本节以日本“关西四叶草联盟”为例，说明日本有机农业提携运动如何建立生产者与消费者之间的信任关系，从而使农业和畜牧业回归社区成为可能。

面对农业和畜牧业的快速现代化，四叶草联盟不断反思这种发展模式的问题，强调要让农业回到原本的方式，通过反思掠夺式的资本主义农业发展方式，四叶草联盟强调人类是自然的孩子而不是自然的主人，人与人之间不能被所谓的经济理性主导，而是要建立长久的相互信任，才能保证让人安心的食品能够生产出来，并且安全地送达消费者。因此，有机农业的发展是四叶草联盟的出发点之一。要想发展稳定的产品供应网络，有机农业产品必须达到一定的规模，联盟包括四个农场，联合当地农民发展有机农业，给他们提供有机蔬菜的生产服务，并且制定了四叶草联盟的有机产品标准和农产宪章。“自然农法”与“循环农法”都没有加入日本国家有机认证体系，但是采取“提携”式销售方式，都有自己的会员或产品贩卖店等独立的流通系统，消费者对其产品的信任度和评价也不亚于国家认证的有机产品，因此在过去 20 年里增长很快。尽管没有官方的数据统计，根据业内人士的估计，以“关西四叶草联盟”式的民间有机农业为例，在关西地区占到20%—30%的市场份额。

联盟的核心理念就是要改善两种关系：人与自然的关系和人与人的关系。在如何改善人与人之间的关系方面，四叶草联盟主要从两个角度开展工作。首先是强调一个小的社区中人与人的交往，日本在战后经济高速增长，自20世纪50—60年代，人与人的交流越来越少，近些年来，农村中老龄化现象越来越严重，年轻人进城后不再回来，粮食生产开始萎缩。四叶草联盟通过对生产者提供支持，加强生产者之间以及生产者与消费者之间的交流，最早的有机食品配送源于70年代开始的牛奶家庭配送。其次是组织一系列的活动，促进城市与乡村的交流。每年四大农场在播种和收获时，尤其是供货时，把城里的一些消费者聚集在一起，开展活动，加强彼此间的交流，另外，能势农场每年在7月到8月，利用其动物园还组织3宿4天的夏令营，一般都有约30个孩子参加；每年8月的第一个周六，还召集会员一起品尝当地的食品、唱歌，算是当地一个重要节日。

对于消费者来说，四叶草联盟有两个稳定的有机产品供给渠道：一是配送中心就近与当地农户签订供货合同，二是在全国范围内找到达到标准的合作的有机产品小生产者。目前在联盟每年60亿日元的销售额中，约1/4是有机的大米、水果和蔬菜；剩余3/4是加工品。对于加工品，一部分是买进原料加工后出售，另一部分如肉类和蔬菜则是采购进来就直接卖给消费者会员，比如牛肉几乎都是他们自己的牧场生产的，蔬菜20%来自他们四个农场和合作农家的“地场蔬菜”网络，其他的来自联盟内的其他合作农场。四叶草经营的所有产品都是四叶草联盟网络内的自产或合作生产者的产品。每一次的食品配送都是联盟与消费者沟通的机会，除了将食品送达消费者，四叶草的配送员还会与消费者就有关环境问题等食品安全的潜在影响因素进行讨论和沟通。

二　有机提携运动对于中国的启示

与日本所面临的问题类似，中国牧区也有大量年轻人进入城市打工，回来从事牧业的很少，牧业生产面临老龄化问题；同时牧民离开草原和畜牧业，草原工业和采矿的发展导致了部分地区污染严重；气候变化导致气候极端事件增加，灾害对于牧民生产生活持续产生影响等。如上所述，对于这些问题，政府也努力提供各种支持来减少这些问题。但是我们也看到这些努力难以达到目标，而且又进一步引发了其他问题。日本的有机提携运动对于我们今后草原保护和畜牧业的发展也有一些有益的启示。

第一，危机与机会共存。随着城市化和工业化，大量人口进入城市，形成农村的空心化和农业的衰退，但是同时随着都市人口农产品消费结构的改变和生活方式改变，农业的多元功能逐渐被释放出来，从而为农村发展提供了新的机遇。比如对于都市人来说，农业不仅是一种生产，更是一种生活方式，一些都市人口出于环境、文化保护的目的，进入农村地区，从事农业活动。因此重视和发展农村的多元服务功能是实现农村繁荣的一条途径。

第二，随着食品安全问题被关注，有机农业会有较快的发展，而现代的组织手段、物流服务和信息技术为小农从事有机农业提供了便利。比如四叶草的物流可以便捷地将农产品送到消费者手中。直销的普及在很大程度上改变了农业生产和销售的传统模式，生产者和消费者的距离大大缩短，基于人际关系的信任在产品销售中发挥重要作用，农产品销售者、销售平台通过多种互动方式，拉近生产与消费者的关系。这为小规模的分散农户生产提供了新的机会。

第三，小农的组织发挥了重要的作用。小农的组织不仅是农民自己的组织，也需要引入社会企业和社会组织，比如四叶草就是作为一个社会企业发挥了组织和联系农户的作用；农协在技术传播、销售和生产服务方面，仍然是最重要的组织。对于农民来说，农协不仅是一个生产组织者，更在社会生活方面发挥了很重要的作用；随着农民需求的多元化，一些新型的组织被建立起来。在农村发展中鼓励多元的农民组织发育是非常重要的工作。

第四，国家要有较长期的农村发展规划，从人力培养、资金提供和技术进步等诸多方面，有长期的规划。日本以区域振兴协力队的方式，向农村地区派出工作人员，是一个值得重视和研究的内容。

第四部分

结　论

第十章

未来之路：环境社会学视角的再分析

以上就是笔者近20年对于草原问题关注的部分呈现，尤其是近10年来的思考，也是笔者从理科背景的自然资源管理的视角转变为更加强调环境社会学视角的过程。从以上九章的内容不难看到，草原牧区、牧业和牧民在近40年来发生了翻天覆地的变化，在现代化的过程中，牧区实现了定居，牧业要兼顾保护，牧民面临各种挑战。如何实现牧区的乡村振兴，关键需要认识到草原管理本身作为一个难缠问题，所包含的各种内外压力。本章首先对已有内容做一总结，然后再分析环境社会学与草原管理相对于彼此的重要意义，并对未来草原管理政策提出一些思考。

第一节　剧变中的牧区、牧业和牧民

总结来看，近40年来，草原政策发展可以大致分为四个阶段。每一阶段的政策都是针对不同问题提出的，在实施过程中却引发了更多问题，同时也提供了多种解决问题的可能。正如第一章所述，草原管理就是一个难缠问题。对于第一阶段畜草双承包责任制的政策分析，在《解读草原困境：对于干旱半干旱草原利用和管理若干问题的认识》[①] 一书中有更系统的讨论，本书则着重分析第二阶段到第四阶段的政策发展。

一 第一阶段：畜草双承包责任制

第一阶段是20世纪80年代初至2000年，在之前十多年的定居工作基础上，牧区实施了畜草双承包责任制，牲畜私有化，草场使用权也承包到各家各户。虽然承包制在农区确实促进了农业生产力的发展，但在牧区却引发了一系列不适应的问题。从第四章的分析可以看到，这些不适应主要源于干旱区干旱易变的生态系统特点以及资源分布不均衡。

第一个不适应就是有些草场根本没法分，或者说草场划分很难做到公平有效，草原给很多人的印象是单一的、辽阔的，其多样性和易变性常常为人所忽略。恰恰就是这种多样性和易变性以及牲畜需求的多样性，使得草场难以公平地划分到户。第五章案例地中的夏季草场和水泡子周边的草场就是很好的例证。第二个不适应是大畜即马和骆驼，受到围栏限制，数量减少，这样通过长期选择和培育形成的五畜结构被破坏，畜与草、畜与畜之间的关系被改变。第三个不适应是牲畜在各家围栏里放牧，导致分布型过牧，放牧半径缩小使牲畜也不能自由采食。第四个不适应是遇到自然灾害，走“敖特尔”躲避灾害不再是首选策略，牧户只能通过买草料来抗灾。第五个不适应是牧民与牧民间逐渐被围栏分割，这不仅是指物理空间上的，也是指人心的距离，围栏引发的矛盾和彼此间的不信任越来越多。这种不适应还有很多，在此不能一一列出，总之，承包制及围栏导致了草原和牧区的双重破碎化，正是这种破碎化，才是草原退化的原因，正如2001年在锡林郭勒盟调研时，一位老额吉说，

① 李文军、张倩：《解读草原困境：对于干旱半干旱草原利用和管理若干问题的认识》，经济科学出版社2009年版。

如果草原分割得像蜘蛛网一样，那么草原就有问题了。

正是由于草原干旱易变的生态系统特征，长期以来牧区社会系统形成了一套规则以适应草原生态系统的特征，从产权安排上，草场共有和有弹性的草场分界是满足畜牧业日常水草需求和应对自然灾害的保障；在社会关系上，牧民之间形成了互助互惠的传统，配之以牧户小组的日常合作、嘎查内的季节性移动以及更高行政层级在灾害时的资源调度这样的社会组织；在当地知识方面，形成了一套了解草场特点、牲畜需求、资源时空变化和灾害情况的当地知识，指导草场资源合理利用。但是草场承包后，这些规则都逐渐被改变。以草场共有为基本特征的产权关系被直接改变，随之社会关系也相应变化，而当地知识的使用由于这些变化的限制而不能使用，慢慢消失。

因此，我们可以看到，这一阶段最主要的问题就是草场承包由于对草原生态系统干旱易变的特点缺乏足够的认识，将 20 世纪 70 年代末在农区发起的承包制照搬到牧区，造成一系列不适应和原有的强调移动和弹性的社会系统的改变，从而导致草原社会生态系统中，原本耦合的草原生态系统与社会系统不再耦合，而且如第五章所述，在两个系统上的管理尺度不匹配，成为各种矛盾问题产生的根本。

二　第二阶段：草原退化治理工程项目

第二阶段是2001 年至2010 年，随着2001 年多次大范围沙尘暴的发生，草原退化问题受到决策者和公众的关注，于是这期间出台了多个恢复退化草原的工程项目，包括围封转移、退牧还草、公益林保护、京津风沙源治理项目、游牧民定居项目等。这些工程项目都有一个统一的思路，就是草原退化是过牧引起的，因此减牧减畜减人是这些工程项目的主要目标。

但是这些项目经过10年的实施，减牧目标难以实现，针对春季休牧和全年禁牧，虽然政府给牧民一定的补贴，但是补贴数量远远不能达到牲畜对于饲草的需求标准，牧民不得不偷牧，如夜牧，甚至牧民通过支付一定的“罚金”继续放牧，与当地有关部门达成共谋[①]。减畜和减人的目标也不理想，生产生活成本的上升、转产的困难以及银行贷款业务的扩张，给牧民保持或增加牲畜数量提供了推力和拉力。将牧民迁入其他地区或城镇使得牧民陷入贫困、失业的状态中，同时也引发了诸多社会问题。将牧民移出牧区，草原失去了使用者和潜在的保护者，也引致外来的资源开发者进入，包括矿产企业和个人滥采滥挖，从而导致自然资源的进一步破坏和环境污染。第二章就是以内蒙古阿拉善盟为例，讨论退牧还草工程和公益林保护项目给牧区、牧业和牧民带来的影响和引发的新问题。

这些问题的产生主要有三个方面的原因，首先是没有把草原管理看作是一个难缠问题，也就是说，没有搞清草原退化的原因就开始实施草原退化治理工程和项目，试图一蹴而就地通过减牧减畜减人实现退化草原的恢复，没有针对被破坏的草原生态系统和社会系统之间的耦合关系，如第四章和第五章所述，由此导致旧的问题得不到解决，新的问题又层出不穷。其次是国家经济政策的发展趋势，从地方层面来看，农牧业税的免除在给农牧民减负的同时，也迫使地方政府寻找工业发展的支撑，再加上西部大开发的鼓励政策，带来了工业污染的压力。从全国的产业布局和市场发展来看，西部省份的矿产开发成为主要的经济增长动力，此外，除了畜产品以外，草原生态系统的其他资源进一步被市场化，例如第六章中提到的羊粪和天然草料，虽然在短期内可以给部分牧民带来收益，但

① 王晓毅：《环境压力下的草原社区：内蒙古六个嘎查村的调查》，社会科学文献出版社2009年版。

从整个生态系统来看，却会造成物质能量的长期损耗，形成代谢断裂。最后是全球气候变化带来的压力。除了地方生态系统与社会系统的不耦合与代谢断裂的问题外，全球气候变化带来的极端气候事件增加也给草原牧区造成额外的风险，不同国家达成一致实现温室气体减排已经显示出越来越大的不可能性，这也迫使局地层面急需思考适应策略，以努力减轻气候变化带来的影响。

三　第三阶段：草原生态补助奖励机制

第三阶段是2011年至今，这也是本书第八章集中讨论的内容，国家自2011年起，以五年为一期，在全国13个省区实施草原生态补助奖励机制，也就是生态补偿，这是21世纪以来，中央政府投入资金最多、时间最长的草原保护政策。其思路就是基于牧民为草原保护减畜或者放弃牧业，理应给牧民提供经济补偿，也就是说，国家代表得益于草原保护的受益人从牧民那里购买草原生态系统服务。

但是，经过几年的实施，我们看到牲畜数量在实施之初有所减少，但之后又开始上升，甚至超过了政策实施之前的水平。基于调研，我们看到生态补偿虽然总量上资金数量巨大，分到每个牧民手中仍是不足以弥补减畜带来的损失，而草原生态系统所提供的服务如水土保持、生物多样性保护等，并不是在牧民个体层面上提供的，而是在整个生态系统层面上由牧民集体提供的。因此，将生态补偿资金直接交付给牧民而非牧民集体，造成了生态服务卖方的定义错误，正如第八章第四节所介绍的，稳定的补偿资金的发放使一些贫困户能够脱离牧业迁入城市，且违规出租草场，外来畜的进入不仅直接导致牲畜数量增加，而且也刺激了其他牧户进一步增加牲畜数量。

除了直接刺激牲畜数量的增加外，生态系统服务价值的商品化还从根本上改变了一些牧民保护草场的道德出发点。正如第八章第五节的讨论结果，根据草场承包面积可以得到补贴，在一些牧民看来，草场已经不再是自己和牲畜的家园，而只是得到补偿的一纸凭证，草场具体是哪块不重要，只需要一个面积数就可以。同时，一些牧民放弃牧业离开草原，依靠补偿金维持生活，很难找到稳定的工作，一方面不劳而获的思想逐渐产生，另一方面入不敷出时又会产生诸多社会问题，如离婚率和犯罪率提高。从第八章的案例来看，生态补偿实施数年后，牧区与乡村振兴战略提出的总要求即产业兴旺、生态宜居、乡风文明、治理有效、生活富裕似乎越来越远。

四　第四阶段：乡村振兴战略

这一阶段与第三阶段有些重合，是从2017年至今，习近平总书记在党的十九大报告中提出乡村振兴战略，指出农业农村农民问题是关系国计民生的根本性问题，必须始终把解决好“三农”问题作为全党工作的重中之重，实施乡村振兴战略。2018年2月，国务院发布的2018年中央一号文件，即《中共中央国务院关于实施乡村振兴战略的意见》。这是针对当前我国乡村的不平衡不充分问题，包括农产品阶段性供过于求和供给不足并存，农业供给质量亟待提高；农民适应生产力发展和市场竞争的能力不足，新型职业农民队伍建设亟须加强；农村基础设施和民生领域欠账较多，农村环境和生态问题比较突出，乡村发展整体水平亟待提升；国家支农体系相对薄弱，农村金融改革任务繁重，城乡之间要素合理流动机制亟待健全；农村基层党建存在薄弱环节，乡村治理体系和治理能力亟待强化。

实施乡村振兴战略是党的十九大做出的重大决策部署，是决胜全面建成小康社会、全面建设社会主义现代化国家的重大历史任务，是新时代“三农”工作的总抓手。具体到草原牧区的不平衡不充分的问题，基于本研究的分析，可以看到首先是地方层面的社会生态系统系统的不耦合性，其次是市场化发展中进一步引发了代谢断裂问题，再次是气候变化压力下的适应能力弱化，最后是各种退化草原恢复政策对草原管理这一难缠问题需要更全面的理解才能更有针对性。基于这些问题，本书也对未来草原管理政策的方向提出一些思考，既然草原管理是一个难缠问题，需要不断地重新定义、寻找解决方案、监测调试效果后再回到对问题的重新定义，本书在第五章和第七章提出建立草原管理的多层级管理框架，在第九章提出牧业综合合作社的发展可能是应对草原管理难缠问题的思路。合作社可以解决地方层面的草原生态系统与社会系统的不耦合性问题和应对部分市场变化风险，实现产业兴旺、生态宜居和生活富裕；草原管理的多层级管理框架有助于通过多层级合作提高气候变化的适应能力，实现治理有效和乡风文明。但是，如何在实践中具体应用这些思路，还需要更多的相关研究投入和社会工作（包括农业技术推广工作）的开展。

第二节　环境社会学对于草原管理研究的指导意义

本书梳理了自畜草双承包责任制实施以来草原管理政策的各种变化，可以看到草场承包不仅是产权制度的一种改变，而且更是牧民生产生活方式和牧区社会结构变化的最重要的推动力。这些变化不仅体现在草原生态系统与牧区社会系统在诸多方面的耦合关系消失，还表现在这两个复杂系统的管理在不同尺度上的不匹配。但是，草原管理所面临的问题绝不止于此，商品化和市场化的渗透、气候变化的影响以及各种草原治理政策的实施，还在继续给这个社会生态系统施加压力，使得决策者和学者都急于弄清这个系统以恢复退化草原。如本书第二章所述，环境社会学以其综合的视角，对于理解草原管理这个难缠问题有着不可替代的作用，总体来看，主要体现在以下三个方面。

一 利用环境社会学的一些概念解释草原管理问题

这是环境社会学对于草原管理问题最明显、最直接的贡献，对照本书第二章介绍的环境社会学的主要理论，本书主要是从环境社会学中的政治经济学视角来分析，第六章利用代谢断裂理论来描述草原的各种资源如饲草甚至羊粪市场化后，草原除了以前仅作为肉食供给者外，还提供其他资源，造成长期草原物质能量的外流，但这种外流却得不到必要的补充，使得本来就缺少草料的牧民更加缺少草料，也使得本来就在退化的草原失去重要养分。表面来看，牧民出售饲草甚至羊粪是收入多样化的一种表现，但是基于代谢断裂的理论，我们明白背后是更大的生态风险。

利用苦役踏车理论来解释牧民陷入不断买草的困境也是一个重要的应用，施奈伯格提出苦役踏车的背景是“二战”后美国大量生产—大量消费—大量废弃的资源利用模式，他要解答的问题也是为何这样的模式会持续不断地运行下去。与施奈伯格提出苦役踏车的背景不同，牧民陷入买草循环恰恰是草原退化的后果，在草料不足和生活成本上升的条件下，为了维持原有生计，尤其是为了应对可能发生的灾害，牧民不得不支付高额成本购买草料。因此，牧民踏上买草的苦役踏车不是为了环境社会学家福斯特所说的对于积累的需求，而是在资源退化后对于生存的需求，是环境退化—贫困—环境退化的恶性循环的一个典型案例。

除了本书所应用的政治经济学理论视角，其他方面的环境社会学理论也可以更多地应用在草原管理中。环境正义理论可以用在更多的具体案例中，如分析牧民在退牧还草或生态补偿项目的号召下离开草原，但外来人能更顺利地进入草原展开破坏活动，如阿拉善腾格里沙漠的工业污染和个人的一些破坏行为，挖奇石、搂发菜等。此外，风险社会理论在讨论气候变化对于牧民的影响及其应对等方面，也有很好的指导意义。

二　新环境范式对于草原管理理念的指导作用

如前所述，目前对于草原管理问题的各个方面，都同时存在着完全对立的研究成果，例如一些人支持草场承包，一些人提出承包不符合草原生态系统干旱易变的特点。他们背后都蕴含着不同的生态观，即“田园诗式”和“帝国式”的生态思想，这与 Dunlap 和 Catton 区分人类豁免范式与新环境范式具有相同的划分标准，最关键的一点就是人类豁免范式将人类看作是独立于自然的，可以利用和管理自然中其他资源的独特生物；而新环境范式将人看作是自然的一部分，正是生态学呈现出的那种田园主义情感，使人们能够回归到一种自然的和平和谦恭的美丽境界。

但是，当前草原管理的主流研究以及政策制定者还是抱着人类豁免范式的理念。正如植物分类学家林奈所认为的，尽管人类和其他现有的物种一样都处于这个神圣的系列中的次要地位，但同时占据着一个负有使命和荣誉的特殊地位。自然界的所有珍贵物种，是那样巧妙地被管理着，是那样完美地繁殖着。每件东西可能被拿来为人所用；即使不是直接的，也会是间接的，而不是为其他动物服务的。借助于理性，人驯服凶猛的动物，追赶和捕捉那些最敏捷的动物，甚至也能够抓到那些藏在海底的动物。在新世界，科技的发展又赋予人们控制和改变自然的一种超能力。在这样的背景下，能够在一定程度上体现人类谦恭态度的“谨慎原则”虽然早已提出，但一直难以真正应用于草原管理中。正如沃斯特[①]所说：必须想办

① ［美］唐纳德·沃斯特：《自然的经济体系：生态思想史》，侯文蕙译，商务印书馆 1999 年版。

法对生态和人类的发展方式进行某种调和，并在相信自然的方式和同情人类的雄心之间达成某种和解。

社会与自然间“代谢”的物质过程是“外部条件”与人类社会的最基本关系。这种代谢是人类社会将外界自然的物质能量转给社会，这样，社会和自然间的相互作用关系就是社会再生产的过程。在这一过程中，社会应用其劳动力的能量，来获得一定数量的来自然的能量。消费与收入的平衡在这里很明显是社会增长的决定因素。如果获得超过劳动消耗，那社会就会有严重后果，随着多出数量的不同而不同。因此整个社会生产过程就是人类社会对外界自然的适应。人类作为一种动物，同时也作为人类社会，是自然的产物，是这个博大且无尽的整体的一部分。人类从来都不能脱离自然，即使当他“控制”自然之后，他也只是利用自然规律来实现他的愿望。

三 强调过程：人与自然的整体观

理解社会与环境的关系是环境社会学的首要问题，对于这一问题，不同的环境社会学家从不同角度来强调这一问题。Dunlap 和 Catton 提出环境社会学就是以专注研究环境—社会互动为中心的。社会学是一种看待和理解社会世界的方式，可以更好地理解社会组织、不平等问题和各种人与人之间的互动；而环境在这里可能是非常遥远的地区，也包含我们日常生活中所接触到的每一部分，有诸多案例已经证明，只有把两者结合起来，才能更好地理解环境与社会，相反，也有诸多事例证明，如果我们不能准确地理解人类与环境的关系，就会造成环境问题，如气候变化，而这些问题又进一步限制了人类解决这些问题的能力[①]。贝尔和卡罗兰[②]认为环境社会

① Moore, Jason W., “Transcending the Metabolic rift: a Theory of Crises in the Capitalist World-ecology”, *The Journal of Peasant Stueids*, Vol. 38, No. 1, 2011.

② ［美］迈克尔·贝尔：《环境社会学的邀请》，昌敦虎译，北京大学出版社 2010 年版。

学的定义就是研究最大可能意义上的群落，人、其他动物、土地、水、空气，所有这些都是密切关联的。它们一起形成一种团结性，就是所谓的生态学。正如在所有群落一样，在相互依存中也有冲突，环境社会学就是研究这一最大的群落，来理解这些真切的社会和生物物理冲突的起源和可能的解决方法。

影响人类与自然代谢关系的关键因素就是技术，但技术也受到社会关系和自然条件这些前提条件的限制。人类不是发明东西，而是重组物质，所以自然提供什么，才有可能生产什么。技术进步是必需的，但这些进步并不足以改善人类与自然的关系。正如马克思所说，人类改变他们与自然的关系不是完全按其心愿的，他们只能根据从前辈继承的条件，是一个复杂历史发展过程的产物，马克思开创了历史—环境—唯物主义的方向来考虑自然和人类社会的共同进化[①]。

在环境研究中，我们总是把社会对于自然的足迹作为各种问题产生的原因，例如过牧导致草原退化，政府债务导致毁林，新自由主义项目导致经济作物的单一化培养，工业导致二氧化碳排放，这些都是因果式的陈述。但是就像我们常说的，人类作为环境问题的受害者，但同时也是污染者，两者已经无法区分开来。无数的经验研究可能积累起来，证明资本主义对于环境是有害的，或者说环境影响很大，资本主义的社会—生态部分还是没有被研究[②]。因此，所有社会学研究必须解释变化过程，必然意味着因果的混合。本书对于草原管理的分析就是不断地呈现这些因果的混合：牧民因为草原退化导致的草料不足而买草，这实际上又是一种过牧，从而造成草原退化更难以恢复；政府想通过生态补偿的形式鼓励牧民减畜，

① Moore, Jason W., "Transcending the Metabolic rift: a Theory of Crises in the Capitalist World-Ecology", *The Journal of Peasant Stueids*, Vol. 38, No. 1, 2011.

② Ibid..

但给牧民个人的现金补偿反而刺激了牧民贷款增畜，破坏了原有的控制牲畜数量的村规民约。因此找到环境问题的原因只是解决问题这一复杂过程的第一小步，要从环境问题—原因—对策的环境问题治理模式转变为环境问题—反馈—调试的治理模式。

第三节 草原管理对于环境社会学的贡献

本书利用草原管理这一现实议题，将难缠问题与环境社会学连接起来，难缠问题需要用环境社会学综合的视角去研究，而环境社会学的发展也需要难缠问题这一概念的充实，同时环境议题的解决也需要各方利益相关者对难缠问题有充分的认识。理解环境问题终究是为了思考解决对策，基于此，本书针对难缠问题的对策也展开了一些深入的讨论。总结来看，草原管理研究对于环境社会学的理论及实践研究有以下三个方面的贡献。

一 新环境范式在草原管理问题中的应用

就新环境范式在草原管理方面的应用来看，一方面新环境范式对于思考草原环境与人类社会的关系具有指导作用，另一方面针对草原管理的分析框架即社会生态系统概念的应用，也是对新环境范式应用的一个很好的案例。自 Dunlap 和 Van Liere 在 1978 年提出新环境范式和量表以来，在国内环境社会学的研究中，对于新环境范式的研究主要集中在运用量表通过一组指示项加以操作化与测量，来评价公众环境意识[①]。但是，在具体的环境议题上如何应用新环境范式，相关的研究还非常有限，社会生态系统分析框架则是一个

---

① 洪大用：《环境关心的测量：NEP 量表在中国的应用评估》，《社会》2006 年第 5 期；吴灵琼、朱艳：《新生态范式（NEP）量表在我国城市学生群体中的修订及信度、效度检验》，《南京工业大学学报》（社会科学版）2017 年第 2 期。

很好的实例。

从第四章的分析我们可以看到，正是由于干旱区干旱易变的自然条件，才决定了社会系统移动和弹性的制度安排，这正体现了新环境范式的第三条，社会和经济发展受到自然的限制。草原社会生态系统的复杂性不仅由生物群落中错综复杂的网络组成，而且社会系统中也有错综复杂的因果关系，再加上尺度匹配性的考虑，使得社会生态系统成为一个高度复杂的系统，但其管理原则很清晰，就是生态系统与社会系统要耦合。如果从整个社会生态系统来看待环境问题，那么人类只是许多生物群落内部相互依存的物种中的一个的观点就不证自明了。本书基于多个案例的探讨，说明草原社会系统与草原生态系统的不耦合性就是各种问题产生的根源，也充分证明了只有基于新环境范式开展草原管理，才可能实现草原的可持续发展。

二　再看难缠问题对策的复杂性

第一章讲述难缠问题时，提出虽然难缠问题的解决方案十分复杂，但也不是没有应对的办法，表1—1就列出了针对生态系统管理这种难缠问题的五种应对方法，并且分别举出了实例，说明了实施障碍。草原作为生态系统的一个种类，这些方法也适用于草原管理。但是，Defries和Nagendra[①]更多是从自然科学资源管理的角度来论述生态系统管理的方法，对于其社会系统中的难缠性还缺乏较为详细的分析，因此表1—1中的障碍也相对简单，不足以指导具体的实践工作。本书基于草原管理的相关问题，针对后三种方法进行了详细讨论。

首先是第七章讨论的适应性管理，因为气候变化带来的复杂系

---

① Defries, Ruth and Harini Nagendra, "Ecosystem Management as a Wicked Problem", *Science*, Vol. 356, 2017.

统动态，导致决策结果不确定，所以要边学边做。适应性管理的主要障碍是官僚体制缺乏弹性、缺乏监测。虽然这一章讨论的气候变化案例也仅仅是从社会记忆和社会资本的角度来看适应性治理的重要性，但是我们也可以看到，这种适应性治理的建立不仅需要政府的参与，而且需要科研—政府—社会或社区三方互动，形成一个持续不断的问题解决过程。当然，这三个案例地的适应性治理机制也没有真正建立起来，还是分散的自下而上的应对策略，基于此，未来针对适应性治理的研究也如适应性治理本身的含义一样，重视理论框架和实践研究的同时发展，边做边学。

其次是第八章讨论生态补偿，即将自然资本和生态系统服务市场化的方法，这一方法试图将经济核算体系中没有考虑到的外部性内部化，其主要障碍是难以决定非市场的生态系统服务的价值。基于这一章的分析可以看到，决定和兑现生态系统服务价值确实很难，从 2011 年开始实施的草原生态补助奖励机制来看，虽然中央政府投入大量资金，但分配到牧民手里的数额还是不足以弥补牧民减畜的损失。但即使能够决定，也只是生态补偿问题的第一步，生态系统服务提供者到底是谁？生态系统服务被商品化给原有的保护的道德出发点带来哪些改变？都是需要仔细考虑的问题。难缠问题中有一个特点是它不能通过试错法来研究，其解决方案是不可逆的，“每个尝试都算数”，那么，生态补偿所引发的增畜刺激和商品化悲剧，也是未来需要解决的新问题。

最后是第九章提出牧区社会结构个体化的过程中，我们需要考虑让牧业回归牧区和自然的可能性，这也是针对最后一种办法，即平衡不同利益相关者的不同意识形态和政治现实，不管是协同规划还是综合合作社的发展，都是协调不同利益相关者的具体做法。事实上，乡村振兴战略的提出，为这种回归提供了一个很好的机会，从意识形态上，大家对于乡村振兴的总要求产业兴旺、生态宜居、乡风文明、治理有效、生活富裕有共同追求，那么，具体如何来实现，找到切入点，也可以实现高效的行动，这里也体现了环境问题解决的威权主义的优势。这一章参考美国的农业技术推广体系的工作经验，强调农业技术推广体系的社会服务和保护自然的功能，从而让牧业回归自然；又基于日本合作社的发展路径，思考如何通过建立生产者与消费者之间的直接关系努力让牧业回归社区。

从以上内容可知，草原管理给我们提供了丰富的内容，从干旱易变的复杂生态系统出发，加上经过长期适应形成的以移动和弹性为特征的社会系统，在近 40 年中剧烈的政策变化中，形成了各种复杂的难缠问题，对于这些问题的探讨可以帮助我们思考应对难缠问题的方法和反馈与调试的思路，从而在理论和实践两个方面推动环境社会学的研究发展。

三　反馈与调试：环境社会学的第二范式

基于对环境社会学视角的了解，我们看到环境社会学，尤其是环境问题的社会学，是一种又综合又分散的研究。说其综合，是指环境社会学是研究包括人类在内的最大群落，不仅包括人类社会与自然的互动关系，更强调人类社会与自然的你中有我，我中有你，它可以包括生物物理变量，也可以包括历史文化梳理。说其分散，是指环境社会学可以对各种环境问题展开分析，呈现环境问题如何产生和人类社会如何适应或应对。因此环境社会学的基本特征就是以问题为导向。在这些分散的研究中，环境社会学对草原管理的实践意义，除了上文提到的新环境范式，另一个就是对过程的强调。也就是说，理解草原管理问题需要将目前的“环境问题—原因—治理对策”的问题应对模式转变为“环境问题—反馈—调试”的过程治理模式。如果说新环境范式是环境生态学的第一原则，那么过程治理模式可以称为环境社会学的第二原则，也是环境问题解决思路的根本原则。这也是基于对草原问题的多年思考，我所理解的环境社会学对于自然资源管理的一个重要的政策指导原则。

环境问题—反馈—调试的治理模式也强调实验性的管理，在管理过程中不断地检验和修正管理方法；注重多个利益相关方的参与和合作，在科研—政府—社会互动下的一个持续不断的解决问题过程；它承认相互矛盾的目标、知识的不确定性、非对称的权力分配和额外的管理成本，因此参与、实验和学习也是这一治理的关键①。事实上，Moore② 有关人与自然的整体性理论对于草原管理的启示就是，与原来有针对性地致力于解决问题的理念不同，注重过程的反馈与调试模式，从根本上改变了环境问题是可以一劳永逸地解决这一理念，也就是说，不仅没有解决管理问题的“万能药”，而且这种药（不管什么药）本身也是没有或不被需要的③，因为人与自然关系的互动一直持续，环境问题不可能完全消失。因此，在这样的理念下，原来的问题—原因—对策的环境问题治理模式就需要转变为环境问题—反馈—调试的治理模式。

这就是为什么要引入社会生态系统框架来解释草原管理问题，因为这一框架就是注重过程。不是简单地批判简单化的政策，关键是能建立有效的反馈机制，政策能够有不断改进的机会。这个

---

① Huitema D., Mostert E., Egas W., et al., “Adaptive Water Governance: Assessing the Institutional Prescriptions of Adaptive (co-) Management from a Governance Perspective and Defining a Research Agenda”, *Ecology and Society*, Vol. 14, No. 1, 2009; Armitage, D. R., Berkes F., Doubleday N., Introduction: Moving Beyond Co-management// Armitage D. R., Berkes F., Doubleday N. C., *Adaptive Co-management: Collaboration, Learning, and Multi-level Governance*, University of British Columbia Press, Vancouver, British Columbia, Canada, 2007; Folke C., Hahn T., Olsson P., et al., “Adaptive Governance of Social-Ecological Systems”, *Annual Review of Environment and Resources*, Vol. 30, 2005.

② Moore, Jason W., “Transcending the metabolic Rift: a Theory of Crises in the Capitalist World-Ecology”, *The Journal of Peasant Stueids*, Vol. 38, No. 1, 2011.

③ Rittle, Horst W. J. and Melvin M. Webber, “Dilemmas in a General Theory of Planning”, *Policy Sciences*, No. 4, 1973.

分析框架注意到了在全球化和气候变化的背景下，系统之间的连通性增强，同时也开始强调政治经济社会背景以及其他相联系的生态系统对所研究的社会生态系统的影响。提出自然资源管理的研究需要接受而不是拒绝社会生态系统的复杂性，建立多尺度的等级分析框架，并将不同层级的问题考虑在内时，才能避免资源管理政策中徒劳寻找"万能药"的通病[①]，针对气候变化的适应性治理就是一个很好的例子。

从科学本身发展的路径来看，这种过程思维的强调正是后常态科学的主要内容。1962年，库恩在其著作《科学革命的范式》中引入了常态科学的概念，它是指在一定范式支配之下的科学，作为一种高度积累性的事业，其目标是科学知识的稳步扩大和日益精确化，即发展模式，而非获得新颖的事实或理论，即否定模式，所以科学的任务在于解决"疑点"而不是"难题"。在这一阶段，科学家在发现观察结果与范式不符或运用范式不能获得预期结果时，不会怀疑范式本身，而只是检验和审核自己的假说、设计、计算和仪器使用方面的疑点。但是，随着科学研究的发展，我们发现所有科学的令人安逸的假设的产生和使用都受到越来越多的质疑，例如经济学中的诸多假设。在这一背景下，Silvio Functowicz 和 Jerome R. Ravetz[②] 在20世纪90年代针对当时盛行的风险和成本—效益分析方式的问题，提出了后常态科学，即在科学事实不确定及价值判断多元化的前提下，为做出利益攸关的重大紧急决策时采取的科学方法论。正如哲学家尼采[③]所说，"我们越是允

---

① Ostrom, E., "A Diagnostic Approach for Going Beyond Panaceas", *Proceedings of the National Academy of Sciences of the United States of America* (*PNAS*), Vol. 104, No. 39, 2007.

② Functowicz, S. O. and Ravetz, J. R., "Science for the Post-normal Age", *Futures*, Vol. 25, 1993.

③ Nietzsche, F., "On the Genealogy of Morals", In Kauffman, W., (ed.), *Basic Writings of Nietzsche*, New York: The Modern Library, 2000.

许人们说出一件事物引发的多种影响，就越能以多种眼光、不同态度来观察事物，也就越能得出我们对这一事物的全面的概念，这就形成了我们的客观性”，同时这些观点要基于逻辑一致性和足够的经验研究。难缠问题的反复定义、思考、反馈和调试，正是我们解决“难题”的可行路径。

参考文献

阿拉善盟地方志编纂室：《阿拉善盟志》，内蒙古文化出版社 2012 年版。

阿拉善盟政务网站：《阿拉善盟退牧还草工程实施情况》，2008 年，http：//www. als. gov. cn。

阿拉善左旗农牧业局：《阿拉善左旗天然草原退牧还草工程项目规划》，载《阿拉善左旗 2002 年天然草原退牧还草工程资料汇编》（内部资料），2002 年。

阿拉善左旗农牧业局：《阿拉善左旗天然草原退牧还草工程项目规划》，载《阿拉善左旗 2006 年天然草原退牧还草工程资料汇编》（内部资料），2006 年。

艾丽坤、王晓毅：《全球变化研究中自然科学和社会科学协同方法的探讨》，《地球科学进展》2015 年第 11 期。

艾丽坤、杨颖：《可持续性科学中与利益相关者的协同》，《世界科技研究与发展》2015 年第 4 期。

[美] 奥斯特罗姆：《公共事物的治理之道》，余逊达、陈旭东译，上海三联书店 2000 年版。

包智明、陈占江：《中国经验的环境之维：向度及其限度——对中国环境社会学研究的回顾与反思》，《社会学研究》2011 年第 6 期。

草原生态研究联合考察课题组：《治沙止漠刻不容缓，绿色屏障势在必建——关于内蒙古自治区草原生态与治理问题的调查》，《调研世界》2003 年第 3 期。

陈阿江：《水域污染的社会学解释——东村个案研究》，《南京师范大学学报》（社会科学版）2000 年第 1 期。

陈洁、罗丹：《内蒙古苏尼特右旗草原生态治理与牧区反贫困调查报告》，《北方经济》2007 年第 21 期。

崔凤、唐国建：《环境社会学：关于环境行为的社会学阐释》，《社会科学辑刊》2010 年第 3 期。

达林太、于洪霞、那仁高娃：《规模化还是组织化：内蒙古牧区发展主要困境》，《北方经济》2016 年第 6 期。

达林太、于洪霞：《环境保护框架下的可持续放牧研究》，内蒙古大学出版社 2012 年版。

达林太、郑易生、于洪霞：《规模化与组织化进程中的小农（牧）户研究》，《内蒙古大学学报》（哲学社会科学版）2018 年第 3 期。

达林太、郑易生：《牧区与市场：牧民经济学》，社会科学文献出版社 2010 年版。

戴其文、赵雪雁：《生态补偿机制中若干关键科学问题：以甘南藏族自治州草地生态系统为例》，《地理学报》2010 年第 4 期。

邓衡山、徐志刚、应瑞瑶、廖小静：《真正的农民专业合作社为何在中国难寻？——一个框架性解释与经验事实》，《中国农村观察》2016 年第 4 期。

邓敏、王慧敏：《气候变化下适应性治理的学习模式研究：以哈密地区水权转让为例》，《系统工程理论与实践》2014 年第 1 期。

额尔敦乌日图、花蕊：《草原生态保护补奖机制实施中存在的问题及对策》，《内蒙古师范大学学报》（哲学社会科学版）2013 年第 6 期。

恩和：《草原荒漠化的历史反思：发展的文化纬度》，《内蒙古大学学报》（人文社会科学版）2003 年第 2 期。

高涛、肖苏君、乌兰：《近 47 年（1961—2007 年）内蒙古地区降水和气温的时空变化特征》，《内蒙古气象》2009 年第 1 期。

龚加栋：《阿拉善地区生态环境综合治理意见》，《中国沙漠》2005 年第 1 期。

国际环境与发展研究所：《珍视变异性：气候变化下干旱区发展的新视角》，李艳波译，中国环境出版社 2017 年版。

国家环境保护总局、国家统计局：《2004 中国绿色国民经济核算研究报告》，《环境保护》2006 年第 18 期。

哈斯、周娜：《草原生态保护补助奖励政策落实情况调研报告》，《北方经济》2012 年第 7 期。

韩念勇、蒋高明、李文军：《锡林郭勒生物圈保护区：退化生态系统管理》，清华大学出版社 2002 年版。

韩念勇：《草原的逻辑——草原生态与牧民生计调研报告》，民族出版社 2018 年版。

韩念勇：《草原生态补偿的变异——国家与牧民的视角差异是怎样加大的》，载韩念勇主编《草原的逻辑——国家生态项目有赖于牧民内生动力》，北京科学技术出版社 2011 年版。

洪大用、龚文娟：《环境公正研究的理论与方法述评》，《中国人民大学学报》2008 年第 6 期。

洪大用：《当代中国社会转型与环境问题——一个初步的分析框架》，《东南学术》2000 年第 5 期。

洪大用：《环境关心的测量：NEP 量表在中国的应用评估》，《社会》2006 年第 5 期。

洪大用：《环境社会学：事实、理论与价值》，《思想战线》2017 年第 1 期。

洪大用:《理论自觉与中国环境社会学的发展》,《吉林大学社会科学学报》2010 年第 3 期。

洪大用:《西方环境社会学研究》,《社会学研究》1999 年第 2 期。

侯玲、张玉林:《消费主义视角下的环境危机》,《改革与战略》2007 年第 9 期。

黄河:《论我国农业补贴法律制度的构建》,《法律科学》(西北政法学院学报)2007 年第 1 期。

吉尔格勒·李尔只斤:《游牧文明史论》,内蒙古人民出版社 2002 年版。

江莹、秦亚勋:《整合性研究:环境社会学最新范式》,《江海学刊》2005 年第 3 期。

江莹:《环境社会学研究范式评析》,《郑州大学学报》(哲学社会科学版)2005 年第 5 期。

姜冬梅等:《草原牧区生态移民的贫困风险研究——以内蒙古苏尼特右旗为例》,《生态经济》2011 年第 11 期。

[英] 卡尔·波兰尼:《大转型:我们时代的政治与经济起源》,刘阳、冯钢译,浙江人民出版社 2007 年版。

康爱民、徐建中:《对牧区草原生态修复的认识与思考》,《水利发展研究》2004 年第 12 期。

李青丰、David Michalk、陈良等:《中国北方草原畜牧业限制因素以及管理策略分析》,《草地学报》2003 年第 2 期。

李图强、张会平:《社会组织与政府基于合作与责任理念的治理关系》,《学海》2014 年第 4 期。

李文华、刘某承:《关于中国生态补偿机制建设的几点思考》,《资源科学》2010 年第 5 期。

李文军、张倩:《解读草原困境:对于干旱半干旱草原利用和管理若干问题的认识》,经济科学出版社 2009 年版。

李西良、侯向阳、Leonid Ubugunov 等:《气候变化对家庭牧场复合系统的影响及其牧民适应》,《草业学报》2013 年第 1 期。

李香真、陈佐忠:《不同放牧率对草原植物与土壤 C、N、P 含量的影响》,《草地学报》1998 年第 2 期。

李晓光、苗鸿、郑华等:《生态补偿标准确定的主要方法及其应用》,《生态学报》2009 年第 8 期。

李艳波:《内蒙古草场载畜量管理机制改进的研究》,博士学位论文,北京大学,2014 年。

李永宏、陈佐忠、汪诗平等:《草原放牧系统持续管理试验研究》,《草地学报》1999 年第 3 期。

李永宏、钟文勤、康乐等:《草原生态系统中不同生物功能类群及土壤因素间的互作和协同变化》,载《草原生态系统研究》,科学技术出版社 1997 年版。

李友梅、刘春燕:《环境问题的社会学探索》,《上海大学学报》(社会科学版)2003 年第 1 期。

李友梅、翁定军:《马克思关于"代谢断层"的理论——环境社会学的经典基础》,《思想战线》2001 年第 2 期。

林兵:《中国环境社会学的理论建设——借鉴与反思》,《江海学刊》2008 年第 2 期。

刘加文:《努力使退牧还草工程真正成为生态富民工程》,2010 年,http://www.grassland.gov.cn/Grassland-new/Item/2394.aspx。

刘魁中等:《阿拉善生态环境的恶化与社会文化的变迁》,学苑出版社 2007 年版。

刘书润:《草场围封禁牧效果的初步分析》,未发表论文,2008 年。

刘顺、胡涵锦:《生态代谢断裂与社会代谢断裂——福斯特对资本积累的双重批判》,《当代经济研究》2015 年第 4 期。

刘西川、徐建奎:《再论"中国到底有没有真正的农民合作社”——对〈合作社的本质规定与现实检视〉一文的评论》,《中国农村经济》2017 年第 7 期。

刘艳、齐升、方天堃:《明晰草原产权关系,促进畜牧业可持续发展》,《农业经济》2005 年第 9 期。

刘仲龄、王炜、郝敦元等:《内蒙古草原退货与恢复演替机理的探讨》,《干旱区资源与环境》2002 年第 1 期。

龙远蔚:《呼伦贝尔草原畜牧业与牧民收入问题研究》,载杨思远、张丽君主编《中国民族地区经济社会发展与公共管理调查报告》,中央民族大学出版社 2007 年版。

路云阁、李双成、蔡运龙:《近 40 年气候变化及其空间分异的多尺度研究:以内蒙古自治区为例》,《地理科学》2004 年第 4 期。

罗布桑却丹:《蒙古风俗鉴》,赵景阳译,辽宁出版社 1988 年版。

吕涛:《环境社会学研究综述——对环境社会学学科定位问题的讨论》,《社会学研究》2004 年第 4 期。

马爱慧、蔡银莺、张安录:《耕地生态补偿实践与研究进展》,《生态学报》2011 年第 8 期。

马戎:《必须重视环境社会学——谈社会学在环境科学中的应用》,《北京大学学报》(哲学社会科学版)1998 年第 4 期。

[美] 迈克尔·贝尔:《环境社会学的邀请》,昌敦虎译,北京大学出版社 2010 年版。

[美] 迈克尔·波伦:《杂食者的两难:食物的自然史》,邓子衿译,中信出版集团 2017 年版。

缪冬梅、刘源:《2012 年全国草原监测报告》,《中国畜牧业》2013 年第 8 期。

内蒙古草原勘测设计院:《内蒙古自治区锡林郭勒盟苏尼特左旗天然草场资源资料》(内部资料),1986 年。

内蒙古草原勘测设计院:《锡林郭勒盟草地等级分布图及划分标准》

（内部资料），2002年。

内蒙古农牧业信息网：《我区牛羊肉市场价格情况调查》，2014年6月，www.nmagri.gov.cn/fwq/fxyc/384030.shtml。

内蒙古自治区草原监督管理局：《草原生态保护补助奖励机制典型牧户调查报告》，《草原与草业》2014年第2期。

农业部办公厅、财政部办公厅：《新一轮草原生态保护补助奖励政策实施指导意见（2016—2020年）》，农办财〔2016〕10号。

欧阳志云、郑华、岳平：《建立我国生态补偿机制的思路与措施》，《生态学报》2013年第3期。

潘家华、魏后凯编：《中国城市发展报告No.5：迈向城市时代的绿色繁荣》，社会科学文献出版社2012年版。

潘劲：《中国农民专业合作社：数据背后的解读》，《中国农村观察》2011年第6期。

裴浩、Cannon A.、Whitfield P.等：《近40年内蒙古候平均气温变化趋势》，《应用气象学报》2009年第4期。

秦艳红、康慕谊：《国内外生态补偿现状及其完善措施》，《自然资源学报》2007年第4期。

冉冉：《“压力型体制”下的政治激励与地方环境治理》，《经济社会体制比较》2013年第3期。

冉冉：《中国地方环境政治：政策与执行之间的距离》，中央编译出版社2015年版。

任继周：《草地畜牧业是现代畜牧业的必要组分》，《中国畜牧杂志》2005年第4期。

苏百义、林美卿：《马克思的新陈代谢断裂理论——人与自然关系的反思》，《教学与研究》2017年第6期。

孙莉莉：《“苦役踏车”与“生态现代化”理论之争及环保制度的构建》，《学术论坛》2012年第10期。

[美] 唐纳德·沃斯特：《自然的经济体系：生态思想史》，侯文蕙译，商务印书馆1999年版。

汪韬、李文军、李艳波：《干旱半干旱牧区牧民对气候变化感知及应对行为分析：基于内蒙古克什克腾旗的案例研究》，《北京大学学报》（自然科学版）2012年第2期。

王德利、杨利民：《草场生态与管理利用》，化学工业出版社2004年版。

王建革：《农牧生态与传统蒙古社会》，山东人民出版社2006年版。

王锦贵、任国玉：《中国沙尘气候图集》，气象出版社2003年版。

王晓毅、张倩、荀丽丽：《气候变化与社会适应：基于内蒙古草原牧区的研究》，社会科学文献出版社2014年版。

王晓毅：《环境压力下的草原社区：内蒙古六个嘎查村的调查》，社会科学文献出版社2009年版。

王晓毅：《环境与社会：一个“难缠”的问题》，《江苏社会科学》2014年第5期。

王晓毅：《制度变迁背景下的草原干旱——牧民定居、草原碎片与牧区市场化的影响》，《中国农业大学学报》（社会科学版）2013年第1期。

王羊、刘金龙、冯喆等：《公共池塘资源可持续管理的理论框架》，《自然资源学报》2012年第10期。

王跃生：《家庭责任制、农户行为与农业中的环境生态问题》，《北京大学学报》（哲学社会科学版）1999年第3期。

吴灵琼、朱艳：《新生态范式（NEP）量表在我国城市学生群体中的修订及信度、效度检验》，《南京工业大学学报》（社会科学版）2017年第2期。

谢伊娜：《畜草双承包对牧民进入关键资源能力的影响研究：以牧民走“敖特尔”为例》，硕士学位论文，北京大学，2008年。

《腾格里沙漠污染事件 24 名责任人受党纪政纪处分》，《新京报》，2014 年 12 月 22 日（money. 163. com/14/1222/02/AE1NNKFU00253B0H. html）。

《“腾格里沙漠污染”首遭公益诉讼》，《新京报》，2015 年 8 月 18 日（legal. people. com. cn/n/2015/0818/c42510 - 27476383. html）。

新浪网：《羊肉连涨 13 年之后价格下跌》，2016 年 7 月，sh. sina. com. cn/news/m/2014 - 12 - 08/detail - iavxeafr6096598 - p4. shtml。

雪晴：《禁牧下的草原——阿拉善牧民调查》，载韩念勇主编《草原的逻辑——国家生态项目有赖于牧民内生动力》，北京科学技术出版社 2011 年版。

阎云翔：《中国社会的个体化》，陆洋等译，上海译文出版社 2016 年版。

杨殿林、张延荣、乌云格日勒等：《呼伦贝尔草业面临的问题与可持续发展》，《草原与草坪》2004 年第 1 期。

杨帆：《多视角下的农牧之别》，载韩念勇主编《草原的逻辑——国家生态项目有赖于牧民内生动力》，北京科学技术出版社 2011 年版。

杨华锋：《“部门合作”与“公私合作”双向维度的行动者网络》，《学海》2014 年第 5 期。

《杨廷瑞“游牧论”文集》，陈祥军编，社会科学文献出版社 2015 年版。

杨妍、孙涛：《跨区域环境治理与地方政府合作机制研究》，《中国行政管理》2009 年第 1 期。

杨妍：《环境公民社会与环境治理体制的发展》，《新视野》2009 年第 4 期。

杨蕴丽：《新时期我国牧业合作社的生成机制与发展策略》，《中国畜牧杂志》2012 年第 22 期。

姚正毅、王涛、杨经培等：《阿拉善高原频发沙尘暴因素分析》，

《干旱区资源与环境》2008 年第 9 期。

袁伟彦、周小柯：《生态补偿问题国外研究进展综述》，《中国人口·资源与环境》2014 年第 11 期。

[加] 约翰·汉尼根：《环境社会学》，洪大用等译，中国人民大学出版社 2009 年版。

云宝君：《内蒙古贫困牧业旗经济现状研究》，《内蒙古师范大学学报》（自然科学汉文版）2007 年第 3 期。

张浩：《草原生态保护补助奖励机制的贫困影响评价——以内蒙古阿左旗为例》，《学海》2015 年第 6 期。

张倩、李文军：《锡林郭勒生态圈保护区内草地畜牧业经济现状分析》，载韩念勇等编《锡林郭勒生物圈保护区退化生态系统管理》，清华大学出版社 2002 年版。

张倩：《牧民应对气候变化的社会脆弱性：以内蒙古荒漠草原的一个嘎查为例》，《社会学研究》2011 年第 6 期。

张倩：《贫困陷阱与精英捕获：气候变化影响下内蒙古牧区的贫富分化》，《学海》2014 年第 5 期。

张雯：《草原沙漠化问题的一项环境人类学研究：以毛乌素沙地北部边缘的 B 嘎查为例》，《社会》2008 年第 4 期。

张新时、唐海萍、董孝斌等：《中国草原的困境及其转型》，《科学通报》2016 年第 2 期。

赵杰：《内蒙古：一棵小草的大产业》，《中国经济时报》，2018 年 2 月 5 日（www.sohu.com/a/220930832_115495）。

赵万里、蔡萍：《建构论视角下的环境与社会——西方环境社会学的发展走向评析》，《山西大学学报》（哲学社会科学版）2009 年第 1 期。

赵媛媛、何春阳、李晓兵等：《干旱化与土地利用变化对中国北方草地与农牧交错带耕地自然生产潜力的综合影响评价》，《自然资源学报》2009 年第 1 期。

郑宏、杨帆:《牧区基层干部评说牧区政策》,载韩念勇主编《草原的逻辑——国家生态项目有赖于牧民内生动力》,北京科学技术出版社 2011 年版。

郑宏:《承包,牧民的集体记忆》,载韩念勇主编《草原的逻辑——国家生态项目有赖于牧民内生动力》,北京科学技术出版社 2011 年版。

中国产业信息网:《2014 年中国各省肉类产量变化最新情况》,2015 年,www. chyxx. com/industry/201509/345467. html。

中国畜牧兽医报农业部畜牧业司监测分析处全国畜牧总站行业统计分析处:《生猪产品价格上涨牛羊肉价格下跌》,《中国畜牧兽医报》2016 年 2 月 28 日第 2 版。

中国科学院学部:《内蒙古阿拉善地区生态困局与对策》,《中国科学院院刊》2009 年第 3 期。

中华人民共和国国家发展和改革委员会:《国家适应气候变化战略》,2013 年,www. gov. cn/gzdt/att/att/site1。

中华人民共和国国家发展和改革委员会:《国家应对气候变化规划(2014—2020 年)》,2014 年,www. sdpc. gov. cn/gzdt。

周惠:《谈谈固定草原使用权的意义》,《红旗》1984 年第 10 期。

周建秀、杨梅、李艺雯等:《阿拉善地区沙尘暴的统计分析和发生规律及防治对策》,《内蒙古环境保护》2002 年第 1 期。

周立、姜智强:《竞争性牧业、草原生态与牧民生计维系》,《中国农业大学学报》(社会科学版)2011 年第 2 期。

周晓虹:《国家、市场与社会:秦淮河污染治理的多维动因》,《社会学研究》2008 年第 1 期。

朱震达:《中国土地荒漠化的概念、成因与防治》,《第四纪研究》1998 年第 2 期。

庄国顺、郭敬华、袁蕙等：《2000 年我国沙尘暴的组成、来源、粒径分布及其对全球环境的影响》，《科学通报》2001 年第 3 期。

邹伟进、胡畔：《政府和企业环境行为：博弈及博弈均衡的改善》，《理论月刊》2009 年第 6 期。

左玉辉：《环境社会学》，高等教育出版社 2003 年版。

Adger, W. N., "Social Vulnerability to Climate Change and Extremes in Coastal Vietnam", *World Development*, Vol. 27, No. 2, 1999.

Adger, W. N. and Kelly, P. M., "Social Vulnerability to Climate Change and the Architecture of Entitlements", *Mitigation and Adaptation Strategies for Global Change*, Vol. 4, No. 3, 1999.

Adger, W. N., "Social and Ecological Resilience: Are They Related?", *Progress in Human Geography*, Vol. 24, No. 3, 2000.

Adger, W. N., Arnell N. W., Tompkins E. L., "Successful Adaptation to Climate Change Across Scales", *Global Environmental Change*, Vol. 15, 2005.

Armitage, D. R., Berkes F., Doubleday N., "Introduction: Moving Beyond Co-management", In *Adaptive Co-management: Collaboration, Learning, and Multi-level Governance*, eds. by Armitage D. R., Berkes F., Doubleday N. C., Vancouver: University of British Columbia Press, 2007.

Barnaud, C., Antona, M., "Deconstructing Ecosystem Services: Uncertainties and Controversies around a Socially Constructed Concept", *Geoforum*, Vol. 56, 2014.

Bayon, R., "Making Environmental Markets Work: Lessons from Early Experience with Sulfur, Carbon, Wetlands, and Other Related Markets", *Forest Trends*, http: //www. forest-trends. org, 2004.

Beck, U., *Risk Society: Towards a New Modernity*, Trans. Mark Ritter, London: Sage Publications, 1992.

Berkes, F., Colding, J. and Folke, C., *Navigating Social-Ecological Systems: Building Resilience for Complexity and Change*, Cambridge: Cambridge University Press, 2003.

Berkes, F., Folke C., *Linking Social and Ecological Systems: Management Practices and Social Mechanisms for Building Resilience*, Cambridge: Cambridge University Press, 1998.

Bonnie, J., McCay and Svein Jentoft, "Uncommon Ground: Critical Perspectives on Common Property", In *Human Footprints on the Global Environment: Threats to Sustainability*, eds. by Eugene A. Rosa et al., Cambridge: MIT Press.

Bowles, S., "Policies Designed for Self-Interested Citizens May Undermine 'The Moral Sentiments': Evidence from Economic Experiments", *Science*, Vol. 320, 2008.

Bronen, R., Chapin III F., "Adaptive Governance and Institutional Strategies for Climate-induced Community Relocations in Alaska", *Proceedings of the National Academy of Sciences of the United States of America*, Vol. 110, No. 23, 2013.

Brooks, N., Adger, W. N., Kelly M. P., "The Determinants of Vulnerability and Adaptive Capacity at the National Level and the Implications for Adaptation", *Global Environmental Change*, Vol. 15, 2005.

Brunner, R., Lynch A., *Adaptive Governance and Climate Chang*, Boston: American Meteorological Society, 2010.

Buttel, F. H., "New Directions in Environmental Sociology", *Annual Review of Sociology*, Vol. 13, No. 1, 1987.

Buttel, Frederick H. and Craig R. Humphrey, "Sociological Theory and the Natural Environment", In *Handbook of Environmental Sociology* eds. by Riley E. Dunlap and William Michelson, Westport, CT: Greenwood Press, 2002.

Caneva, Kenneth, *Robert Mayer and the Conservation of Energy*, Princeton, 1993.

Carley, M. and Christie, I., *Managing Sustainable Development*, Earthscan, 2000.

Cash, D. W. and W. N. Adger, et al., "Scale and Cross-scale Dynamics: Governance and Information in a Multilevel World", *Ecology and Society*, Vol. 11, No. 2, 2006.

Catton, W. R. and R. E. Dunlap, "Environmental Sociology: A New Paradigm", *The American Sociologist*, Vol. 13, 1978.

Caughley, G., *Kangaroos: Their Ecology and Management in the Sheep Rangelands of Australia*, Cambridge: Cambridge University Press, 1987.

Chester, C. C., "Yellowstone to Yukon: Transborder Conservation across a Vast International Landscape", *Environmental Science & Policy*, Vol. 49, 2015.

Chhatre, A. and Agrawal, A., "Trade-offs and Synergies Between Carbon Storage and Livelihood Benefits from Forest Commons", *Proceedings of the National Academy of Sciences*, Vol. 106, No. 42, 2009.

Child, M. F., "The Thoreau Ideal as Unifying Thread in the Conservation Movement", *Conservation Biology*, Vol. 23, 2009.

Christensen, N. L., A. Bartuska, J. H. Brown, S. Carpenter, C. D'Antonio, R. Francis, J. F. Franklin, J. A. MacMahon, R. F. Noss, D. J. Parsons, C. H. Peterson, M. G. Turner and R. G. Moodmansee, "The Report of the Ecological Society of America Committee on the Scientific Basis for Ecosystem Management", *Ecological Applications*,

Vol. 6,1996.

Clark, B., Richard York, "Rifts and Shifts: Getting to the Roots of Environmental Crises", *Monthly Review*, Vol. 60, No. 6, 2008.

Clausen, Rebecca, Stefano B. Longo, "The Tragedy of the Commodity and the Farce of AquAdvantage Salmon", *Development and Change*, Vol. 43, 2012.

Connell, J. H., Sousa, W. P., "On the Evidence Needed to Judge Ecological Stability or Persistence", *The American Naturalist*, Vol. 121, No. 6, 1983.

Costanza, R., d'Arge, R., de Groot, R., Farber, S., Grasso, M., Hannon, B., Limburg, K., Naeem, S., O'Neill, R. V., Paruelo, J., Raskin, R. G., Sutton, P., van den Belt, M., "The Value of the World's Ecosystem Services and Natural Capital", *Ecological Economics*, Vol. 25, No. 1, 1998.

Cranford M., Mourato S., "Community Conservation and a Two-stage Approach to Payments for Ecosystem Services", *Ecological Economics*, Vol. 71, No. 15, 2011.

Cumming Graeme S., David H. M. Cumming and Charles L. Redman, "Scale Mismatches in Social-Ecological Systems: Causes, Consequences, and Solutions", *Ecology and Society*, Vol. 11, No. 1, 2006.

Cutter, S. L., "Vulnerability to Environmental Hazards", *Progress in Human Geography*, Vol. 20, No. 4, 1996.

Daily, G. C., Matson, P. A., "Ecosystem Services: from Theory to Implementation", *PNAS*, Vol. 105, No. 28, 2008.

Daily, G. C., Polasky, S., Goldstein, J., Kareiva, P. M., Mooney, H. A., Pejchar, L., Ricketts, T. H., Salzman, J., Shallenberger, R. , “Ecosystem Services in Decision Making: Time to Deliver”, *Frontiers in Ecology and the Environment*, Vol. 7, 2009.

DeFries, R. , “The Tangled Web of People, Landscapes, and Protected Areas”, In *Science, Conservation, and National Parks*, eds. by S. Bessinger, D. Ackerly, H. Doremus, G. Machlis, Chicago: University of Chicago Press, 2017.

Defries, Ruth and Harini Nagendra, “Ecosystem management as a Wicked Problem”, *Science*, Vol. 356, 2017.

Dunlap, R. E. and W. Michelson eds. , *Handbook of Environmental Sociology*, Westport, CT: Greenwood Press, 2002.

Dunlap, R. E. and Catton, W. R. , “Struggling with Humanexemptionalism: The rise, Decline and Revitalization of Environmental Sociology”, *The American Sociologist*, Vol. 25, No. 1, 1994.

Dunlap, R. E. and W. R. Catton, “Environmental Sociology”, *Annual Review of Sociology*, Vol. 5, No. 1, 1979.

Ellis, J. E. and Swift, D. M. , “Stability of Africa Pastoral Ecosystems: Alternate Paradigms and Implications for Development”, *Journal of Range Management*, Vol. 41, No. 6, 1988.

Ellis, J. E. , “Climate Variability and Complex Ecosystem Dynamics: Implications for Pastoral Development”, In *Living with Uncertainty*, eds. by I. Scoones, London: Intermediate Technology Publications, 1994.

Engel S. , Pagiola S. , Wunder S. , “Designing Payments for Environmental Services in Theory and Practice: An Overview of the Issues”, *Ecological Economics*, Vol. 65, No. 4, 2008.

Engle, N. L. , Lemos M. C. , “Unpacking Governance: Building Adaptive Capacity to Climate Change of River Basin in Brazil”, *Global Environmental Change*, Vol. 20, No. 1, 2010.

FAO, Food Security and Sovereignty: Base Document for Discussion, FAO, Retrieved May 6, 2017, http: //www, fao, org/3/a-ax736e, pdf, 2013.

FAO, *The State of Food and Agriculture: Paying Farmers for Environmental Services*, Roma: Food and Agriculture Organization of the United Nations, 2007.

Fernandez-Gimenez M. E., Diaz B. A., "Testing a Non-equilibrium Model of Rangeland Vegetation Dynamics in Mongolia", *Journal of Applied Ecology*, Vol. 36, 1999.

Fernandez-Gimenez M. E., *Landscapes, Livestock, and Livelihoods: Social, Ecological, and Land-Use Change among the Nomadic Pastoralists of Mongolia*, A dissertation submitted for the degree of Doctor of Philosophy, University of California, Berkeley, 1997.

Fernandez-Gimenez, M. E., "Spatial and Social Boundaries and the Paradox of Pastoral Land Tenure: A Case Study from Postsocialist Mongolia", *Human Ecology*, Vol. 30, No. 1, 2002.

Fischer-Kowalski, Marina, "Society's Metabolism", In *International Handbook of Environmental Sociology*, edited by Michael Redclift and Graham Woodgate, Northampton, Mass.: Edward Elgar, 1997.

Folke C., Hahn T., Olsson P., et al., "Adaptive Governance of Social-ecological Systems", *Annual Review of Environment and Resources*, Vol. 30, 2005.

Folke, C. and L. Pritchard, et al., "The Problem of Fit Between Ecosystems and Institutions: Ten years later", *Ecology and Society*, Vol. 12, No. 301, 2007.

Foster J. B., Clark B., York R., *The Ecological Rift: Capitalism's War on the Earth*, New York: Monthly Review Press, 2010.

Foster J. B. , Holleman H. , “Weber and the Environment: Classical Foundations for a Post Exemptionalist Sociology”, *American Journal of Sociology*, Vol. 117, No. 6, 2012.

Foster, J. B. , “Marx's Theory of Metabolic Rift: Classical Foundations for Environmental Sociology ”, *American Journal of Sociology*, Vol. 105, No. 2, 1999.

French Scot A. , “What is Social Memory?”, *Southern Cultures*, Vol. 2, No. 1, 1995.

Friedmann, Harriet, “Food Regime Analysis and Agrarian Questions: Widening the Conversation ”, *The Journal of Peasant Studies*, Vol. 43, No. 3, 2016.

Functowicz, S. O. and Ravetz, J. R. , “Science for the Post-normal Age”, *Futures*, Vol. 25, 1993.

Füssel H. , Klein R. , “Climate Change Vulnerability Assessments: an Evolution of Conceptual Thinking ”, *Climatic Change*, Vol. 75, No. 3, 2006.

Gibon, A. and Balent, G. , “Landscapes on the French side of the Western and Central Pyrenees”, In: *Landscape ecology and management of Atlantic Mountains*, eds. by Pinto Correya, T. , Bunce, R. G. H. and Howard, D. C. , APEP, IALE (UK), Wageningen, The Netherlands, 2005.

Gilley, B. , “Authoritarian Environmentalism and China's Response to Climate Change”, *Environmental Politics*, Vol. 21, No. 2, 2012.

Goldman, R. L. , Thompson, B. H. , Daily, G. C. , “Institutional Incentives for Managing the Landscape: Inducing Cooperationfor the Production of Ecosystem Services ”, *Ecological Economic*, Vol. 64, No. 2, 2007.

Gómez-Baggethun, E., Rudolf de Groot, Pedro L. Lomas, Carlos Montes, "The History of Ecosystem Services in Economic Theory and Practice: From Early Notions to Markets and Payment Schemes", *Ecological Economics*, Vol. 69, 2010.

Gongbuzeren, Yanbo Li, Wenjun Li, "China's Rangeland Management Policy Debates: What Have We Learned?", *Rangland Ecology & Management*, Vol. 68, 2015.

Goodhue, R., McCarthy, N. and Gregorio, M. D., "Fuzzy Access: Modeling Grazing Rights in Sub-Saharan Africa", In: *Collective Action and Property Rights for Sustainable Rangeland Management*, 2005, http://www.capri.cgiar.org/pdf/brief_dryl.pdf.

Griffths D., "A Protected Stock Range in Arizona", *USDA Bureau of Plant Industry Bulletin*, No. 177, 1910.

Gutman, P., "Ecosystem Services: Foundations for a New Rural-urban Compact", *Ecological Economics*, Vol. 62, No. 3 – 4, 2007.

Hanley, N., Hilary Kirkpatrick, Ian Simpson and David Oglethorpe, "Principles for the Provision of Public Goods from Agriculture: Modeling Moorland Conservation in Scotland", *Land Economics*, Vol. 74, No. 1, 1998.

Hardin, G., "The Tragedy of the Commons", *Science*, Vol. 162, No. 3859, 1968.

Harvey, D., "The Nature of Environment: the Dialectics of Social and Environmental Change", *The Sociologist Register*, Vol. 29, 1993.

Head, B. W., "Wicked Problems in Public Policy", *Public Policy*, Vol. 3, No. 2, 2008.

Heesterbeek, H., et al., "Modeling Infectious Disease Dynamics in the Complex Landscape of Global Health", *Science*, Vol. 347,

No. 6227, 2015.

Heifetz, R. A., *Leadership Without Easy Answers*, Vol. 465, Harvard University Press, 1994.

Hubacek, K., van der Bergh, J., “Changing Concepts of Land in Economic Theory: from Single to Multi-disciplinary Approaches”, *Ecological Economics*, Vol. 56, 2006.

Huitema D., Mostert E., Egas W., et al., “Adaptive Water Governance: Assessing the Institutional Prescriptions of Adaptive (co-) Management from a Governance Perspective and Defining a Research Agenda”, *Ecology and Society*, Vol. 14, No. 1, 2009.

Humphrey, C., Sneath, D., *The End of Nomadism? -Society, State and the Environment in Inner Asia*, Durham: Duke University Press, 1999.

Hurlbert M. Gupta J., “Adaptive Governance, Uncertainty, and Risk: Policy Framing and Responses to Climate Change, Drought, and Flood”, *Risk Analysis*, Vol. 36, No. 2, 2016.

Illius, A. W. and O'Connor, T. G., “On the Relevance of Nonequilibrium Concepts to Arid and Semiarid Grazing Systems”, *Ecological Applications*, Vol. 9, No. 3, 1999.

IPCC, *Climate Change 2001: The Scientific Basis*, Cambridge: Cambridge University Press, 2001.

IPCC, *Climate Change 2012: Managing The Risks of Extreme Events And Disasters to Advance Climate Change Adaptation*, Cambridge: Cambridge University Press, 2012.

IPCC:《气候变化2014：综合报告》，政府间气候变化专门委员会第五次评估报告第一工作组、第二工作组和第三工作组报告［核心撰写小组、R，K，Pachauri 和 L，A，Meyer（eds,）］，瑞士日内瓦 IPCC，2014。

Jack，B. K.，Kousky，C. Sims，K. R. E.，“Designing Payments for Ecosystem services：Lessons from Previous Experience with Incentives-Based Mechanisms”，*PNAS*，Vol. 105，2008.

Kolko Jon，*Wicked Problems：Problems Worth Solving*，https：//ssir. org/articles/entry/wicked_ problems_ problems_ worth_ solving，2012.

Kosoy，N. and Corbera，E. “Payments for Ecosystem Services as Commodity Fetishism”，*Ecological Economics*，Vol. 69，2010.

Kostka，G. and J. Nahm，“Central-Local Relations：Recentralization and Environmental Governance in China”，*The China Quarterly*，Vol. 231，2017.

LaVía Campesina，“The People of the World Confront the Advance of Capitalism：Rio +20 and Beyond”，La Vía Campesina，Retrieved May 6，2017，（https：//viacampesina. org/en/index. php/actions – and – events – mainmenu – 26/ – climate – change – and – agrofuels – mainmenu – 75/1248 – the – people – of – the – world – confront – the – advance – of – capitalism – rio – 20 – and – beyond），2012.

Landell – Mills，N.，Porras，I. T.，*Silver Bullet or Fool's Gold? A Global Review of Markets for Environmental Services and their Impact on the Poor*，IIED，London，2002.

Lee，M. P.，*Community – Based Natural Resource Management：A Bird's Eye View*，http：//idl – bnc，idrc，ca/dspace/handle/10625/30024，2002.

Li，Wenjun and Li Yanbo，“Managing Rangeland as a Complex System：How Government Interventions Decouple social Systems from Ecological Systems”，*Ecology and Society*，Vol. 17，No. 1，2012.

Longo, S. B., Rebecca Clausen, and Brett Clark, “Ecological Crisis and the Tragedy of the Commodity”, July 21, https://www.counterpunch.org/2015/07/21/ecological-crisis-and-the-tragedy-of-the-commodity/, 2015.

Longo, Stefano B., Rebecca Clausen and Brett Clark, *The Tragedy of the Commodity: Oceans, Fisheries, and Aquaculture*, Rutgers University Press, 2015.

Madeley, J., *Hungry for Trade*, London: Zed Press, 2000.

Mann, A., *Global activism in food politics: Power Shift*, Houndsmill: Palgrave Macmillan, 2014.

Martínez-Alier, J., “Social Metabolism and Ecological Distribution Conflicts”, *Australian New Zealand Society for Ecological Economics*, Massey University, Palmerston North, Dec. 2005.

Marx, K., “Capital, Volume One, The Process of Production of Capital”, In: Tucker, R. C., (Ed.), The Marx-Engels Reader, W. W., Norton & Company, London. Available online at: http://www.marxists.org/archive/marx/works/1867-c1/, 1887.

McMichael, P., “Commentary: Food Regime for Thought”, *The Journal of Peasant Studies*, Vol. 43, No. 3, 2016.

McMichael, P., “The Peasant as ‘Canary’? Not Too Early Warnings of Global Catastrophe”, *Development*, Vol. 51, No. 4, 2008.

MEA, *Ecosystems and Human Well-being: Current States and Trends*, Washington, DC: Island Press, 2005.

Moore, Jason W., “Transcending the Metabolic Rift: a Theory of Crises in the Capitalist World-Ecology”, *The Journal of Peasant Studies*, Vol. 38, No. 1, 2011.

Munaretto S., Siciliano G. E., Turvani M., “Integrating Adaptive

Governance and Participatory Multicriteria Methods: a Framework for Climate Adaptation Governance", *Ecology and Society*, Vol. 19, No. 2, 2014.

Muradian R., Corbera E., Pascual U., et al., "Reconciling Theory and Practice: An Alternative Conceptual Framework for Understanding Payments for Environmental Services", *Ecological Economics*, Vol. 69, No. 6, 2010.

Mwangi, *Property Rights and Collective Action for Rangeland Management*, Presentation for People and Grassland Network, Oct. 26, 2006.

Nagendra, H., E. Ostrom, "Polycentric Governance of Multifunctional Forested lanDscapes", *International Journal of Commons*, Vol. 6, No. 2, 2012.

NBSC, "Urban Population in China Exceeded Rural Population for the First Time", *France Medias Mond.* (http://cn. rfi. fr/中 国/20120117 – 中国城市人口首次超过农村人口, 2012。)

Niamir-Fuller M., "Managing Mobility in African rangelands", In: McCarthy N., Swallow B. M., Kirk M. and Hazell P. (eds.), *Property Rights, Risk and Livestock Development in Africa*, Washington, D. C.: IFPRI (International Food Policy Research Institute), 1999.

Nietzsche, F., "On the Genealogy of Morals", In Kauffman, W, (ed.), *Basic Writings of Nietzsche*, New York: The Modern Library, 2000.

Norgaard, R. B., "Ecosystem Services: from Eye-opening Metaphor to Complexity Blinder", *Ecological Economics*, Vol. 69, No. 6, 2010.

Nori M., "Mobile Livelihoods, Patchy Resources & Shifting Rights: Approaching Pastoral Territories", *International Land Coalition*,

2003, www. ifad. org/pdf/pol_ pastoral_ dft. pdf.

Oba G., Stenseth N. C, Lusigi W. J., “New Perspectives on Sustainable Grazing Management in Arid Zones of Sub-Saharan Africa”, *Bioscience*, Vol. 50, No. 1, 2000.

Odum, Eugene, “The Strategy of Ecosystem Development”, *Science*, Vol. 164, 1969.

Ostrom, E., *Governing the Commons*, Cambridge: Cambridge University Press, 1990.

Ostrom, E., “A Diagnostic Approach for Going Beyond Panaceas”, *Proceedings of the National Academy of Sciences of the United States of America* (*PNAS*), Vol. 104, No. 39, 2007.

Ostrom, E., “A General Framework for Analyzing Sustainability of Social-Ecological Systems”, *Science*, Vol. 325, No. 5939, 2009.

Ostrom, E., “Crossing the Great Divide: Coproduction, Synergy, and Development”, *World Development*, Vol. 24, 1996.

Pagiola, S., Arcenas, A., Platais, G., “Can Payments for Environmental Services Help Reduce Poverty? An Exploration of the Issues and Evidence to Date from Latin America”, *World Development*, Vol. 33, No. 2, 2005.

Pahl-Wostl, C., “The Implications of Complexity for Integrated Resources Management”, *Environmental Modelling and Software*, Vol. 22, 2007.

Pellow, D. N., Brehm, H. N., “An Environmental Sociology for the Twenty-First Century”, *The Annual Review of Sociology*, Vol. 39, 2013.

Peterson, M. J., Hall, D. M., Feldpausch-Parker, A. M., Peterson, T. R., “Obscuring Ecosystem Function with Application of the

Ecosystem Services Concept", *Conservation Biology*, Vol. 24, No. 1, 2010.

Plummer R., Armitage D., "A Resilience-based Framework for Evaluating Adaptive Co-management: Linking Ecology, Economics and Society in a Complex World", *Ecological Economics*, Vol. 61, No. 1, 2007.

Quinn, J. F., Robinson, G. R., "The Effects of Experimental Subdivision on Flowering Plant Diversity in a Califarnia annual grassland", *Journal of Ecology.*, Vol. 75, 1987.

Redman, C., Grove, M. J. andKuby, L., "Integrating Social Science into the Long Term Ecological Research (LTER) Network: Social Dimensions of Ecological Change and Ecological Dimensions of Social Change", *Ecosystems*, Vol. 7, No. 2, 2004.

ReginaNeudert, "Is Individualized Rangeland Lease Institutionally Incompatible with Mobile Pastoralism? -A Case Study from Post-Socialist Azerbaijan", *Human Ecology*, Vol. 43, No. 6, 2015.

Ricardo, D., *On the Principles of Political Economy and Taxation*, Batoche Books, Ontario, 2001.

Rittle, Horst W. J. and Melvin M. Webber, "Dilemmas in a General Theory of Planning", *Policy Sciences*, No. 4, 1973.

Robbins, Paul, *Political Ecological: Critical Introductions to Geography*, Wiley-Black Well, 2012.

Rosa E. and Richter L., "Durkheim on the Environment: Exlibris or ex Cathedra? Introduction to Inaugural Lecture to a Course in Social science, 1887 - 1888", *Organization & Environment*, Vol. 21, No. 2, 2008.

Sayre, N. F. and Fernandez-Gimenez, M., "The Genesis of Range Science, with Implications for Current Development Policies", In: *Proceedings of the VIIth Inernational Rangelands Congress*, eds. by Allsopp, N., Palmer, A. R., Milton, S. J., Kirkman, K. P., Kerley, G. I. H., Hunt, C. R. and Brown, C. J., 26th July – 1st August 2003, Durban, South Africa, ISBN Number: 0 – 958 – 45348 – 9, 2003.

Scoones, I., "Exploiting Heterogeneity: Habitat use by Cattle in Dryland Zimbabwe", *Journal of Arid Environments*, Vol 29, 1995.

Scott, J. C., *Seeing Like a State: How Certain Schemes to Improve the Human Condition Have Failed*, Yale University Press, 1998.

Scott, Lauren N. and Erik W. Johnson, "From Fringe to Core? The Integration of Environmental Sociology", *Environmental Sociology*, DOI: 10, 1080/23251042, 2016, 1238027.

Sneath, D., *Changing Inner Mongolia: Pastoral Mongolian Society and the Chinese State*, Oxford: Oxford University Press, 2000.

Spash, C., "How Much Is That Ecosystem in the Window? The One with the Biodiverse Trail", *Environmental Values*, Vol. 17, No. 2, 2008.

Stallman, H. R., "Ecosystem Services in Agriculture: Determining Suitability for Provision by Collective Management", *Ecological Economics*, Vol. 71, 2011.

Steinhardt, U. and Volk, M. "Meso-scale Landscape Analysis Based on Landscape Balance Investigations: Problems and Hierarchical Approaches for Their Resolution", *Ecological Modelling*, Vol. 168, No. 3, 2003.

Swallow, B. M., Kallesoe, M. F., Iftikhar, U. A., van Noordwijk, M., et al., "Compensation and Rewards for Environmental Services in the Developing World: Framing Pantropical Analysis and Comparison", *Ecological Economics*, No. 14, 2009.

Tanner T., Lewis D., Wrathall D., et al., "Livelihood Resilience in the Face of Climate Change", *Nature Climate Change*, Vol. 5, No. 1, 2014.

Thakadu, O. T., "Success Factors in Community Based Natural Resources Management in Northern Botswana: Lessons from Practice", *Natural Resources Forum*, Vol. 29, No. 3, 2005.

UNEP, *World Atlas of Desertification*, London: Edward Arnold, 1992.

Vasseur L. Jones M., *Adaptation and Resilience in the Face of Climate Change: Protecting the Conditions of Emergence Through Good Governance*, Brief for GSDR, 2015.

Vatn, A., "An institutional Analysis of Payments for Environmental Services", *Ecological Economics*, Vol. 69, No. 6, 2010.

Vosburgh M., "Well-Rooted? Land Tenure and the Challenges of Globalization", *GHC working paper*, http://globalization.mcmaster.ca/wps/Vosburgh023.pdf, 2002.

Walker, B. H., "Autecology, Synecology, Climate and Livestock as Agents of Rangeland Dynamics", *Australian Rangeland Journal*, Vol. 10, No. 2, 1988.

Westman, W., "How Much Are Nature's Services Worth", *Science*, Vol. 197, No. 4307, 1977.

Westoby, M., Walker, B. H. and Noy-Meir, I., "Opportunistic Management for Rangelands Not at Equilibrium", *Journal of Range Management*, Vol. 42, 1989.

Wiens, J. A., "Spatial Scaling in Ecology", *Functional Ecology*, Vol. 3, No. 4, 1989.

Wilbanks T. J., Kates R. W., “Global Change in Local Places: How Scale Matters”, *Climatic Change*, Vol. 43, 1999.

Williams, D. M., *Beyond Great Walls-Environment, Identity, and Development on the Chinese Grasslands of Inner Mongolia*, Palo Alto: Stanford University Press, 2002.

Wunder, S., Engel, S., Pagiola, S., “Taking Stock: a Comparative Analysis of Payments for Environmental Services Programs in Developed and Developing Countries”, *Ecological Economics*, Vol. 65, 2008.

Wunder, S., *Payments for Environmental Services: Some Nuts and Bolts*, CIFOR Occasional Paper, 2005.

Yan, Y. X., “The Chinese Path to Individualization”, *The British Journal of Sociology*, Vol. 61, No. 3, 2010.

Zhang, Forrest Qian, “Class Differentiation in Rural China: Dynamics of Accumulation, Commodification and State Intervention”, *Journal of Agrarian Change*, Vol. 15, No. 3, 2015.

Zhang, Forrest Qian, CarlosOya and Jingzhong Ye, “Bringing Agriculture Back In: The Central Place of Agrarian Change in Rural China Studies”, *Journal of Agrarian Change*, Vol. 15, No. 3, 2015.

后　记

虽然是在内蒙古出生长大，但直到参加大学毕业的告别活动时，我才第一次来到草原，7 月的灰腾希勒草原上开满小花，感觉很美！后来才知道，那里的小花竟是清一色的狼毒，是草原退化的一个指示物种。2001 年我考上北京大学环境科学中心的研究生，入学报到前，先和导师李文军教授一起到锡林郭勒草原调研，第二次来到草原，才明白这里原来面临着严重的退化问题，而且牧民的生产生活也将发生一系列的改变，因为中央政府开始重视草原退化问题，并且果断地采取措施，投入人力物力，帮助解决退化问题。

在过去几十年里，尤其是进入新世纪以来，中国的环境政策，包括草原管理政策，发生了较大的变化，完成了从分散到集中的过渡。草原保护政策也从过去依赖于牧户的自组织管理，过渡到由中央通过划拨财政资金补偿牧民减牧减畜的集中管理方式。从宏观来看，这一转变是中国环境政策法制管理加强过程的一部分，包括对于污染控制、野生动物保护和自然保护区管理等方面。在中共十九大报告中，习总书记强调，建设生态文明是中华民族永续发展的千年大计，必须树立和践行绿水青山就是金山银山的理念，坚持节约资源和保护环境的基本国策，像对待生命一样对待生态环境，统筹山水林田湖草系统治理，实行最严格的生态环境保护制度，形成绿色发展方式和生活方式，坚定走生产发展、生活富裕、生态良好的文明发展道路，建设美丽中国，为人民创造良好生产生活环境，为全球生态安全作出贡献。多年的实践证明，基于地方行政机构的管理无法有效应对草原退化的挑战，从2001年开始，中央政府投入大量资金实施自上而下的多个工程项目，建设草原管理和畜牧业发展的各种基础设施，试图借此实现恢复退化草原的目标。自2003年开始实施的退牧还草工程，中央财政已经累计投入295.7亿元，从2011年至2017年，中央财政对于草原补助奖励政策的投入超过1200亿元，实施草原禁牧面积12亿亩、草畜平衡面积26亿亩，这些项目的实施给牧民的生产生活方式也带来很大影响。

中央政府治理生态环境问题的决心和力度从全世界来看都是少有的，这对管理者、学者和处于环境问题困扰中的当地人都是很大的激励。基于本书的分析，我们看到草原问题的产生不是一年两年，而是长期经济政策和社会政策的改变带来的，就像调研中很多当地官员所说，这是长期形成的历史问题，不是一时可以解决的。本书尝试使用难缠问题的概念和环境社会学的重要理论如代谢断裂和新环境范式，来解构一些重要的草原管理政策和问题，如草场承包、市场化发展和各种草原治理工程项目的实施。目的在于强调草原管理作为一个难缠问题的复杂性，强调草原管理需要环境社会学的新环境范式的态度，以及强调草原管理没有迅速见效的“万能药”，其本身就是一个没有尽头的不断反馈调试的管理过程。因此，我们必须给政策的改进以更多的时间和空间，为更好的决策过程做扎实的研究和提供切实的建议，因为难缠问题每一步的改变都是算数的，都会对当地社会生态系统产生影响。正如习总书记在十九大报告中讲到的，我们必须要突破利益固化的藩篱，然后能够真正找到运行有效的制度体系，同时可以发挥国家真正的制度优势和我们真正的社会主义特征。

本书选择草原管理这一难缠问题，从环境社会学的角度来分析，除了这两方面彼此相长的原因以外，还有三个重要的现实背景。

首先，草原退化问题作为当前中国面临的生态环境问题中的一个部分，是一个重大的实践问题，需要跨学科的视角来研究。在2019年政府工作报告中，加强污染防治和生态建设，大力推动绿色发展，是政府工作的重要目标，因为绿色发展是构建现代化经济体系的必然要求，是解决污染问题的根本之策。要加强生态系统保护修复，推进山水林田湖草生态保护修复工程试点，持续抓好国土绿化，加强荒漠化、石漠化、水土流失治理；加大生物多样性保护力度，继续开展退耕还林还草还湿。这一宏伟目标的实现，有赖于自然科学与社会科学的合作和跨学科的研究。

其次，利用马克思提出的代谢断裂这一重要概念来理解草原退化问题，使我们对于环境问题有了更清晰更宏观的认识。将代谢这一概念用在社会科学，理解社会与自然复杂互动，是环境社会学的一个重要理论和方法。正如习总书记在哲学社会科学工作座谈会上所讲的，我国哲学社会科学的一项重要任务就是继续推进马克思主义中国化、时代化、大众化，继续发展21世纪马克思主义、当代中国马克思主义。马克思对于生态环境问题的解释，为环境社会学作为具有重要意义的新兴学科和交叉学科，发展成为我国哲学社会科学的重要突破点，打下了坚实的基础。

最后，本书试图推动环境社会学在中国的发展。一方面，这本书是草原管理问题的环境社会学研究，基于对草原生态系统特征的认识，用环境社会学的一些理论概念来思考草原管理议题，例如代谢断裂、苦役踏车以及新环境范式的应用等；另一方面，本书试图基于草原管理这一研究议题，推动环境社会学的理论探讨，即在以往环境与社会的二元讨论基础上，强调草原与人类行为的整体性，以及草原环境问题治理的过程性。

基于以上目标，本书主要由四个部分构成。第一部分解题，主要包括第一章和第二章，利用草原管理这一现实议题，将难缠问题与环境社会学联结起来，难缠问题需要环境社会学综合的视角去研究，而环境社会学的发展也需要难缠问题这一概念的充实，同时环境议题的解决也需要各利益相关方对难缠问题有充分的认识。第二部分利用环境社会学理论解释草原管理问题，包括第三章到第六章。第三章以内蒙古阿拉善盟为例，具体讲解草原管理这一难缠问题如何难缠，说明单一目标的解决方案，即退牧还草项目和公益林保护项目，如何产生更多造成长期损失的问题，包括地下水资源过度使用、工业污染等。第四章和第五章利用草原社会生态系统框架，分析草场承包与草原退化的关系。第六章探讨草原生态系统各种要素被市场化后形成的整个系统的代谢断裂，从不同空间层级上分析代谢断裂如何导致草原退化。第三部分是难缠问题的对策讨论，包括第七章到第九章，针对生态系统管理这一难缠问题的应对办法，第七章讨论适应性管理策略，第八章讨论生态补偿的效果及其影响，第九章讨论将不同利益相关者汇聚在一起的合作社发展。第四部分是结论，总结环境社会学之于草原管理研究的指导意义，以及草原管理对于环境社会学发展的可能贡献，从而思考这种相辅相成的作用对于草原管理实践有何借鉴意义。

本书的完成是我从自然资源管理的理科背景转向环境社会学研究的一个总结，其间得到了众多学者、牧民朋友、地方官员以及研究所内各位同仁的帮助。感谢社会学研究所提供了一个包容的学术环境，特别感谢王晓毅老师和农村与产业社会学研究室的同仁把我带入社会学研究的领域，他们对于现实问题的敏感和对人文精神的关注，拓宽了我观察问题的视野。感谢我的导师李文军老师，把我带到复杂的草原问题中，不断地思考。感谢美国科罗拉多州大学的毛国瑞教授，他扎实的理论功底和对中国环境问题的关切，给我很多启发。在这些年的田野调查中，我还有幸认识了刘书润老师、韩念勇老师、达林太老师、郑易生老师、恩和老师和许多关心草原的学者，还有很多热爱草原的环保组织的同道。感谢师妹范明明和师弟贡布泽仁在本书写作过程中给予的支持和帮助。感谢学生白舒惠和秦杰在我教授环境社会学课程时给我的启发，他们对于中国环境社会学的发展做了很好的综述。最后也是最重要的，感谢我的父母提供了一个平和的无负担的环境让我完成书稿，感谢我的女儿妞妞的支持，在我写作期间她对陪伴的要求降到最低，自觉完成学习任务。

对于草原管理这个难缠问题，本书的写作只是一段时间观察思考的总结，也是难缠问题应对过程中的一个小小的节点，观点、方法和数据难免有不当甚至错误之处，作者将承担全部责任。

张倩

2019 年 9 月 18 日于家中